Web
前端开发技术

主 编 ◎ 曾维佳 李 琳 翟 悦
副主编 ◎ 秦 放 徐 鹏 白 楠

大连海事大学出版社

ⓒ 曾维佳 李 琳 翟 悦 2021

图书在版编目(CIP)数据

Web 前端开发技术 / 曾维佳，李琳，翟悦主编. —
大连：大连海事大学出版社，2021.9
ISBN 978-7-5632-4185-9

Ⅰ. ①W… Ⅱ. ①曾… ②李… ③翟… Ⅲ. ①网页制
作工具—高等学校—教材 Ⅳ. ①TP393.092.2

中国版本图书馆 CIP 数据核字(2021)第 177797 号

大连海事大学出版社出版

地址：大连市凌海路1号 邮编：116026 电话：0411-84728394 传真：0411-84727996
http://press.dlmu.edu.cn E-mail:dmupress@dlmu.edu.cn
大连金华光彩色印刷有限公司印装 大连海事大学出版社发行
2021 年 9 月第 1 版 2021 年 9 月第 1 次印刷
幅面尺寸：184 mm×260 mm 印张：28.5
字数：705 千 印数：1~2500 册
出版人：刘明凯
责任编辑：沈荣欣 责任校对：李继凯
封面设计：解瑶瑶 版式设计：张爱妮
ISBN 978-7-5632-4185-9 定价：68.00 元

前　言

近几年,互联网行业对用户体验的要求越来越高,Web前端开发逐渐成为受到重视的一个新兴领域。如何开发 Web 应用程序,实现网页丰富的交互效果和提供动态的用户体验,使网页界面充满生气,已经成为当前的热门技术之一。如何快速、全面、系统地了解并掌握它,已成为 Web 开发人员的迫切需求。

本书立足于大连科技学院"应用型本科院校"的办学定位以及基于成果导向(OBE)的教学理念,主要面向高等院校软件工程、信息管理与信息系统、电子商务、计算机科学与技术、网络工程、物联网工程等相关专业的本科学生。本书在内容的选择上,充分考虑初学者的特点,讲解如何将 JavaScript、jQuery、Ajax 与 HTML、CSS 相结合,开发交互性强的网页。本书通过先易后难、由简入繁、从基础到高级的阶梯方式层层深入,对基础知识和应用技术进行了综合讲解。

本书遵循基础知识先行、实用案例辅助、综合项目护航的原则,按照学习的难易度以及先后顺序,采用"知识讲解+案例实践"的混合方式来编排全书的内容,有效地将知识串联起来,培养读者分析问题和解决问题的综合运用能力。本书将抽象的概念具体化,学到的知识实践化,让读者不仅理解和掌握基本知识,还能根据实际需求进行拓展与提高,达到"学用结合"的效果。

为了让学生可以轻松掌握、熟练运用 Web 前端开发技术,编者在章节的设计、内容的编排与案例的选择上,经过了反复探讨与斟酌,最终将全书分为 3 篇,共 12 个章节。各章节的知识点及联系如下表所示。

基础篇	第1章 Web 前端开发技术概述	Web 前端开发的基本概念、HTML 基础知识、JavaScript 入门
	第2章 JavaScript 语言基础	JavaScript 数据类型、JavaScript 常量和变量、JavaScript 数据类型转换、JavaScript 运算符和表达式
	第3章 流程控制语句	条件分支语句、循环语句、break 和 continue 语句
	第4章 JavaScript 函数	函数的基本概念、JavaScript 内置函数、自定义函数

	第5章 JavaScript 面向对象程序设计	面向对象程序设计思想以及对象的基本概念、JavaScript的内置对象的属性和方法、JavaScript的自定义对象的创建和访问
进阶篇	第6章 DOM 和 BOM 编程	什么是 Web API 和 API,什么是 DOM、DOM 获取元素的方式,DOM 操作元素的方式,文档节点的操作,什么是 BOM,定时器的操作,Window 对象的属性和方法,History 对象的属性和方法,Location 对象的属性和方法
	第7章 JavaScript 事件处理	事件及事件处理的概念、事件绑定的几种方式、常用事件的应用
	第8章 JavaScript 表单编程	表单的定义、表单元素的分类、表单对象的获取、表单元素对象的获取、表单的操作
高级应用篇	第9章 JavaScript 脚本库 jQuery	jQuery 下载与配置、jQuery 选择器、jQuery 控制页面、jQuery 表单编程、jQuery 事件与事件对象、jQuery 动画、jQuery 插件
	第10章 Ajax 编程	Ajax 技术概述、Ajax 常见的应用场景、Ajax 开发模式、XMLHTTPRequest 对象、数据交换格式、Ajax 的重构技术
	第11章 HTML5	HTML5 浏览器支持情况、HTML5 新增的常用元素及属性、表单新增的元素及属性、音频、视频元素及属性、使用 JavaScript 语言访问音频或视频对象、拖放事件处理过程、绘图元素及常用属性、使用 JavaScript 获取网页中 canvas 对象
	第12章 JavaScript 特效应用实例	制作特效应用实例

本书分为三篇:第一篇介绍了 Web 前端开发基础知识;第二篇介绍了 JavaScript 编程的具体细节;第三篇介绍了 Web 前端开发的高级技术和应用实例。这三篇内容由浅入深、从易到难、环环相扣、层层递进,是学习 Web 前端开发的最佳路径。

"Web 前端开发技术"是一门实践性很强的课程,本书也是从实际操作出发,立足于学以致用,请各位读者在学习编程的过程中一定要多多动手实践。如果在实践的过程中遇见问题,建议多思考,理清思路,认真分析问题发生的原因,并在问题解决后总结经验,这样不仅可以提高自己分析问题、解决问题的能力,还可以在一次次的自我突破中找到下一次成功的原动力。

本书由大连科技学院曾维佳、李琳、翟悦任主编,大连科技学院秦放、徐鹏、白楠任副主编。大连科技学院刘瑞杰、郭杨参与编写和讨论,共同完成了本书章节的设计及编写。其中,第1~4章由李琳完成,第5~7章由曾维佳完成,第8章由徐鹏完成,第9~10章由翟悦完成,第11章由秦放完成,第12章由白楠完成。本书的出版得到了大连海事大学出版社的大力支持和帮助,也饱含编辑们辛勤的汗水与付出。在此感谢所有参与本书编写和评审的人员所付出的辛苦与努力,衷心祝愿您和家人身体健康、工作顺利!

尽管我们已倾尽全力,但由于时间仓促、水平有限,书中难免存在疏漏和不足,恳请各位专家和广大读者批评指正,并提出宝贵意见,我们将不胜感激。您在阅读本书时,如发现任何问题或有不认同之处,可以通过电子邮件与我们联系。

请发送电子邮件至:dlkjzengweijia@163.com。

编　者

2021 年 7 月 1 日

目　　录

基础篇

第1章

Web前端开发技术概述

学习目标

通过本章学习，学生应掌握Web前端开发的基本概念，如什么是Web前端开发，Web前端开发常用的技术都有哪些，以及JavaScript的入门知识，包括JavaScript的特点、语法规则、在HTML文档中的引入方式和常用输出语句等，并动手实践第一个JavaScript程序，养成勤思考、多动手的好习惯。

核心要点

- Web前端开发的基本概念
- HTML基础知识
- JavaScript入门

一、单元概述

网站开发技术正经历着一场变革,前端、后台的开发正在逐渐剥离。在这场变革中,软件开发人员的任务重新分配,搭建网站的方式不断地创新深化,对每一位 IT 从业人员产生了深远的影响。为了能够更好地参与行业竞争,在人才济济的互联网行业中占有一席之地,我们应当紧跟时代的步伐,了解前端开发技术的发展现状及未来趋势,为今后的职业发展奠定坚实的基础。

近年来,Web 前端开发技术已成为最热门的计算机技术之一,并且在互联网行业中扮演着越来越重要的角色。同时,越来越多的 IT 企业设置了前端开发相关岗位,这也导致了越来越多的人加入了学习 Web 前端开发技术的大军,致力于成为一名 Web 前端开发工程师。

"前端开发工程师"(Web Front-end-developer)这个名词源自美国,是互联网时代软件产品研发中不可缺少的一个专业研发角色。前端开发是一个比较新的行业,大约从 2005 年开始才逐渐兴起。Web 前端开发工程师的主要工作是协调 UI 设计师和后端程序员,来实现网站页面或程序界面的美化以及实现与用户的交互体验功能。

从狭义上讲,前端开发工程师主要负责的工作就是使用 HTML、CSS、JavaScript 等专业技能和工具,将产品 UI 设计稿实现成网站产品。从广义上来讲,所有用户终端产品,只要是与视觉和交互有关的部分,都是前端工程师的专业领域。

本章通过理论教学、案例教学等方法,循序渐进地向学生介绍什么是 Web 前端开发以及 Web 前端开发常用的技术;介绍 HTML 语言的基础知识;介绍 JavaScript 的基础知识,让学生对 JavaScript 语言有一个初步的了解和认识,并动手实践第一个 JavaScript 程序。

二、教学重点与难点

重点:
理解 Web 前端开发的相关概念,掌握 HTML 语言基础知识,掌握 JavaScript 语言入门知识。

难点:
掌握 JavaScript 语言的相关知识,并进行实践操作。

解决方案:
在课程讲授时要注意多采用案例教学法进行相关案例的演示,带领学生进行第一个 JavaScript 页面的编写,鼓励学生多练习、培养计算思维。

【本章知识】

随着 IT 技术的不断发展,网络已成为现代人工作、生活中必不可少的一部分,人们通过浏览网站获取各类信息,而几乎所有的网络活动都与网页有关。2005 年以后,互联网进入 Web 2.0 时代,各种类似桌面软件的 Web 应用大量涌现,网站的前端由此发生了翻天覆地的变化。网页不再只是承载单一的文字和图片,各种丰富媒体让网页的内容更加生动,网页上软件化的交互形式为用户提供了更好的使用体验,这些都是基于前端技术实现的。

Web 前端技术的应用领域十分广泛,除了网站网页之外,各种 APP、微信小程序、移动端

H5 小游戏、VR 虚拟现实、大数据可视化等,都离不开前端技术的支持。而且随着人们的生活需求逐渐增多,市场分工越来越精细,产品和功能也越来越多,这些产品的开发、维护、更新、升级都需要由前端工程师来完成。所以,现如今的互联网行业中,技术开发岗位对 Web 前端开发工程师的需求量也是越来越大。

本章将讲解 Web 前端开发的基础知识,为以后各章的学习打下基础。

(一) 什么是 Web 前端开发

我们把 Web 前端开发分开来看,分别从 Web、前端和开发三个方面进行解析,具体关系如图 1-1 所示。Web 指 Web 系统,是以网站形式呈现出来,用户可以通过浏览器访问,并且可以完成一定功能的系统。平常我们接触过很多 Web 系统,比如我们经常购物的电商网站、新浪等综合门户类的网站和一些具有特定功能的管理系统等,它们都是以网站的形式展现的,只要有网络可以随时随地登录,就是 Web 系统。

图 1-1　Web 前端开发

从开发人员的角度出发,我们可以把 Web 系统分为前端和后端两个部分。前端是指网页上为用户呈现的部分,也就是用户可以直接接触到的部分。而后端则用户是看不到的,它的作用是跟数据库进行交互,实现数据的存取功能。我们知道对于一个系统来说,数据存储在数据库中。比如我们想查找在淘宝网购买商品的订单信息,登录系统后点击查看订单,向服务器发出请求,然后由系统后端与数据库进行交互,在数据库中查找到该信息,并将信息传递给网页前端,由前端来完成用户订单信息的呈现。至于以哪种方式进行呈现,就是 Web 前端所负责的功能范畴了,如图 1-2 所示。

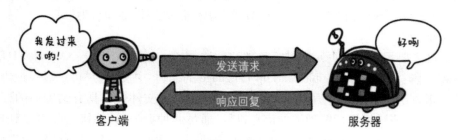

图 1-2　客户端(前端)与服务器(后端)的交互

Web 系统前端开发就是通过编写一些代码,将 Web 系统前端页面及交互功能实现出来的过程,是网站设计的一部分。随着 Web 技术的不断发展,网站开发被不断细分为多个部分,不同的人员负责不同的部分。这样划分的目的就是让更专业的人去做专业的事,从而提高网站的整体质量。

在一个完整的网站开发体系中,网站架构师首先根据用户的需求,将网站的整体架构设计出来,然后产品经理会设计 PRD(产品原型),网页美工则会根据产品原型做出 PSD(产品图样），这个产品图样就好比装修房子时用到的效果图。接下来，前端开发人员会根据产品原型和产品图样进行项目开发，也就是进行用户 PC 端和移动端网页代码的编写，并处理网页的交互问题，最终形成一个可以被浏览器解析和识别的网页文件，这样用户就可以打开浏览器，看到整个前端页面了。

以百度网站为例，网站美工人员设计了百度首页的效果图，前端开发人员通过编写代码的方式将网页效果图实现出来，得到网页文件的源代码，然后预览在浏览器中，就呈现出了我们平常所看到的网页界面，具体过程如图 1-3 所示。

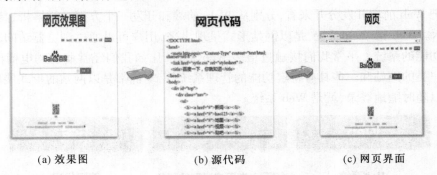

(a) 效果图　　　　　　(b) 源代码　　　　　　(c) 网页界面

图 1-3　Web 前端开发全过程

(二) Web 前端开发技术简介

1. Web 标准简介

由于不同的浏览器对同一个网页文件的解析效果可能不一致，为了让用户无论使用哪一个浏览器打开网页的效果都是一样的，需要一个让所有的浏览器开发商和站点开发商共同遵守的标准，为此 W3C（World Wide Web Consortium，万维网联盟）与其他标准化组织起草和发布了一系列的 Web 标准。需要注意的是，Web 标准不是某一个标准，而是一系列标准的集合。

从技术角度出发，网页主要由三部分组成：结构（Structure）、表现（Presentation）和行为（Behavior）。对应的 Web 标准也分三个部分：结构标准、表现标准和行为标准。

（1）结构标准

结构标准主要用于对网页元素进行整理和分类，主要包括两个部分：XML 和 XHTML。

- XML 是英文 The eXtensible Markup Language 的缩写，中文译为"可扩展标记语言"。它是标准通用标记语言的子集，是一种用于标记电子文件使其具有结构性的标记语言。"标记"是指计算机所能理解的信息符号，通过此种标记，计算机之间可以处理各种信息。XML 可以用来标记数据、定义数据类型，是一种允许用户对自己的标记语言进行定义的源语言。它非常适合万维网传输，提供统一的方法来描述和交换独立于应用程序或供应商的结构化数据，是 Internet 环境中跨平台的、依赖于内容的技术，也是当今处理分布式结构信息的有效工具。

- XHTML 是英文 The eXtensible HyperText Markup Language 的缩写，中文译为"可扩展超文本标记语言"。它是基于 XML 的标记语言，表现方式与超文本标记语言（HTML）类似，不过语法上更加严格。我们可以把 XHTML 想象成一个扮演着类似 HTML 的角色的 XML，所以，本质上说，XHTML 是一个过渡技术，结合了部分 XML 的强大功能及大多数 HTML 的简单特性。从继承关系上讲,HTML 是一种基于标准通用标记语言(SGML)的应用,XHTML 基于 XML,而 XML 是 SGML 的一个子集。

（2）表现标准

表现标准用于设置网页元素的版式、颜色、大小等外观样式,主要指的是 CSS,是由 W3C 制定和发布的,用于描述网页元素格式的一组规则,其作用是设置 HTML 语言编写的结构化文档外观,从而实现对网页元素高效和精准的排版和美化。

在网站开发过程中,我们通常将样式剥离出来放在单独的.css 文件中,从而实现网页表现（样式）与结构的分离。这样做的好处是可以分别处理网页内容和网页样式,也方便对样式的重复利用,简化代码的编写。而且如果我们将网站内所有网页设置成统一的样式,再对 CSS 样式表进行修改,就可以做到一改全改,使网站样式的修改和维护更加便利。

（3）行为标准

行为标准在网页中主要对网页信息的结构和显示进行逻辑控制,实现网页的智能交互。行为标准语言主要包括 W3C DOM 和 ECMAScript 等。

- DOM（Document Object Model）,译为“文档对象模型”,根据 W3C DOM 规范,DOM 是一种与浏览器、平台和语言的接口,它允许程序和脚本动态地访问以及更新文档的内容、结构和样式。
- ECMAScript 是 ECMA（European Computer Manufacturers Association,欧洲计算机制造联合会）以 JavaScript 为基础制定的脚本在语法和语义上的标准。JavaScript 是由 EC-MAScript、DOM 和 BOM 三者组成的,是一种基于对象和事件驱动,并具有相对安全性的客户端脚本语言,广泛用于 Web 开发,常用来给 HTML 网页添加动态功能,如响应用户的各种操作等。

综上所述,Web 结构标准使网页内容更清晰,更有逻辑性;表现标准主要用于修饰网页内容的样式;行为标准主要用于控制网页内容的交互及操作效果。

提示　　如果把 Web 标准看作一栋房子,结构标准就相当于房子的框架;表现标准就相当于房子的装修,让房子看起来更美观;行为标准相当于房间内部的设备,让房子具有功能性。

2. HTML 简介

HTML（HyperText Markup Language）,译为“超文本标记语言”,是构成网页文档的主要语言。超文本（Hypertext）指的是用超级链接的方法,将各种不同位置的文字信息组织在一起的网状文档,通常以电子文档的形式存在。超级文本的格式有很多,最常用的就是 HTML,它也是网络上应用最为广泛的语言之一,目前,最新的 HTML 版本是 HTML5。

网页文件本身是一种文本文件,一个网页对应于一个扩展名为.htm 或.html 的文件。HT-ML 通过在文本文件中添加特殊的标记符号,对网页中的文本、图像、音频、视频等内容进行描述,告诉浏览器如何显示这些内容,然后再通过超链接将各个网页以及各种网页元素链接起来,构成丰富多彩的 Web 页面。HTML 的结构包括头部（Head）和主体（Body）两大部分,其中头部用来描述浏览器所需的相关信息,主体部分则包含所有要显示在浏览器窗口中的具体内容。

关于 HTML 语言的详细内容,在本书第三章中会做详细介绍。

3. CSS 简介

CSS(Cascading Style Sheets),译为"层叠样式表",是由 W3C 制定和发布的,用于描述网页元素格式的一组规则,其作用是设置 HTML 语言编写的结构化文档外观,从而实现对网页元素高效和精准的排版和美化。此外,CSS 不仅可以静态地修饰网页,还可以配合各种脚本语言动态地对网页各元素进行布局和格式化。

CSS 样式表可以嵌入在 HTML 文件头部,也可以作为一个独立的.css 文件,放在 HTML 文件之外,但通常情况下,CSS 样式存放在 HTML 文档之外,这样有助于实现结构与表现的分离,让 CSS 样式可以被同一个网站中不同页面重复使用,保证网站内所有网页的外观风格整齐、统一,而且便于维护和修改。目前,最新的 CSS 版本是 CSS3,与 HTML5 配合使用,可以制作出更加丰富的动画效果。

关于 CSS 的详细内容,在本书第九章中会做详细介绍。

4. JavaScript 简介

JavaScript 是一种基于对象和事件驱动的客户端脚本语言。所谓脚本语言是指介于 HTML 和 C、C++、Java 等编程语言之间的特殊语言,它由一系列运行在服务器端或客户端浏览器上的命令组成。脚本语言接近高级语言,但与高级语言相比,命令简单、语法相对宽松。脚本语言是一种解释性语言,无须编译,可以直接使用,由浏览器负责解释执行。

JavaScript 由 Netscape 公司的 LiveScript 发展而来,是一种动态、弱类型、基于原型的语言,内置支持类,广泛应用于客户端 Web 开发,常用来给 HTML 网页添加动态功能,从而为客户提供流畅的浏览效果。JavaScript 也可以用于其他场合,如服务器端编程。JavaScript 可以直接嵌入在 HTML 文档的头部进行使用,也可以独立存放在.js 文件中,再通过<script></script>标记的 src 属性链入 HTML 文档中。

5. jQuery

jQuery 是一个快速、简洁的 JavaScript 框架,是继 Prototype 之后又一个优秀的 JavaScript 代码库(或 JavaScript 框架)。jQuery 设计的宗旨是"Write Less,Do More",即倡导写更少的代码,做更多的事情。它封装 JavaScript 常用的功能代码,提供一种简便的 JavaScript 设计模式,优化 HTML 文档操作、事件处理、动画设计和 Ajax 交互。

jQuery 的核心特性可以总结为:具有独特的链式语法和短小清晰的多功能接口;具有高效灵活的 CSS 选择器,并且可对 CSS 选择器进行扩展;拥有便捷的插件扩展机制和丰富的插件。jQuery 兼容各种主流浏览器。

6. HTML5

HTML5 的第一份正式草案已于 2008 年 1 月 22 日公布,它仍处于完善之中,然而大部分主流浏览器已经具备了某些 HTML5 支持。HTML5 具有以下特性:

- 语义特性:HTML5 赋予网页更好的意义和结构,在 HTML4.0 的基础上,新增了一些标签,这将有助于开发人员定义重要的内容;
- 本地存储特性:基于 HTML5 开发的网页 APP 拥有更短的启动时间、更快的联网速度,这些全得益于 HTML5 APP Cache 以及本地存储功能;

- 设备兼容特性:HTML5 提供了前所未有的数据与应用接入开放接口,使外部应用可以直接与浏览器内部的数据直接相连;
- 连接特性:更有效的连接工作效率,使得基于页面的实时聊天、更快速的网页游戏体验、更优化的在线交流得到了实现;
- 网页多媒体特性:支持网页端的 Audio、Video 等多媒体功能,与网站自带的 APPS、摄像头、影音功能相得益彰;
- 三维、图形及特效特性:基于 SVG、Canvas、WebGL 及 CSS3 的 3D 功能,用户会惊叹于在浏览器中所呈现的惊人视觉效果;
- CSS3 特性:在不牺牲性能和语义结构的前提下,CSS3 中提供了更多的风格和更强的效果。

7. Ajax

Ajax 指异步 JavaScript 及 XML(Asynchronous JavaScript and XML),它的核心是 JavaScript 对象 XmlHttpRequest。该对象在 Internet Explorer5 中首次引入,它是一种支持异步请求的技术。简而言之,XmlHttpRequest 让用户可以使用 JavaScript 向服务器提出请求并处理响应,而不阻塞用户。Ajax 对服务器要求很低,可以为 Java EE 应用程序、.NET 应用程序和其他类型的应用程序提供服务。前端开发人员可以通过 Ajax 编写 JavaScript 代码来改进 HTML,创建出更加丰富的交互性用户体验。

(三)HTML 基础

HTML 的全称是 Hyper Text Markup Language,译为"超文本标记语言",它是计算机软件技术中最简单的语言,但它在互联网上应用最为广泛。HTML 使用带有特定含义的标记(tag)来描述文本及其他页面元素,用于表示层的格式化功能。使用不同的标记可以表示不同的效果,或者指定文档结构及其他语义。

用 HTML 标记与纯文本组成的文件称为 HTML 文档或网页,这些网页无须编译,发布在 Web 服务器上,即可由浏览器请求、解析和显示,供用户浏览和查看。因此,HTML 是面向浏览器的,网页中标记的有效性要受浏览器支持的影响。

HTML 是 Web 前端开发的基础,下面我们详细讲解一下 HTML 的基础知识。

1. 认识 HTML 标记

在 HTML 文件中,带有"< >"符号的元素被称为 HTML 标记,所谓标记就是放在"< >"标记符中表示某个功能的编码命令。

(1)单标记和双标记

在 HTML 中,大部分标记是成对出现的,如根标记<html></html>,也有一些标记是单个出现的,如水平线标记<hr/>。根据标记成对使用还是单个使用,可以将 HTML 标记分为双标记和单标记。

①双标记

在现实生活中,我们在学习、阅读一些资料时,经常会用签字笔、荧光笔等对重要文字进行批注或标记。在计算机软件中,人们经常使用的 Word 软件也提供了许多诸如加粗、倾斜、下划线、以不同颜色突出显示文本等功能,这些操作的前提都是要先选中要突出显示的文字。而在 HTML 中,我们无法像使用 Word 一样用鼠标选中文本,只能通过 HTML 双标记去指定需要强调的文本,然后对处于强调区域中的文字内容统一地进行格式设置。

双标记也称体标记,是指由开始和结束两个标记符组成的标记。其基本语法格式如下:

<标记名>内容</标记名>

标记通常是成对出现的,例如<html></html>。标记对中的第一个标记叫作开始标记(start tag),它告诉 Web 浏览器从此处开始执行该标记所表示的功能,第二个标记叫作结束标记(end tag),它告诉 Web 浏览器该标记所表示的功能范围在这里结束。从开始标记到结束标记的所有内容称为 HTML 元素(element),元素的内容是开始标记与结束标记之间的内容,就是要被该标记施加作用的部分。它们之间的关系如图 1-4 所示。图中所示为 h1 元素,它的功能是将文本"About YNZC"以一级标题的形式显示在浏览器窗口中。

图 1-4　HTML 元素和标记的关系

②单标记

在实际应用过程中,有些 HTML 元素可以没有内容,这种没有内容的 HTML 元素叫作空元素,用来表示空元素的标记叫作空标记,也叫作单标记。单标记就是用一个标记符号即可完整地描述某个功能的标记,我们通常在其开始标记中添加斜杠"/"来表示标记的结束。其基本语法格式如下:

<标记名/>

如<hr/>就是一个单标记,它的功能是在页面中添加一条水平线。此外,最常用的单标记是
,它表示换行。

(2)标记的属性

HTML 通过标记告诉浏览器如何展示网页内容,另外还可以为某些元素附加一些信息,这些附加信息被称为属性(attribute)。大多数 HTML 元素都拥有属性,属性的设置,可以对 HTML 元素描述得更加详细、具体。属性总是在 HTML 元素的开始标记中,包括属性名和属性值,用"="进行连接,属性值要被引号引起来,多个属性之间要用空格做间隔。其语法格式如下:

<标记名 属性 1="属性值 1" 属性 2="属性值 2" ……>内容</标记名>
或<标记名 属性 1="属性值 1" 属性 2="属性值 2" ……/>

HTML 中定义了 4 种主要属性,几乎所有的元素都有这 4 种属性,而且对应的意义也基本相同,它们是 class 属性、id 属性、style 属性和 title 属性,具体含义见表 1-1。

表 1-1　HTML 标记的标准属性

属性名	含义	举例
class	用于为网页元素指定类样式	<p class="article">内容</p>
id	用于为特定网页元素定义一个唯一的标识符	<div id="header">内容</div>
style	用于为网页元素指定行内样式	<p style="color:#F00;">内容</p>
title	用于为网页元素提供提示文本	<p title="提示文字">内容</p>

（3）注释标记

在 HTML 文档中，有一种特殊的标记，它没有什么特别的含义，只是用于在代码中添加一些解释说明的文字，使网页源代码更加具有可读性。这种起到解释说明作用的标记就叫作 HTML 注释标记，它主要用于在 HTML 文档中添加一些便于阅读理解但又不需要显示在页面中的注释文字，不会显示在浏览器窗口中，但是作为 HTML 文档内容的一部分，也会被下载到用户的计算机上，在查看源代码时就可以看到。注释标记以"<!--"开始，以"-->"结束，中间可以包含单行或者多行文本。其语法格式如下：

　<!--注释文字内容-->

例如，如下的 HTML 代码定义了说明性的注释文字，浏览器在显示网页时并不会显示出其中的内容。

　<!--我是注释文字，我在浏览器窗口中不显示-->

注释标记中不能嵌套注释标记，即下面这种写法在 HTML 中是*不被允许*的：
<!--这是一段注释。<!--这是注释标记内部嵌套的另一个注释标记-->-->

（4）标记的嵌套

HTML 标记是可以嵌套使用的，即在一对标记内部又出现了另一对（或一个）标记。比如 <html></html>标记是整个 HTML 文档的根标记，其他标记都要嵌套在<html></html>标记中。

网页中的 HTML 标记可以嵌套使用，但是不能交叉。即在标记的嵌套过程中，必须先结束最靠近内容的标记，再按照由内及外的顺序依次关闭标记，下面这种写法是*错误*的：
<p> <strong> <em>标记可以嵌套，不能交叉！！！ </strong> </em> </p>

2. HTML 文档基本格式

在日常生活中，写书信需要符合书信的格式要求，学习 HTML 标记语言亦不例外，同样需要先掌握它的基本格式，遵从相应的格式规范，才能写出标准、规范的网页文件。一个网页就是一个 .html 文件，HTML 文档的标准结构如图 1-5 所示。

- <!DOCTYPE>标记：是文档类型定义标记，必须放在 HTML 文档的最上方，用于向浏览器说明当前文档使用的是哪种 HTML 或 XHTML 标准规范，让浏览器按照其文档类型进行解析，对文档格式做出正确的预计和验证。
- <html>标记：在<!DOCTYPE> 标记之后，用于告知浏览器其自身是一个 HTML 文档。

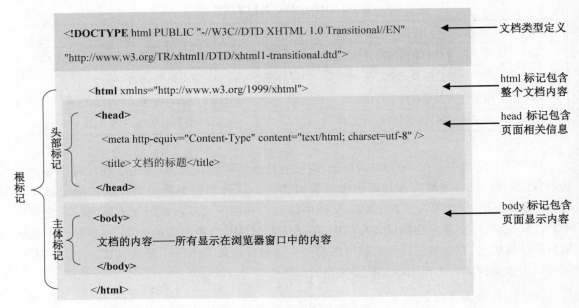

图 1-5   HTML 文档的标准结构

HTML 文档总是以<html>开始,以</html>结束,在它们之间的是文档的头部和主体内容。

- <head>标记:用于定义 HTML 文档的头部信息,主要用来封装其他位于文档头部的标记。通常情况下,头部信息是不会被显示在浏览器窗口中的,此标记可以用来插入其他用于说明文件的标题和一些公共属性的标记。

- <body>标记:是网页内容的容器,用于定义 HTML 文档所要显示的内容。浏览器中显示的所有文本、图像、音频、视频等信息,都必须位于<body>标记中。表 1-2 列举了 body 元素的主要属性,通过使用这些属性,可以对网页中的相应元素进行统一设置。

表 1-2   body 元素的主要属性

属性	说明	示例
text	设置网页文字颜色	<body text="#FFFFFF"></body>
bgcolor	设置网页背景颜色	<body bgcolor="#999999"></body>
background	设置网页背景图像	<body background="images/bgpic. jpg"></body>
link	设置网页超链接颜色	<body link="#000000"></body>
vlink	设置已访问的超链接颜色	<body vlink="#FF3300"></body>
alink	设置活动的超链接颜色	<body alink="#00FF00"></body>

3. HTML 文档头部相关标记

制作网页时,经常需要设置页面的基本信息,如页面的标题、作者、与其他文档的关系等。为此,HTML 提供了一系列的标记,通常都写在 HTML 文档头部标记<head>中。

(1)网页标题标记<title>

<title>标记用于设置 HTML 页面的标题,显示在浏览器的标题栏中,它相当于给网页取一个名字,用以与其他网页进行区分。此外,<title>标记中的值还可以用于用户浏览器的收藏功

能,便于搜索引擎根据网页标题判断网页的内容,其基本语法格式如下:

<title>网页标题文字</title>

(2)页面元信息标记<meta/>

<meta/>标记用于定义页面的元信息,它本身不包含任何内容,也不显示在页面中,一般用来向搜索引擎提供网页的关键字、网页作者、内容描述以及定义 HTML 文档的字符集、网页的刷新时间和跳转等。

<meta/>标记是一个单标记,一个 HTML 页面的<head>标记中,可以有多个<meta/>标记。

提
示

在复制外部文本时,有时候会出现中文显示乱码的情况,所以要在文档头部标记<meta/>标记中,设置 charset=utf-8 来定义网页显示编码。 具体代码如下:

<meta http-equiv="Content-Type" content="text/html;charset=utf-8"/>

(3)引用外部文件标记<link/>

一个页面往往需要多个外部文件的配合,在 HTML 中使用<link/>标记指定当前网页文档与其他文档的特定关系,通常用来指定网页文档使用的样式。一个页面允许使用多个<link/>标记引用多个外部文件。其语法格式如下:

<link 属性="属性值"/>

表 1-3　　<link/>标记的常用属性

属性名	常用属性值	描述
href	URL	指定引用外部文档的地址
rel	stylesheet	指定当前文档与外部文档的关系,其值通常是 stylesheet,表示定义一个外部样式表
type	text/css	引用外部文档的类型为 CSS 样式表
	text/javascript	引用外部文档的类型为 JavaScript 脚本

(4)内嵌样式标记<style>

<style>标记用于为 HTML 文档定义样式信息,如字体、颜色、位置等内容呈现的各个方面。<style>标记位于<head>头部标记中,其常用属性为 type,相应的属性值为 text/css,表示使用内嵌的 CSS 样式。其语法格式如下:

<style 属性="属性值">样式内容</style>

4. HTML 文本控制标记

网页的重要功能之一即为向浏览用户传递信息,文本是信息的重要表现形式,是网页的重要内容,在 HTML 文档中,显示在浏览器窗口的文本要放置放在<body></body>标记内。

(1)段落标记<p>

段落就是格式上统一的文本,在网页中要把文字有条理地显示出来,就需要使用段落标记。其基本语法如下:

<p>文本内容</p>

<p>标记有一个最常用的属性——段落文本对齐属性 align,它有 3 个属性值:left(默认值)、center 和 right,分别表示段落文本左对齐、居中对齐和右对齐。

（2）标题标记<h1> ~ <h6>

标题标记本身具有换行的作用,标题总是从新的一行开始。当网页文本使用了标题标记后,浏览器会自动地在标题的前、后添加空行,并且将标题的文字内容显示为加粗和大号的文本的效果。用标题来呈现文档结构是很重要的,用户可以通过标题来快速浏览网页,搜索引擎也可以使用标题为网页的结构和内容进行编制索引。网页中的标题是通过标题标记<h1> ~ <h6>实现的,其中,<h1>定义最大的一级标题,即标题文字的字号最大,<h6>定义最小的一级标题,代表标题文字的字号最小。其基本语法如下:

<hn>标题文本</hn>(n 为 1~6 的正整数)

（3）文本样式标记<font>

普通文本在浏览器中显示默认效果,当文字过多时,千篇一律的文字效果未免显得十分单调。为了让文字效果更加丰富、美观,可以使用<font>标记来控制字体、字号和文字的颜色。其语法格式如下:

<font>文本内容</font>

<font>标记有三个常用属性,如表 1-4 所示。

表 1-4　<font>标记的常用属性

属性名	描述	举例
face	设置文字的字体,常用的有宋体、微软雅黑、黑体等	<font face=" 黑体">文本内容</font>
size	设置文字的大小,可以取 1~7 的整数值	<font size="5">文本内容</font>
color	设置文字的颜色,可以用十六进制表示的颜色值或预定义颜色来表示	<font color="red">文本内容</font> <font color="#CCC">文本内容</font>

（4）文本格式化标记

为了丰富网页中文本的显示效果,HTML 定义了一些文本格式化标记,使用这些标记可以在网页中设置文本的各种样式,如设置粗体、斜体或添加下划线和删除线等。常用的文本格式化标记如表 1-5 所示。

表 1-5　文本格式化标记

标记名	描述
<b></b>和<strong></strong>	文字以粗体方式显示(XHTML 推荐使用 strong)
<i></i>和<em></em>	文字以斜体方式显示(XHTML 推荐使用 em)
<u></u>和<ins></ins>	文字以加下划线方式显示(XHTML 不赞成使用 u)
<s></s>和<del></del>	文字以加删除线方式显示(XHTML 推荐使用 del)

注意　　尽管大部分浏览器仍然支持格式化标记, 但不再提倡使用这些标记来设置网页的样式, 有些格式化标记在 HTML 的新版本中已不再保留。 由于 CSS 在可重用性、灵活性和功能上更胜一筹, 因此, 在编写网页时, 建议使用层叠样式表 CSS 来进行样式设置。

（5）换行标记\<br/\>

在 HTML 中,使用换行标记\<br/\>也可以实现文本的分段效果,将当前文本强制换行。它的使用相当于在文本编辑软件中按下回车键。\<br/\>标记是一个单标记,使用一次即可实现一次换行,换多行需要使用多个\<br/\>标记。

需要注意的是,虽然\<br/\>标记与\<p\>标记一样,都可以实现文本的换行分段,但是二者有一定的区别。当我们用\<p\>标记进行段落划分时,不同段落间的间距相当于连续加了两个换行符\<br/\>。

通常情况下,若网页中某一行的文本过长,浏览器会根据窗口的宽度自动将文本进行换行显示,如果想强制浏览器不换行显示,可以使用\<nobr\>\</nobr\>标记。\<nobr\>和\</nobr\>标记之间的内容不换行。其基本语法如下:

\<nobr\>文本内容\</nobr\>

（6）特殊符号标记

在 HTML 文档中,有些字符在 HTML 中有特殊含义,例如小于号"\<"和大于号"\>"用来表示一个标记,它们不能在普通文本中使用。如果想在网页中显示小于号"\<"和大于号"\>",就需要用到特殊符号标记。HTML 中的实体由符号"&"、字符名称和分号";"组成。在网页中输入特殊符号时,只需要使用其对应的特殊符号代码即可。网页中的常见特殊符号及其编码如表 1-6 所示。

表 1-6　常用特殊符号及其编码

特殊字符	描述	字符的代码
	空格符	\
\<	小于号	\<（less than 的缩写）
\>	大于号	\>（greater than 的缩写）
&	和号	\&
¥	人民币	\¥
©	版权	\©（copyright 的缩写）
®	注册商标	\®（register 的缩写）
°	度	\°（degree 的缩写）
±	正负号	\±
×	乘号	\×
÷	除号	\÷

（7）其他常用标记

①\<hr/\>标记

水平线标记\<hr/\>可以在网页页面中插入一条水平线,作为段落与段落之间的分隔线,让网页文档结构更加清晰、层次更加分明。

②上标、下标标记

在数学公式、物理公式和化学公式中,会经常使用到上标和下标,例如 x_1、x^2 等。为了在网页中正常显示这些公式,HTML 提供了上标\<sup\>\</sup\>标记和下标\<sub\>\</sub\>标记,将特定的文本内容显示为上标或者下标。

③预格式化标记<pre>

在网页创作中,一般是通过各种标记对文字进行排版的。但是在实际应用中,往往需要一些特殊的排版效果,这样使用标记控制起来会比较麻烦。解决的方法就是保留文本格式的排版效果,例如空格、制表符等。如果要保留原始的文本排版效果,则需要使用<pre>标记,所以<pre></pre>标记也叫作原样显示标记。其基本语法如下:

<pre>原样显示的内容</pre>

<pre>标记的一个常见应用就是表示计算机程序的源代码。

④滚动标记<marquee>

我们在浏览网页时,经常能看到一些文字滚动的效果,这是通过<marquee>标记实现的,它的作用是在浏览器窗口插入一段滚动的文字,达到吸引人注意的效果。其基本语法如下:

<marquee>要滚动显示的内容</marquee>

表 1-7　<marquee>标记的常用属性

属性	解释
direction	指定文本的移动方向,取值可以是 down、left、right 或 up
behavior	指定滚动方式,其取值为 scroll 循环滚动、slide 只滚动一次就停止或 alternate 在页面两端来回交替滚动
scrollamount	指定滚动的快慢,实际是设置每次滚动的移动长度(像素)
scrolldelay	指定滚动的延迟时间,值是正整数,默认为 0,单位是毫秒
loop	指定滚动的次数,缺省是无限循环。参数值可以是任意的正整数,如果设置参数值为 -1 或 infinite,将无限循环
width	指定滚动范围的宽度
height	指定滚动范围的高度
bgcolor	指定滚动范围的背景颜色,参数值是 16 进制或预定义的颜色值

5. 图像标记

为了丰富页面效果,在制作网页时往往会在页面中插入一些图片,HTML 提供了<img/>标记来处理图像。其基本语法格式如下:

<img src="图片地址"/>

图像标记的常用属性如表 1-8 所示。

表1-8　图像标记常用属性

属性	说明
src	用于指定图片所在位置,可以是相对路径或绝对路径
width	用于指定图片的宽度
height	用于指定图片的高度
alt	指定用于替代图片的文本,当图片不能正常显示时,如图像地址不存在等,那么图像右上角就有叉显示,表示未正常显示图像,可以使用该文本替代图片,即当图像非正常显示时,在图像的区域显示 alt 中的文本,即使没有看到图像也可以给用于提供该图像的主题
title	指定提示文本,鼠标悬停时显示的提示文本
align	指定对齐方式,属性值有 left 表示图像对齐到左边,right 表示图像对齐到右边,top 表示将图像的顶端和文本的第一行文字对齐,middle 表示将图像的水平中线和文本的第一行文字对齐,bottom 表示将图像的底部和文本的第一行文字对齐
border	设置图像边框的宽度
vspace	设置图像顶部和底部的空白(垂直间距)
hspace	设置图像左侧和右侧的空白(水平间距)

注意

- 制作网页时,需要多大的图片就设计多大图片,尽量不要调整高度和宽度,以免显示失真。
- 在设置图像路径时,尽量采用相对路径,防止图片移动而无法显示的情况发生。

6. 超链接标记

超链接,是指从一个网页指向一个目标的链接关系,这个目标是另一个网页,也可以是网页上的不同位置,还可以是一个图片、一个电子邮件地址、一个文件,甚至是一个应用程序。通过超链接,实现页面之间的跳转。在 HTML 中创建超链接非常简单,只需用<a></a>标记环绕需要被链接的对象即可,其基本语法格式如下:

<a href="跳转目标"　target="目标窗口的弹出方式">文本或图像</a>

属性说明如下:

- href:用于设置跳转目标,即指定超链接的链接地址,取值为链接的目标的 URL。当<a>标记指定 href 属性后,才具有了超链接的功能,也不可以使用它的其他属性。
- target:用于指定链接页面的打开方式,其取值有_self 和_blank 两种:_self 为默认值,意为在原窗口中打开;_blank 为在新窗口中打开。

此外,为了提高信息的检索速度,HTML 语言提供了一种特殊的链接——锚点链接,通过创建锚点链接,能够让用户在浏览网页时快速定位到目标内容。

创建锚点链接步骤如下:

(1)用<a name="锚点名字"></a>定义锚点,意思是在网页中的某一个位置,插入一个锚点;

(2)用<a href="#锚点名字">链接文字</a>跳转到锚点处,即点击该链接,就会自动跳转到该锚点标注的目标位置处。

● 暂时没有跳转目标时，也需要写 href 属性，表示空链接，如 < a href
="#"></a>;
● 不仅可以创建文本超链接，在网页中各种网页元素，如图像、表格、音频、视
频等都可以添加超链接;
● href 属性的值若是锚点名，必须在标签名前加一个 "#" 号。

7. 列表标记

（1）无序列表

在网页设计中,无序列表是最常用的列表,其各个列表项之间没有顺序级别之分,通常是
并列的。在 HTML 中,使用<ul></ul>标记来创建无序列表,其基本语法格式如下:

```
1  <ul>
2  <li>列表项 1</li>
3  <li>列表项 2</li>
4  <li>列表项 3</li>
5  …
6  </ul>
```

上面语法中,<ul></ul>标记用于定义无序列表,嵌套的<li></li>标记用于描述具体的列
表项,每对<ul></ul>中至少包含一对<li></li>。无序列表<ul></ul>和<li></li>具有 type 属
性,用于指定列表项的样式,具体如表 1-9 所示。

表 1-9　序列表的常用 type 属性值

属性	说明
disc（默认值）	●
circle	○
square	■

（2）有序列表

有序列表是相对于无序列表而言的,各个列表项之间是按顺序排列的,列表项里不用设置
就可以自动按顺序排列。在 HTML 中,使用<ol></ol>定义有序列表,列表项使用<li></li>与
无序列表是一样的,其基本语法格式如下:

```
1  <ol>
2  <li>列表项 1</li>
3  <li>列表项 2</li>
4  <li>列表项 3</li>
5  </ol>
```

<ol></ol>表示无序列表,<li></li>表示具体的列表项,每对<ol></ol>中至少包含一对
<li></li>标记。在有序列表中,除了 type 属性外,还有为<ol></ol>定义的 start 属性,为<li></
li>定义的 value 属性,其取值如表 1-10 所示。

表 1-10　有序列表相关的属性

属性	属性值	描述
type	1（默认）	项目符号显示为数字 1 2 3……
	a 或 A	项目符号显示为英文字母 a b c……或 A B C……
	i 或 I	项目符号显示为罗马数字 i ii iii……或 I II III……
start	数字	规定项目符号的起始值
value	数字	规定项目符号的数字

（3）定义列表

在 HTML 中,列表除了无序列表和有序列表之外,还有一种定义列表,它通常用于定义术语或者对名词进行解释,语义性更强,在显示效果上,定义列表与上述两种列表不同,定义列表项没有任何项目符号,其具体语法如下:

```
1  <dl>
2  <dt>名词 1</dt>
3  <dd>这对名词 1 的解释</dd>
4  <dd>这对名词 1 的解释</dd>
5  <dt>名词 2</dt>
6  <dd>这对名词 2 的解释</dd>
7  <dd>这对名词 2 的解释</dd>
8  </dl>
```

<dl></dl>标记用于定义列表,<dt></dt>标记用于指定术语名词,<dd></dd>标记用于指定该术语名词的解释,一对<dl></dl>标记中可以嵌套多对<dt></dt>和<dd></dd>,一对<dt></dt>标记可以对应多个<dd></dd>,即可以对一个名词术语进行多项解释。

8. 表格标记

在 HTML 文档中,使用表格来存放网页上的文本和图像,可以实现网页精准排版和定位。创建表格,离不开以下 3 对标记,并且这三对标记缺一不可:

```
1  <table>
2  <tr>
3  <td>单元格内容</td>
4  </tr>
5  </table>
```

其中,<table></table>标记用于定义一个表格;<tr></tr>标记用于定义表格中的一行,<table></table>中包含几对<tr></tr>,就表示该表格有几行;<td></td>标记用于定义表格一行中有几个单元格(即有几列),一对<tr></tr>中包含几对<td></td>,就表示该行中有多少个单元格(即多少列)。<table>标记有很多常用属性如表 1-11 所示。

表 1-11 <table>标记的常用属性

属性名	含义	常用属性值
border	设置表格的边框（默认 border="0" 无边框）	像素值
cellspacing	设置单元格与单元格边框之间的空白间距	像素值（默认为 2 像素）
cellpadding	设置单元格内容与单元格边框之间的空白间距	像素值（默认为 1 像素）
width	设置表格的宽度	像素值
height	设置表格的高度	像素值
align	设置表格在网页中的水平对齐方式	left、center、right
bgcolor	设置表格的背景颜色	预定义的颜色值、十六进制 #RGB、rgb(r,g,b)
background	设置表格的背景图像	url 地址

注意

● 默认情况下，表格的边框为 0，宽度和高度靠其自身的内容来支撑。
● 学习表格的核心是学习<td></td>标记，它就像一个容器，可以容纳所有元素，甚至可以嵌套<table></table>。但是<tr></tr>中只能嵌套<td></td>，直接在<tr></tr>中输入文字是不允许的。

制作网页时，有时需要表格中的某一行特殊显示，可以为行标记<tr>定义属性，其常用属性如表 1-12 所示。需要注意的是，<tr>标记无宽度属性 width，其宽度取决于表格标记<table>。

表 1-12 <tr>标记的常用属性

属性名	含义	常用属性值
height	设置行高度	像素值
align	设置一行内容的水平对齐方式	left、center、right
valign	设置一行内容的垂直对齐方式	top、middle、bottom
bgcolor	设置行背景颜色	预定义的颜色值、十六进制#RGB、rgb(r,g,b)
background	设置行背景图像	url 地址

在制作网页时，通过为单元格标记<td>定义属性，可以单独对某一个单元格进行控制，其常用属性如表 1-13 所示。需要注意的是，在<td>标记的属性中，重点掌握 colspan 和 rowspan，其他的属性了解即可，不建议使用，均可用 CSS 样式属性替代。

表 1-13 <td>标记的常用属性

属性名	含义	常用属性值
width	设置单元格的宽度	像素值
height	设置单元格的高度	像素值
align	设置单元格内容的水平对齐方式	left、center、right
valign	设置单元格内容的垂直对齐方式	top、middle、bottom

续表

属性名	含义	常用属性值
bgcolor	设置单元格的背景颜色	预定义的颜色值、十六进制#RGB、rgb(r,g,b)
background	设置单元格的背景图像	url 地址
colspan	设置单元格横跨的列数（用于合并水平方向的单元格）	正整数
rowspan	设置单元格竖跨的行数（用于合并竖直方向的单元格）	正整数

注意

- 对某个<td>标记应用 width 属性设置宽度时，该列中的所有单元格均会以设置的宽度显示；
- 对某个<td>标记应用 height 属性设置高度时，该行中的所有单元格均会以设置的高度显示。

（四）初识 JavaScript

1. JavaScript 简介

JavaScript 是由 Netscape（网景）公司开发的一种跨平台、基于对象和事件驱动的网页脚本语言，主要用于交互式 Web 前端开发，增强网页与用户的互动性，提高用户的浏览体验。其实对于 JavaScript 我们并不陌生，在网页中随处可见 JavaScript 编写的动态效果，如：网页中的下拉菜单、图片轮播、Tab 选项卡等，都是用 JavaScript 实现的页面动态效果。

JavaScript 还可以实现页面与用户之间的实时、动态交互，如：用户注册、登录验证功能等。在 JavaScript 出现之前，如果要验证该用户是否存在，需要从客户端发送请求，到服务器端的数据库进行查找比对，然后再将结果反馈给用户，整个过程费时费力，而且如此频繁地访问服务器，也会加重服务器的负担，而 JavaScript 则完美地解决了这个问题。

此外，JavaScript 还可以与 HTML5 配合，做一些炫酷的动画或者小游戏。比如使用 JavaScript 可以制作多种特效文字等，或者如图 1-6 中所示，用 JavaScript 做一个打地鼠的小游戏。

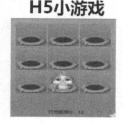

图 1-6　JavaScript 的应用

下面，我们来学习一下 JavaScript 的组成。JavaScript 由 ECMAScript、DOM 和 BOM 三部分组成，如图 1-7 所示。

- ECMAScript 是 JavaScript 的核心，ECMA 是英文 European Computer Manufactures Association 的缩写，即欧洲计算机制造联合会。ECMAScript 是 ECMA 组织为了统一网景公

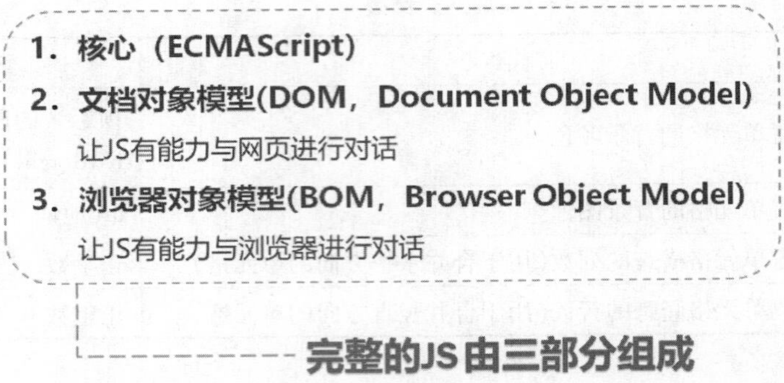

1. **核心（ECMAScript）**
2. **文档对象模型(DOM，Document Object Model)**
   让JS有能力与网页进行对话
3. **浏览器对象模型(BOM，Browser Object Model)**
   让JS有能力与浏览器进行对话

完整的JS由三部分组成

图 1-7　JavaScript 的组成

司的 JavaScript、微软公司的 Jscript 和 CEnvi 公司的 ScriptEase 等版本，联合了一些公司和程序员共同制定的新的标准，因此，准确来说，JavaScript 应该叫作 ECMAScript，但是大家还是习惯称之为 JavaScript。

- DOM 是英文 Document Object Model 的缩写，中文译为文档对象模型，它让 JavaScript 可以与网页进行对话，比如在网页上实现的点击操作、鼠标滑入操作等，都是由 DOM 来完成的。
- BOM 是英文 Browser Object Model 的缩写，中文译为浏览器对象模型，它让 JavaScript 可以与浏览器进行对话。比如判断页面中的滚动条到页面顶端的距离、当前鼠标光标在浏览器中的位置等，都可以由 BOM 实现。

2. JavaScript 的特点

（1）JavaScript 是脚本语言

JavaScript 是一种运行在客户端的脚本语言，它不像 C、C++和 Java，必须要先编译、连接，生成独立的可执行文件后才能运行。JavaScript 是由浏览器的 JS 解释器（一种带有转译功能的计算机程序）进行解释、执行的。脚本语言通常都有简单、易学、易用的特点，语法规则相对比较松散，使开发人员能够快速完成程序的编写工作，但其执行效率不如编译型语言高。

（2）JavaScript 可以跨平台

JavaScript 语言是依赖于浏览器本身的一种嵌入式脚本语言，而不依赖于操作系统。目前，几乎所有浏览器都支持 JavaScript。它既能很好地服务于 PC 端，也能在移动端承载更多的职责，具有跨平台性。例如，JavaScript 可以搭配 CSS3 编写响应式的网页，或者将网页修改成移动 App 的交互方式，使 App 开发和更新的周期变短。

（3）JavaScript 支持面向对象

所谓面向对象就是基于对象的概念，以对象为中心，以类和继承为构造机制，来认识、理解、刻画客观世界和设计、构建相应的软件系统。面向对象是软件开发中的一种重要的编程思想，其优点非常多。例如，基于面向对象思想诞生了许多优秀的库和框架，可以使 JavaScript 变得快捷和高效，降低了开发成本。近些年，Web 前端开发技术日益受到重视，除了经典的 JavaScript 库 jQuery，又诞生了 Bootstrap、AngularJS、Vue. js、Backbone. js、React、webpack 等框架和工具。

3. JavaScript 语法规则

每一种计算机语言都有自己的语法规则,只有遵循语法规则,才能编写出符合要求的代码。在使用 JavaScript 语言时,需要遵从一定的语法规则,如执行顺序、大小写以及注释规范等,下面将对 JavaScript 的语法规则做具体介绍。

(1)按从上到下的顺序执行

JavaScript 程序按照在 HTML 文档中的排列顺序逐行执行。如果代码(例如函数、全局变量等)需要在整个 HTML 文件中使用,最好将这些代码放在 HTML 文件的<head></head>标记中。

(2)区分大小写字母

JavaScript 严格区分字母的大小写。也就是说,在输入关键字、函数名、变量以及其他标识符时,都必须采用正确的大小写形式。例如,变量 username 与变量 userName 是两个不同的变量。

(3)每行结尾的分号可有可无

JavaScript 语言并不要求必须以分号";"作为语句的结束标记。如果语句的结束处没有分号,JavaScript 会自动将该行代码的结尾作为整个语句的结束。

例如,下面两行示例代码,虽然第 1 行代码结尾没有写分号,但也是正确的。

```
1    alert("您好,欢迎学习 JavaScript!")      //正确
2    alert("您好,欢迎学习 JavaScript!");     //正确
```

> 书写 JavaScript 代码时,为了保证代码的严谨性、准确性,最好在每行代码的结尾加上分号。
>
> **注意**

(4)空格、换行符和制表符

JavaScript 会忽略代码中不属于字符串的空格、换行符和制表符。通常,空格、换行符和制表符用于帮助代码排版,方便阅读程序。

(5)规范注释

使用 JavaScript 时,为了使代码易于阅读,需要为 JavaScript 代码加一些注释。JavaScript 代码注释分为单行注释和多行注释,分别用"//"和"/*　　*/"表示。如:

```
//我是单行注释
/ *
我是多行注释
* /
```

4. JavaScript 引入方式

JavaScript 在 HTML 中的应用是很灵活的,大致可以分为以下三种:行内式、内嵌式和外链式。下面我们详细介绍一下。

(1)行内式

行内式是将 JavaScript 代码直接嵌入到 HTML 标记中作为 HTML 标记的属性值进行使用。

由于这种方式下的 JavaScript 代码是写在 HTML 标记的一行中的,所以叫作行内式。行内式引入 JavaScript 代码有两种方法:

- 使用"javascript:"进行调用,将要进行的操作写在冒号后面,即可进行使用,如:

```
<a href="javascript:alert('Hello');">test</a>
```

- 结合事件进行调用,如:

```
<input type="button" onclick="alert('Hello,World!');" value="test">
```

（2）内嵌式

内嵌式将 JavaScript 代码写在一对<script></script>标记中,然后嵌入到 HTML 文档的任意位置。在这里我们要注意一下,<script></script>标记的位置比较随意,但我们为了在网页加载时,能够先解析 JavaScript 代码,通常将<script>标记放在<head>中。

```
<script type="text/javascript">
JavaScript 语句;
</script>
```

上述代码中,<script>标记的 type 属性表示设置所使用的脚本语言,默认是"text/javascript",所以 type 属性可以省略不写。

（3）外链式

外链式是指将 JavaScript 代码保存到一个单独的文件中,并以".js"作为文件的扩展名,然后在 HTML 文档中使用<script>标记的 src 属性将其引入,其语法结构如下:

```
<script src="JS 脚本文件路径">
</script>
```

外链式的使用方法与在 HTML 中插入图片类似,src 的属性值是 JS 文件的路径名。在使用外链式引入 JavaScript 代码时,要尽量采用建站点、使用相对路径的方式,可以在很大程度上避免出错。

注意　　采用外链式引入 JavaScript 代码时, 在 HTML 文档的<script>标记中就不可以再书写 JavaScript 代码了, 即<script src="JS 脚本文件路径"></script>标记中, 是不允许出现任何内容的。

```
<script src="a.js">
console.log();      //错误
</script>
```

上述代码中,采用外链式引入 JavaScript 代码,又在<script></script>标记中写下了 console.log();语句,这是错误的。

外链式是实际开发中最常用的引入 JavaScript 代码的方式,它可以实现结构和行为的分离,便于协作和代码复用。外链式的优点如下:

- 有利于后期修改和维护。内嵌式会导致 HTML 代码与 JavaScript 代码混合在一起,不利于代码的修改和维护;外链式会将 HTML、CSS、JavaScript 三部分代码分离开来,更加方便开发人员后期对程序继续修改和维护。

- 减轻文件体积、加快页面加载速度。内嵌式会将使用的 JavaScript 代码全部嵌入 HTML 页面中,这势必会增加 HTML 文件的体积,影响网页本身的加载速度;而外链式可以利用浏览器缓存,将需要多次用到的 JavaScript 脚本代码重复利用,既减轻了文件的体积,也加快了页面的加载速度。例如,在多个页面中引入了相同的 js 文件时,打开第一个页面后,浏览器就将 js 文件缓存下来了,下次打开其他引用该 js 文件的页面时,浏览器就不用重新加载 js 文件了。

5. JavaScript 常用输出语句

在 JavaScript 脚本代码中,为了验证程序直观展示效果,通常使用输出语句来检测一段代码的执行结果。JavaScript 中常用的三种输出语句,包括 alert( )、document. write( ) 和 console. log( )。

(1) alert( )

alert( ) 用于弹出一个警告框,确保用户可以看到某些提示信息。利用 alert( ) 可以很方便地输出一个结果,因此 alert( ) 经常用于测试程序,如:

alert("欢迎您光临本网站!");

上述代码运行效果如图 1-8 所示。

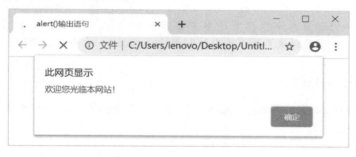

图 1-8　alert( ) 输出语句的运行效果

(2) document. write( )

document. write( ) 用于在页面中输出内容,显示在浏览器窗口中,如:

document. write("欢迎进入 JavaScript 世界!");

document. write("\欢迎进入 JavaScript 世界! \");

上述代码运行效果如图 1-9 所示。

图 1-9　document. write( ) 输出语句的运行效果

注 意　document. write ( ) 的输出内容如果含有 HTML 标记，该标记会被浏览器解析。

（3）console. log（ ）

console. log（ ）用于在浏览器的控制台中输出内容。如：

console. log（"你好,JavaScript!"）；

上述代码运行效果如图 1-10 所示。

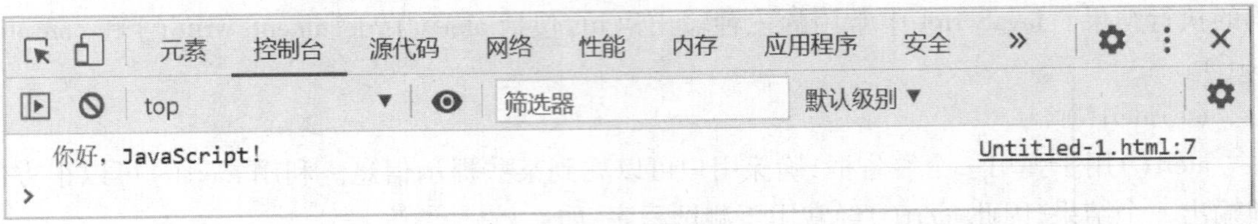

☒ ☐	元素	控制台	源代码	网络	性能	内存	应用程序	安全	»	⚙ ⋮ ✕
▶ ⊘ top ▼ ◉	筛选器				默认级别 ▼					⚙

你好，JavaScript!　　　　　　　　　　　　　　　　　　　Untitled-1.html:7

>

图 1-10　console. log（ ）输出语句的运行效果

注 意　console. log（ ）在浏览器页面中不显示任何内容，需要按【F12】启动"开发者工具"，打开浏览器调试界面，选中控制台（Console），才可以查看输出结果。

6. 第一个 JavaScript 程序

在学习了 JavaScript 相关知识后，我们动手写第一个 JavaScript 程序,代码如下：

```
1   <html>
2   <head>
3   <meta charset="UTF-8"/>
4   <title>第一个 JavaScript 程序</title>
5   <script>
6   alert("第一个 JavaScript 程序!");  //弹出警告对话框
7   </script>
8   </head>
9   <body>网页内容</body>
10  </html>
```

上述程序的运行结果如图 1-11 所示。

图 1-11　第一个 JavaScript 程序的运行结果

单元小结

本章讲述了 Web 前端开发的基础知识以及 Web 前端开发常用的技术,让学生对 Web 前端开发有一个基本的了解。此外,本章讲解了 HTML 基础知识,为 JavaScript 的学习奠定基础。最后,本章讲解了 JavaScript 语言的入门知识,包括 JavaScript 简介、特点、语法规则、在 HTML 中的引入方式和常用的输出语句等,这些知识的学习可以为学生以后进一步深入学习 Web 前端开发技术提供基础和保障。

第 2 章

JavaScript语言基础

学习目标

通过本章学习，学生应掌握 JavaScript 语言的基础知识，如 JavaScript 数据类型、JavaScript 常量和变量的定义及使用、JavaScript 数据类型的转换；掌握 JavaScript 运算符和表达式，并具备运用表达式解决问题的能力。

核心要点

- JavaScript 数据类型
- JavaScript 常量和变量
- JavaScript 数据类型的转换
- JavaScript 运算符和表达式

一、单元概述

在 Web 前端开发中,HTML、CSS 和 JavaScript 并称"前端开发的三驾马车",是开发一个网页所必备的基础技术。在掌握了 HTML 和 CSS 技术之后,我们已经能够搭建各式各样的网页了,但若想给网页添加动态效果,让网页具有良好的交互性,就需要用到 JavaScript 语言。

不同于 HTML 和 CSS,JavaScript 是一种基于对象和事件驱动的、广泛用于客户端 Web 开发的脚本语言,可以对数据进行处理和运算。那么在 JavaScript 中,都有哪些常用的数据类型呢? 这些数据又是如何使用和存储的呢? 这些问题都会在本章找到答案。

本章节的主要内容是介绍 JavaScript 语言的基础知识,让学生对 JavaScript 语言有一个简单了解。对 JavaScript 的数据类型、常量和变量的定义及使用、数据类型转换及 JavaScript 运算符和表达式等知识进行详细讲解,并通过案例演示加深学生对知识点的理解和运用。

二、教学重点与难点

重点:

理解并掌握 JavaScript 的数据类型,掌握常量和变量的定义及使用,掌握 JavaScript 运算符和表达式。

难点:

掌握常量和变量的定义及使用,掌握 JavaScript 运算符和表达式。

解决方案:

在课程讲授时要注意多采用案例教学法进行相关案例的演示,带领学生进行简单程序的编写,让学生养成勤思考、勤动手的好习惯。

【本章知识】

任何一种程序设计语言都离不开对数据和业务逻辑的处理,因此,程序中最基础的元素就是数据和变量,数据类型决定了可以对该数据进行的操作和数据存储的方式,而变量则是用于存储数据的"容器"。

JavaScript 作为一门脚本语言,其使用过程完全表现出自动化特点。与其他脚本语言一样,JavaScript 在使用时不需要显式指定数据的类型,只是在一些特殊场合需要知道某一数据的类型时,可以对数据进行类型检测。

常量和变量是程序设计语言中不可缺少的组成部分,与运算符结合在一起,可以实现对数据的操作和存储。本章节主要讲解 JavaScript 语言的基础知识,为以后各章的学习打下基础。

(一)JavaScript 数据类型

数据类型的定义是:一个值的集合以及定义在这个值集上的一组操作。在计算机中,不同类型的数据所占用的存储空间是不同的,为了充分利用存储空间,各程序语言就定义了不同的数据类型,用来指定对这些值的存储方式和操作方法。JavaScript 把数据分为原始数据类型和引用数据类型。原始数据类型也叫作基本数据类型,本书统称为基本数据类型。JavaScript 数据类型分类如图 2-1 所示。

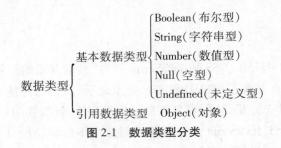

图 2-1　数据类型分类

1. 基本数据类型

每一种程序设计语言都规定了一套数据类型,其中最基本的、不可再细分的类型叫作基本数据类型。JavaScript 基本数据类型包括以下五种:数值型(Number)、字符串型(String)、布尔型(Boolean)、未定义型(Undefined)和空型(Null),其中,未定义型(Undefined)和空型(Null)这两种类型是特殊的基本类型,下面分别讲解各种类型的数据的特点及使用方法。

(1)数值型(Number)

JavaScript 中用于表示数字的类型是数值型,包括:整型、浮点型以及特殊值 NaN。我们在使用时还可以添加符号"+"表示正数(通常情况省略),添加符号"-"表示负数。

①整型

整型数据就是没有小数点的数值,也就是我们常说的整数,它可以用十进制数、二进制数、八进制数和十六进制数来表示。

- 十进制数是用 0~9 的数字来表示的,是最常用的一种表示方法,如 17、123、-56 等;
- 八进制数是用 0~7 的数字来表示的,首位必须是 0,如 023、045 等;

document. write(0764)；　　//八进制数值,输出 500

- 十六进制数是用 0~9 的数字和 A~F(大小或小写)来表示的,前两位必须是 0X 或者 0x。如 0x245、0x5ad、0XCD、0XEF 等。

document. write(0x1F4)；　　//十六进制数值,输出 500

注意

- 八进制或十六进制的数值在参与数学运算之后, 返回的都是十进制数值;
- 考虑到安全性, 不建议使用八进制数值, 因为 JavaScript 可能会误解为十进制数值;
- 各主流浏览器对二进制数值表示方法的支持不是很统一, 应慎重使用。

②浮点型

浮点型数据就是我们常说的小数,包括整数部分和小数部分,中间用小数点隔开。在 JavaScript 中,浮点数只能用十进制表示,分为普通形式和指数形式两种。

- 普通形式:就是我们常见的由整数部分、小数点和小数部分组成的形式。如 10.3、0.001、-6.8 等。如果整数部分为 0,JavaScript 允许省略小数点前面的 0,如 0.25 可以写作.25。

document. write(.25)；　//输出结果:0.25

- 指数形式:也叫作科学计数法,由数字、字母 e 和指数组成。通常,当浮点数极小或极大时,一般用指数形式来表示。如 3.45e3,表示 3.45×10^3。

- e 前后必须有数字，且 e 后面必须是整数，如果没有数字或不是整数，系统会提示错误；
- 浮点型数据的指数必须是 −324~308 之间的整数，如 3.45e3214、3.45e3.5 都是不合法的。如果指数不在此范围，系统不报错，但运行结果是 Infinity 无穷大。

我们来看一个例子。

document. write(3.5e3123)；　//程序正常运行,显示结果为 Infinity

③NaN

NaN 是英文 Not a Number 的缩写,表示"非数值",是 JavaScript 中独有的一个特殊的数值型的数据。在程序运行时,由于某种原因发生了计算错误,从而产生了一个没有意义的数值,我们把这个没有意义的数值叫作 NaN。例如,0 除以 0 的结果就是 NaN。那么,JavaScript 为什么要设置这样一种特殊类型的数据呢？它在程序中又能起到什么作用呢？

设置 NaN 的主要作用是可以避免程序因错误而终止代码的执行。比如,在其他编程语言中,任何数值除以 0 都会导致错误而提示报错,程序往往执行不下去,而在 JavaScript 中,这种情况只会返回 NaN,并不会影响其他代码的执行。

NaN 有两个特点：
任何涉及 NaN 的操作（如 NaN/10），都会返回 NaN；
NaN 与任何数值都不相等,包括 NaN 本身,所以 NaN 等于 NaN 的说法是错误的。

（2）字符串型(String)

字符串型数据是用来表示文本的数据类型,它是由 Unicode(统一的字符编码标准)字母、数字、汉字或其他特殊字符组成的字符序列,我们把这个字符序列称为字符串。在 JavaScript 中,字符串必须用单引号(´´)或双引号(" ")括起来,表示这是一个字符串型数据,但数据不包含引号本身。

①单引号括起来一个或多个字符

´Web 前端开发´

´JavaScript´

´num123´

②双引号括起来一个或多个字符

"好好学习,天天向上!"

"HTML+CSS"

③单引号和双引号互相嵌套使用

"大连科技学院´数字技术学院´招生简章"　　//双引号中可以嵌套单引号

´My name is "Betty",and you?´　　　　　　//单引号中可以嵌套双引号

注 意

- 单引号中不能嵌套单引号；
- 双引号中不能嵌套双引号；
- 单引号和双引号不能交叉引用。

例如，下面的示例都是错误的。

```
´大连科技学院´数字技术学院´招生简章´      //错误
"大连科技学院"数字技术学院"招生简章"      //错误
"大连科技学院´数字技术学院"招生简章´      //错误
´大连科技学院"数字技术学院´招生简章"      //错误
```

④转义字符

前面提到，在 JavaScript 中，字符串型数据必须用单引号或双引号括起来，而且数据本身不包括引号。那么如果字符串中本身包含单引号或双引号，应该如何显示输出？如果想要在单引号中使用单引号、在双引号中使用双引号，又应该如何操作？这就需要用到转义字符对其进行转义。

转义字符是以反斜杠(\)开头不可显示的特殊字符，也叫作控制字符。通过转义字符的使用，可以在字符串中添加一些在浏览器中无法显示的特殊字符(如换行、回车等)，也可以避免引号匹配问题。常用的 JavaScript 转义字符如表 2-1 所示。

表 2-1　JavaScript 转义字符

特殊字符	含义	特殊字符	含义
\´	单引号	\"	双引号
\n	回车	\v	跳格(Tab、水平)
\t	Tab 符号	\r	换行
\f	换页	\\	反斜杠(\)
\b	退格	\0	Null

通过下面的例子来演示一下转义字符的使用。

【案例 2-1】转义字符的使用

- 案例描述

本案例主要进行转义字符的使用测试，要求在页面中实现换行，并输出单引号和双引号。

- 案例分析

①按照案例描述要求，在程序中使用\n、\´和\"三个转义字符；

②使用 document. write( )方法在页面上输出一行文字。

- 实现代码

```
1  <html>
2  <head>
3  <meta http-equiv = " Content-Type"  content = " text/html; charset = utf-8" />
4  <title>JavaScript 转义字符的使用</title>
```

5　　<script>

6　　document. write("学习 JavaScript 字符串要注意:\n 字符串中可以有单引号\′,也可以有双引号\"");

7　　</script>

8　　</head>

9　　<body>

10　</body>

11　</html>

- 实现效果

运行效果如图 2-2 所示。

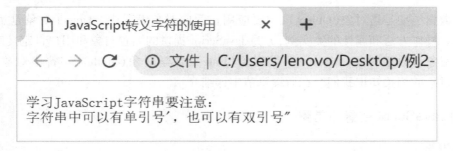

图 2-2　JavaScript **转义字符运行效果**

（3）布尔型(Boolean)

布尔型也叫作逻辑型,是 JavaScript 中比较常用的数据类型之一,通常用于逻辑判断,说明一种状态或标识,以控制操作流程。布尔型数据只有两个值,逻辑真和逻辑假,分别用 true 和 false 来表示。true 为真,表示满足条件;false 为假,表示不满足条件。

在 JavaScript 程序中,布尔值通常用来比较所得的结果。例如:

true = =1 　//运行结果为 true

上述代码中,"= ="是比较运算符,用于比较等号两边的数值是否相等。布尔型的 true 与数值型的 1 进行比较时,需要将 true 转换为 1 然后再进行比较,结果为真,即 true。关于数据类型和运算符的知识我们会在 2.3 和 2.4 中详细讲解。

注 意　　　布尔型数据严格遵循大小写, true 和 false 只有全部为小写时才表示布尔型。

（4）未定义型(Undefined)

未定义类型只有一个特殊的值 undefined(注意要全部小写),用来表示已经声明的变量还未被赋值时,变量的默认值是 undefined。计算机程序在运行时会经常用到常量和变量(我们在后面会详细讲解)。变量就是在使用过程中,其值可以发生改变的量。变量在使用前需要先声明,然后根据赋值数据的类型来判断变量的类型。如果变量只是声明而未被赋值,那它的默认值就是 undefined,它的数据类型就是 Undefined 未定义类型。例如:

var name； //变量 name 为未定义类型

上述代码中,声明了变量 name,但未给其赋值,则 name 的类型为 Undefined。

(5)空型(Null)

空型表示空值,只有一个特殊的值 null,用于表示一个不存在的或无效的对象与地址。需要注意的是,JavaScript 严格区分大小写,所以只有当 null 全小写时才表示空型。

注 意

- undefined 与 null 是不同的。 undefined 表示没有为变量设置值,而 null 则表示变量(对象或地址)不存在或无效。
- null 与 undefined、空字符串(" ")和 0 都不相等。

2. 引用数据类型

引用数据类型是指对象(Object),主要应用在面向对象编程中。Object 对象是 JavaScript 封装了一套操作方法和属性的类实例,分为 JavaScript 提供的内置对象和用户自定义对象。常用的内置对象有数组对象(Array)、日期对象(Date)、数学对象(Math)、字符串对象(String)等。关于对象的相关知识我们会在后续章节中详细介绍。

(二)JavaScript 变量与常量

1. 标识符

在程序开发中,经常需要自定义一些符号来标记一些名称,并赋予其特定的用途,如变量名称、函数名称等,这些符号就叫作标识符。标识符就好比我们每个人的名字一样,用来标识我们的身份。

在 JavaScript 中,标识符的命名需要遵循一定的规则,具体介绍如下:

(1)标识符只能由字母(大写或小写)、数字、下划线和美元符号($)组成。如:str_1、arr3、$ name 等。在这里同学们要特别注意,除了上述这 4 种符号之外,其他任何符号都不可以用来对标识符进行定义。

(2)标识符不能以数字开头。比如 1a 就是非法标识符。

(3)严格区分大小写。比如 A 和 a 就是两个不同的标识符。

(4)不能使用 JavaScript 中的关键字和保留字来进行命名。如:var、do、for、if 等都是关键字。

(5)要尽量做到"见其名、知其意"。比如 name 表示名称、age 表示年龄、address 表示地址等。

提
示

当标识符中需要用两个或两个以上单词表示时，通常使用下划线法、驼峰法和帕斯卡法来进行命名。

- 下划线法就是用下划线将两个单词连接起来形成一个标识符，如用户名称我们可以用下划线法表示为 user_name；
- 驼峰法就是将第二个单词的首字母大写，如 userName；
- 帕斯卡法是将两个单词首字母都大写，如 UserName。

在实际开发工作中，往往会根据开发需求统一规范命名的方式，如下划线法通常应用于变量的命名，而驼峰法通常应用于函数的命名等。

2. JavaScript 关键字与保留字

（1）JavaScript 关键字

JavaScript 关键字是指在 JavaScript 脚本语言中被事先定义好并赋予特殊含义的单词，它不能作为变量名和函数名使用，否则会使 JavaScript 在载入过程中出现语法错误。JavaScript 提供了如表 2-2 所示的关键字。

表 2-2　JavaScript 关键字

break	case	catch	class	const	continue
debugger	default	delete	do	else	export
extends	false	finally	for	function	if
import	in	instanceof	new	null	return
super	switch	this	throw	try	true
typeof	var	void	while	with	yield

表中列举的每一个关键字都有特殊的作用，例如 var 关键字用于定义变量，typeof 关键字用于判断给定数据的类型，function 关键字用于定义一个函数，等等。现在我们不需要大家了解每一个关键字的含义，在后续章节中，我们将陆续介绍一些常用的关键字，现在同学们只需要了解这些关键字如何读写，当我们看到这些单词知道它是一个关键字，并且在命名时不去使用就可以了。

（2）JavaScript 保留字

保留字是指系统预留的，未来可能会成为关键字的单词。虽然保留字现在不是关键字，但是我们也尽量不要用保留字对变量和函数命名，避免在以后保留字转换为关键字时出现错误。JavaScript 提供了如表 2-3 所示的保留字。

表 2-3　JavaScript 保留字

abstract	arguments	await	byte	boolean	char
double	enum	eval	final	float	goto
implements	int	interface	let	long	native
package	private	protected	public	short	static
synchronized	throws	transient	volatile		

3. JavaScript 变量

（1）变量的概念

变量是指在程序运行过程中值可以发生改变的量。从原理上讲，变量是可读写的内存单元，可以看作存储数据的容器，如图 2-3 所示。我们把变量想象成生活中用来盛水的杯子，这个杯子就是变量，而杯中盛放的水就是保存在变量中的数据。杯子可以根据不同的需要盛放不同的水，所以变量中的数据也是可以改变的。

在 JavaScript 中，变量在使用时通常会用到变量名、变量值和变量类型 3 个概念。

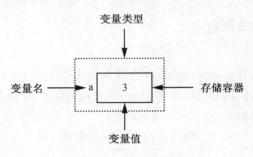

图 2-3　变量的概念

①变量名

变量名用于区分内存中不同的存储空间，相当于给每个盛放水的杯子做个标记或起个名字。在 JavaScript 语言中，变量名的命名规则与标识符的命名规则相同，由字母、数字、下划线和美元符号组成，且不能以数字开头，严格区分大小写，不能与 JavaScript 关键字和保留字相同。例如：

a,b,x1,y2,max1,stu_list, $ age　　　　//变量名举例

②变量值

变量的值即存放在存储容器中具体的数据，如图 2-3 中放置在存储容器中的数字 3。

③变量类型

JavaScript 是弱型语言，变量的数据类型由变量值所决定。如图 2-3 中，变量值为数值 3，所以变量 a 的数据类型为数值型。关于数据类型，我们后面会进行详细讲解。

（2）变量的声明

JavaScript 中，在使用变量之前，要先对变量进行声明，也叫作变量的定义，其目的是"告诉"计算机系统，要在系统内存中开辟出来一个存储空间，进行数据的存储和操作。JavaScript 中的变量是用 var 关键字进行声明的，它的语法结构是：

var 变量名；

var name；　//声明了一个名为 name 的变量

如果想要在一条语句中，实现多个变量的声明，只需在变量名之间用逗号隔开即可，即：

var 变量名 1,变量名 2；

var name,age,address；　//同时声明了 3 个变量，分别为 name、age 和 address

（3）变量的赋值

变量在使用 var 关键字声明后，计算机系统会自动为变量分配内存空间，但此时，空间中

还没有存放数据,它的数据类型就是我们之前讲过的未定义型。我们向这个存储空间存放数据的过程,就是在给变量赋值的过程。

在 JavaScript 中,我们可以用以下这三种方法为变量赋值:

①先声明变量再为变量赋值

这种方法将变量的声明和赋值分开进行,如:

```
1  <script>
2  var unit, room;     //声明两个变量 unit 和 room
3  unit = 3;           //为变量 unit 赋值为数值 3
4  room = "1001";      //为变量 room 赋值为字符串"1001"
5  </script>
```

注意　　上述代码中的等号叫作"赋值运算符",用于给变量赋值,不表示数学中的"相等"关系。

②在声明变量的同时为变量赋值

这种方法将在变量声明的同时为变量赋值,如:

```
1  <script>
2  var fname = 'Tom';   //声明变量 fname 并为其赋值为字符串 Tom
3  var age = 12;        //声明变量 age,并为其赋值为数值 12
4  var a=1,b=2;         //同时声明 2 个变量,并在声明时直接赋值
5  </script>
```

③省略 var 关键字直接为变量赋值

省略 var 关键字直接为变量赋值的这种方式叫作"隐式声明变量",如:

```
1  <script>
2  flag = false;       //省略关键字 var 声明变量 flag,并为其赋值为布尔型数据 false
3  first = 1, second = 2;  //省略关键字 var 同时声明了 2 个变量,并同时赋值
4  </script>
```

由于 JavaScript 采用的是动态编译,程序运行时不容易发现代码中的错误,所以不建议使用隐式声明变量的方法为变量赋值,我们要重点掌握方法一和方法二,养成变量"先声明,再使用"的好习惯。

提示　　JavaScript 允许重复声明变量,重复声明变量时,如果重新赋值,则变量的值发生改变;如果没有为变量赋值,则变量的值不变。

如图 2-4 所示的两个示例,在上面的例子中,变量 a 被声明了两次,并且两次都赋值了,第一次赋值为数值 100,第二次赋值为字符串"abc",那么第二次给变量 a 赋的值就会将之前赋的值覆盖掉,现在变量 a 中存储的数据就是字符串"abc",即变量 a 的值发生了变化;在下面的

图 2-4　变量的重复声明举例

例子中,变量 a 也被声明了两次,但是第二次未被赋值,所以变量 a 的值不变,还是 100。

（4）变量的类型

在 JavaScript 中,声明变量时只是声明了变量的名字,并没有声明其类型,JavaScript 变量的类型是由其变量值的类型所决定的。例如,如果变量的值是数值型,那么这个变量的类型就是数值型;如果变量的值是布尔型,那么该变量的类型就是布尔型。如:

```
var a = 100;        //变量 a 的数据类型是数值型
var b = ´abc´;      //变量 b 的数据类型是字符串型
var c = true;       //变量 c 的数据类型是布尔型
var d;              //变量 d 的数据类型是未定义型
```

从上述代码中可知,这个例子中一共有 a、b、c、d 4 个变量。其中,a 被赋值为 100,100 是数值型,所以变量 a 的类型是数值型;b 被赋值的是字符串类型的数据,所以变量 b 的类型是字符串型;c 被赋值为布尔型数据 true,所以变量 c 的类型是布尔类型;而 d 只声明而未被赋值,所以它的类型是未定义型。

【案例 2-2】变量的定义和赋值

- 案例描述

本案例主要是进行变量的定义和变量赋值的测试,要求定义 3 个变量,并对 3 个变量分别赋值,然后在页面上输出变量的值。

- 案例分析

①按照案例描述要求,需要定义 3 个变量,分别是 name、course 和 score,用来存放姓名、科目和成绩;

②分别为 3 个变量赋值;

③利用 document. write( )方法在页面上输出变量的值。

- 实现代码

```
1  <html>
2  <head>
3  <meta http-equiv = " Content-Type"  content = " text/html; charset=utf-8"/>
4  <title>变量定义与赋值测试示例</title>
5  <script type = " text/javascript" >
6  var name = " 张小丽" ;
7  var score = " 成绩" ;
8  var course = " JavaScript" ;
```

```
9    document. write( name+"的" +course+score+"是最好的!" ) ;
10   </script>
11   </head>
12   <body>
13   </body>
14   </html>
```

● 实现效果

上述代码的运行结果如图 2-5 所示,程序定义了 3 个变量并为其赋值,然后再通过 docu-ment. write( )方法将变量输出。

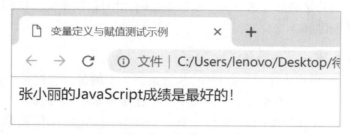

图 2-5 变量的定义和赋值示例运行效果

(5)数据类型检测

如果重复声明的变量已经有一个初始值,那么再次声明就相当于对变量进行重新赋值,而变量被重新赋值后,它的数据类型可能也会发生改变。在实际开发过程中,经常需要针对不同的数据类型采取不同的处理方式,这就需要对数据类型进行检测。

在 JavaScript 中,我们可以使用 typeof 操作符对变量的数据类型进行检测。typeof 操作符以字符串形式,返回未经计算的操作数的类型。我们来看一个示例。

```
1    <script>
2    var   num1 = 12, num2 = ´34´, sum = 65;          //声明变量并赋值
3    sum = num1+num2 ;                                //为变量 sum 重新赋值
4    document. write( sum ) ;                         // 输出结果:1234
5    document. write( typeof sum ) ;                  // 输出结果:string
6    </script>
```

在该示例中,我们声明了三个变量,num1、num2 和 sum,并分别为它们赋值。然后我们将 num1 和 num2 相加的结果赋值给变量 sum。用 document. write( )方法输出 sum 的值为 1234 (注意是 1234,而不是一千二百三十四),因为下一条语句中,通过 typeof 操作符对变量 sum 进行检测,得到的结果是 string,即 sum 的数据类型是字符串型。

需要注意的是,上述代码中的"+"号是"字符串连接符",num1+num2 的实际操作过程是:将数值 12 转换成字符串'12',num1"加"num2,就是将字符串'12'和'34'进行连接,得到的结果就是字符串'1234',这一点我们从最后一条代码的运行结果也可以看出来。关于数据类型转换的知识我们会在 2.3 中继续学习。

在用 typeof 检测 null 的类型时返回的是 object 而不是 null，这是 JavaScript 最初实现
注 意 时的历史遗留问题。

（6）变量的作用域

变量的作用域就是变量在程序中的作用范围，也就是变量在程序中的有效区域。JavaScript 变量的作用域按照其作用的范围可以分为全局变量和局部变量。全局变量在整个程序中都起作用；而局部变量只在其所在的函数内部起作用。此外，函数参数也是一种局部变量。需要注意的是，如果一个局部变量和全局变量同名，则函数内部的局部变量将屏蔽全局变量，即在函数内部起作用的是局部变量。关于函数变量的作用域，同学们了解即可，我们还会在后面的章节中进行详细讲解。

4. JavaScript 常量

常量又称常数，是指在程序运行过程中，其值始终不变的量。它的特点是一旦被定义，就不能被修改或重新定义。一般在数学和物理中会存在很多常量，它们都是一个具体的数值或一个数学表达式。例如数学中的圆周率 π 就是一个常量，它的取值就是固定且不能被改变的。

在 JavaScript 中，常量主要包括数值型常量、字符串型常量、布尔型常量、null 和 undefined 等。如：

```
"网页设计与制作"    //字符串型常量
123456             //数值型常量
false              //布尔型常量
```

在 2015 年 6 月批准通过的 JavaScript 语言标准中，新增了 const 关键字，专门用于定义常量。其语法结构为：

```
const 常量名称;   //定义常量
```

常量的命名遵循标识符命名规则，但习惯上常量名称总是使用大写字母来表示。常量在赋值时可以是具体的数据，也可以是表达式的值或变量。

【案例 2-3】定义常量的使用

- 案例描述

本案例主要进行定义常量的使用测试，要求定义两个常量，分别赋值为具体的数据和表达式，并在页面中输出。

- 案例分析

①按照案例描述要求，在程序中用 const 关键字定义了 PI 和 P 两个常量；

②为定义常量 PI 赋值为数值 3.14，为定义常量 P 赋值为一个表达式 2 * PI * r；

③在页面中输出定义常量 P。

- 实现代码

```
1    <html>
2    <head>
```

```
3    <meta http-equiv = " Content-Type"  content = " text/html; charset = utf-8"/>
4    <title>定义常量的使用</title>
5    <script type = " text/javascript" >
6    var r = 6                      //定义变量 r
7    const PI = 3. 14;              //定义常量 PI 并赋值
8    const P = 2 * PI * r;          //定义常量 P 并赋值
9    document. write( 'P =' + P) ;    //输出结果:P = 37. 68
10   </script>
11   </head>
12   <body>
13   </body>
14   </html>
```

● 实现效果

在上述代码中,定义了两个常量 PI 和 P,然后为常量 PI 赋值为 3. 14,为常量 P 赋值了一个表达式 2 * PI * r(常量在赋值时既可以是具体的数据,也可以是表达式),则在实际的运算过程中,先计算 2 * PI * r 的结果,然后将这个结果赋值给常量 P。最终,这个程序的运行结果如图 2-6 所示。

图 2-6　定义常量的使用示例

使用定义常量的优点如下:

● 增强程序的可读性。在程序中定义一些具有一定意义的常量,能起到"见名知义"的作用。

● 增强程序的通用性和可维护性。如果一个程序中有多处需要使用同一个常量,这时,可把该常量设置为一个定义常量,若后续需要修改该常量,只需要在定义处修改,即可以做到"一改全改",可以避免出现修改不完全或遗漏等错误。

注意

使用定义常量需要注意:
● 常量一旦被赋值就不能被改变;
● 常量在声明时必须为其指定某个值。

（三）JavaScript 数据类型转换

JavaScript 提供了一种灵活的自动类型转换的处理方式,当对两个数据进行操作时,若其数据类型不相同,则需要对其进行数据类型转换。在 JavaScript 中,常见的数据类型转换有转换为数值型、转换为字符串型和转换为布尔型。下面对这几种常见的数据类型转换进行详细介绍。

1. 转数值型

在程序开发过程中,通常需要对用户输入的数据进行处理和计算。但是使用诸如表单、prompt()函数等方式获取到的数据默认是字符串型的,此时就不能直接进行简单的四则运算,需要将获取到的数据进行类型转换,将其转换成数值型数据才能进行运算。

其他类型数据转化为数值型时,普遍需要遵循一定的规则,如表2-4所示。

表2-4 其他类型转换为数值型基本规则

类型	说明
字符串型→数值型	若内容全为数字,则转换为对应数值,否则转换为 NaN
布尔型→数值型	true 转换为 1,false 转换为 0
未定义型→数值型	转换为 NaN
空类型→数值型	转换为 0
其他对象→数值型	转换为 NaN

从表2-4中可知,字符串型数据转换为数值型,若内容全为数字,则转换为对应数值,否则转换为 NaN;布尔型数据转换为数值型时,true 转换为 1,false 转换为 0;未定义类型 undefined 转换为数值型是 NaN;空类型 null 转换为数值型是 0;对象类型的数据转换为数值型是 NaN。

此外,JavaScript 提供了 parseInt()、parseFloat()和 Number()三个转换函数来将其他类型数据转换成数值型。其中,parseInt()和 parseFloat()只能用于把字符串型数据转换成数值型,而 Number()函数则可以用于将任何类型的数据转换为数值型。下面我们先来学习 parseInt()函数。

(1)parseInt()函数

parseInt()函数的功能是返回由字符串转换得到的整数,其语法结构为:

```
parseInt(字符串,[可选参数]);
```

几点说明:

- parseInt 是函数名称,括号里面是 parseInt()函数的两个参数。
- 第一个参数表示要进行转换的字符串,需要由单引号或双引号引起来。
- 第二个参数是 2~36 之间的整数,表示第一个参数字符串所保存数字的进制。如 parseInt("AF",16)表示字符串 AF 是十六进制数。该参数是一个可选项,在使用时可以省略。

提 示

parseInt()函数的处理过程:

首先分析字符串的第一个字符,判断它是否是个有效数字:如果不是,则返回 NaN,不再继续执行其他操作;如果该字符是有效数字,则分析第二个字符,以此类推,直到发现非有效字符为止,并用 parseInt()函数将该非有效字符之前的字符串转换为数字。

下面,我们看几个例子:

```
parseInt("1234blue");          //转换结果:1234
parseInt("22.5");              //转换结果:22
parseInt("blue");              //转换结果:NaN
parseInt("0123");              //转换结果:123
```

第 1 个例子的执行过程是:检测字符串"1234blue"的第一个字符,为有效数字,依次检测 2、3、4 均为有效数字,当 parseInt()函数检测到字符 b 时,发现了非有效数字,则停止检测,并将字符 b 之前的字符 1234 返回;

第 2 个例子中,parseInt()函数返回的是整数,因此对于 parseInt()函数来说,小数点是无效数字,所以当检测到小数点时,就停止了检测,并将小数点之前的字符 22 返回;

第 3 个例子中,字符串"blue"的第一个字母 b 就不是有效数字,因此直接返回 NaN;

第 4 个例子的返回结果是 123,第一个字符 0 被忽略了。

注意　parseInt()函数在转换纯数字时,会忽略前面的 0,如果数字的开头有"+",会被当成正数,如果有"-",会被当成负数。

(2)parseFloat()函数

parseFloat()函数与 parseInt()处理方式类似,只不过 parseFloat()函数返回的是浮点数(也就是小数),它只有一个参数,且字符串必须以十进制形式表示。而且小数点对于浮点数来说是有效字符,所以用 parseFloat()函数转换字符串时,遇到小数点不会停止检测。但是当字符串中有多个小数点时,除第一个小数点有效外,其余小数点均为无效字符,然后将第二个小数点之前的字符串转换为数字返回。

下面我们来看几个例子,对比一下 parseFloat()函数与 parseInt()函数的不同。

```
parseFloat("1234blue");        //转换结果:1234
parseFloat("22.5");            //转换结果:22.5
parseFloat("12.34.5");         //转换结果:12.34
parseFloat("blue");            //转换结果:NaN
```

第 1 个例子的转换结果与 parseInt()函数一样,都是 1234。

第 2 个例子转换的结果就与 parseInt()函数不一样了,它返回的是 22.5,因为小数点在 parseFloat()函数中是有效字符。

第 3 个例子转换的结果是 12.34,当 parseFloat()函数检测到第一个小数点时,并没有停止检测,因为对于 parseFloat()函数来说,小数点是有效字符,因此它会继续检测字符 3、4,均为有效字符。但当 parseFloat()函数检测到第二个小数点时,判定其为无效字符,将第二个小数点之前的字符串转换为数字返回。

第 4 个例子转换的结果与 parseInt()函数一样,同样返回 NaN。

(3)Number()函数

Number()函数的功能是将其他类型的数据转换为数值型数据,与 parseInt()、parseFloat()只能用于把字符串型数据转换成数值型数据不同的是,Number()函数可以用于将任何类型的数据转换为数值型。

需要注意的是,Number()函数的执行过程也与 parseInt()和 parseFloat()函数不同,它不是从第一个字符开始逐个检测,然后进行部分转换,而是将括号内的参数作为一个整体,进行整体转换。

下面,我们来看几个例子:

```
Number("1234blue");        //转换结果:NaN
Number("22.5");            //转换结果:22.5
Number(null);              //转换结果:0
Number(undefined);         //转换结果:NaN
Number(true);              //转换结果:1
```

第 1 个例子转换的结果是 NaN,这与 parseInt()和 parseFloat()函数不同,因为 Number()函数进行的是整体转换;

第 2 个例子返回的结果是 22.5,与 parseFloat()函数返回的结果一致;

下面这三个例子与我们之前举的例子不同,它们都不是字符串型数据,而 parseInt()和 parseFloat()函数是不能对非字符串型数据进行转换的。

第 3 个例子中,null 是空类型,由 Number()函数转换的结果是 0;

第 4 个例子中,undefined 是未定义类型,由 Number()函数转换的结果是 NaN;

第 5 个例子中,布尔型数据 true 转换为数值型是 1,如果是 false,转换为数值型是 0。

关于数据类型转换之其他类型转换为数值型的三个常用函数,我们已经介绍完了,下面进行一下小结,对比一下三个函数的相同点和不同点。

从表 2-5 中我们可以看出,如果是纯数字的字符串,三种函数转换的结果是一样的,都是转成对应的数字;对于以非数字开头的字符串,三种函数转换的结果也是一样的,都是转成 NaN;而对于以数字开头的字符串,parseInt()和 parseFloat()会转成开头的数字,而 Number()转换的结果是 NaN;对于空字符串,parseInt()和 parseFloat()转换的结果都是 NaN,而 Number()转换的结果是 0。

表 2-5   其他类型数据转换为数值型函数对比

待转数据	parseInt()	parseFloat()	Number()
纯数字字符串	转成对应的数字	转成对应的数字	转成对应的数字
数字开头的字符串	转成开头的数字	转成开头的数字	NaN
非数字开头字符串	NaN	NaN	NaN
空字符串	NaN	NaN	0
undefined	NaN	NaN	NaN
true	NaN	NaN	1
fasle	NaN	NaN	0
null	NaN	NaN	0

此外,对于非字符串型数据,parseInt()和 parseFloat()转换的结构都是 NaN,而 Number()将未定义型 undefined 转换为 NaN,将布尔型的 true 转换为 1,false 转换为 0,将空类型 null 转换为 0。

【案例 2-4】数据类型转换——转数值型

- 案例描述

本案例主要进行数据类型的转换测试,要求接收用户输入的出生年份,利用出生年份计算用户的实际年龄,并将结果输出。

- 案例分析

①按照案例描述要求,在程序中定义了变量 year 用于接收用户输入的出生年份;

②用 prompt( )函数获取用户输入的数据,并赋值给变量 year;

③定义变量 age,并为其赋值为 2021-parseInt(year)的结果;

④使用 alert( )弹出框弹出 age 的结果。

- 实现代码

```
1    <html>
2    <head>
3    <meta http-equiv="Content-Type" content="text/html; charset=utf-8"/>
4    <title>数据类型转换</title>
5    <script type="text/javascript">
6    var year=prompt("请输入您的出生年份(用四位数字表示):");
7    var age=2021-parseInt(year);
8    alert("您今年已经"+age+"岁了!");
9    </script>
10   </head>
11   <body>
12   </body>
13   </html>
```

- 实现效果

当运行程序后,弹出如图 2-7 所示对话框,提示用户输入信息,用户输入自己的出生年份后,即弹出如图 2-8 所示运行结果。

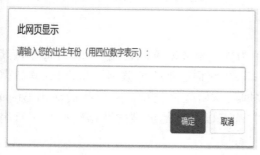

图 2-7　提示用户输入出生年份

图 2-8　案例 2-4 运行结果

2. 转字符串型

其他类型数据转化为字符串型时,普遍需要遵循一定的规则,如表 2-6 所示。

表 2-6　其他类型转换为字符串型基本规则

类型	说明
数值型→字符串型	转换为对应数字的字符串
布尔型→字符串型	true 转换为"true",false 转换为"false"
未定义型→字符串型	转换为"undefined"
空类型→字符串型	转换为"null"
其他对象→字符串型	若对象存在 toString( )方法,则转换为该方法的返回值,否则转换为"undefined"

此外,JavaScript 提供了 String( )函数和 toString( )方法将数据转换为字符型。两者的区别是:String( )函数可以将任意类型数据转换为字符型,而 null 和 undefined 没有 toString( )方法,因此,toString( )方法只能用于除了空型和未定义型之外的数据类型,将它们转换为字符串型数据。当空型或未定义型数据调用 toString( )方法时,系统不会报错,但程序运行之后页面中什么也不显示。

下面,我们来看几个 String( )函数的使用示例:

```
String(123);          //转换结果:123
String(true);         //转换结果:true
String(null);         //转换结果:null
String(undefined);    //转换结果:undefined
```

从上面 4 个例子中可以看出,使用 String( )函数将数值型、布尔型、空型和未定义型数据转换为对应字符串。我们再来看一下 toString( )方法的使用示例:

```
1   <script>
2   var t1 = 345;
3   document. write( t1. toString( )+"<br/>") ;   //变量 t1 调用 toString( )方法,将数值 345
                                                    转换成字符串"345"
4   document. write( typeoft1+"<br/>") ;          //变量 t1 的数据类型没有改变,依然是数值型
5   document. write( typeoft1. toString( )+"<br/>") ;
6   </script>
```

在上述代码中,定义了一个变量 t1,并为其赋值为数值型数据 345,使用 t1. toString( )将其转换为字符串 345 输出。接下来我们用 typeof 操作符检测了变量 t1 的数据类型,得到其数据类型为 number,说明 toString( )方法并不会改变数据的原始数据类型。最后我们输出 typeof t1. toString( )的结果为 string,说明使用 toString( )方法可以将其他类型的数据转换为字符串型,运行结果如图 2-9 所示。

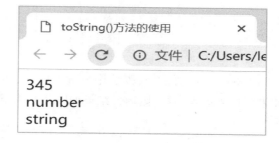

图 2-9　toString( ) 方法的使用

提示　使用 toString( ) 方法进行数据类型转换时，可通过参数设置，将数值转换为指定进制的字符串，如：

var num = 123;

document. write(num. toString(2)); //运行结果：1111011

运行过程：先将十进制 123 转换为二进制 1111011，然后再转换为字符型数据输出。

3. 转布尔型

在程序开发中，将其他类型数据转换为布尔型数据是最常见的一种类型转换，常用于表达式和流程控制语句中，进行数据的比较和条件的判断。在 JavaScript 中，经常使用 Boolean( ) 函数将数据转换为布尔型。它的转换规则是：Boolean( ) 函数会将任何非空字符串和非零数值转换为 true，将空字符串、0、NaN、undefined 和 null 转换为 false。

【案例 2-5】数据类型转换——转布尔型

● 案例描述

本案例主要进行数据类型的转换测试，主要功能是判断用户是否输入了内容。

● 案例分析

①按照案例描述要求，在程序中定义了变量 content 用于接收用户输入的内容；

②用 Boolean( ) 函数将 content 转换为布尔型数据；

③将转换结果输出。

● 实现代码

```
1    <html>
2    <head>
3    <meta http-equiv = "Content-Type" content = "text/html; charset = utf-8"/>
4    <title>数据类型转换——转布尔型</title>
5    <script type = "text/javascript">
6    var content = prompt("请输入内容:");
7    document. write( Boolean( content ));
8    </script>
9    </head>
10   <body>
```

45

```
11    </body>
12    </html>
```

● 实现效果

当运行程序后,弹出如图 2-10 所示对话框,提示用户输入内容,如果用户输入内容,则运行结果如图 2-11 所示,如果用户未输入内容,则运行结果如图 2-12 所示。

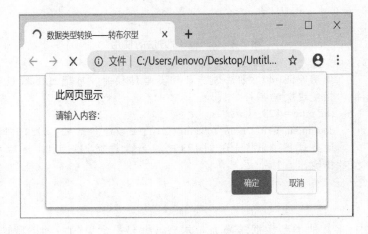

图 2-10　提示用户输入内容

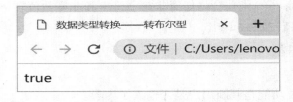

图 2-11　用户输入内容运行结果　　　　图 2-12　用户未输入内容运行结果

(四)JavaScript 运算符和表达式

在程序中,经常会对数据进行运算。JavaScript 语言提供了十分丰富的运算符,对数据进行相关运算。运算符是指能够完成一系列计算操作的符号,被用来计算的数据称为操作数。比如在"1+2"这个式子中,1 和 2 是操作数,"+"号是运算符。如果按照操作数的个数来划分,可以将运算符分为:单目运算符、双目运算符和三目运算符。

单目运算符,只有一个操作数,如-5 中的"负号",就是一个单目运算符,它表示取相反数的意思;

双目运算符,有两个操作数,是比较常见的运算符,如我们熟悉的加减乘除运算符,都是双目运算符;

三目运算符,就是有三个操作数的运算符,在 JavaScript 中只有一个,那就是条件运算符。

运算符除了可以按操作数的个数进行划分之外,还可以按操作数的类型进行划分,可以分为:算术运算符、赋值运算符、关系运算符、逻辑运算符和条件运算符等。

● 算术运算符:+、-(减号/取反)、*、/、%、++、--
● 赋值运算符:=、+=、-=、*=、/=、%=

- 关系运算符:>、<、>=、<=、==、===、！=、！==(不绝对等于)
- 逻辑运算符:&&、||、!
- 条件运算符:?:

下面,我们先来学习算数运算符。

1. 算数运算符

算数运算符主要用于数值运算,加减乘除是我们最熟悉的运算符,它们都有两个操作数,是双目运算符,常用的算数运算符如表 2-7 所示。

表 2-7　算数运算符

运算符	功能	示例	结果
+	如果操作数均为数值,返回结果为两个数值的和	5+5	10
	如果操作数中有一个字符串型数据,则为字符串连接符	5+'20'	'520'
−	用作减号	5−5	0
	用作取反	−5	−5
*	乘运算符	3 * 4	12
/	除运算符	3/2	1.5
%	求余(模运算符)	5%7	5
++	自增运算符,使变量值自增 1	前置:a=2, b=++a;	a=3;b=3;
		后置:a=2, b=a++;	a=3;b=2;
−−	自减运算符,使变量值自减 1	前置:a=2, b=−−a;	a=1;b=1;
		后置:a=2, b=a−−;	a=1;b=2;

(1)"+"号

在 JavaScript 中,加号不仅可以表示两个数值相加,还可以用于字符串连接。只要两个操作数中有一个操作数是字符型,则"+"就是字符串连接符,用于返回两个数据拼接后的字符串。我们来看一个"+"号用于字符串连接的例子。

```
1  <script type="text/javascript">
2  var str1 = "北京,";
3  var str2 = "欢迎你!";
4  var str3 = str1 + str2 + "汤姆!";
5  var amount=50;
6  var str4 = "请付"+ amount+"元的士费!";
7  document. write( str3+" "+str4);
8  </script>
```

在这个例子中,我们首先定义两个变量,str1 和 str2,并分别为他们赋值为"北京,"和"欢迎你!",这两个变量都是字符串类型。然后我们再定义一个变量 str3,将 str1、str2 与字符串"汤姆!"用加号拼接成的字符串赋值给 str3,str3 的值为"北京,欢迎你! 汤姆!"。

接下来我们定义一个变量 amount,并为其赋值为 50,再定义一个变量 str4,将字符串"请付"、变量 amount 和字符串"元的士费!"用加号拼接成的字符串赋值给 str4,即"请付 50 元的士费!",最终将结果输出。在这里我们要注意,变量 amount 是数值型,在与字符串拼接的过程中,被转换成了字符串型数据。

图 2-13　字符串连接符的使用运行结果

(2)"-"号

"-"号除了用于相减运算之外,也是取反运算符,用于获取数值的相反数。

(3)求余运算符

求余运算符,也叫取模运算符,其结果是第一个操作数除以第二个操作数的余数,且结果的正负取决于第一个操作数,也就是%左边的操作数的符号。如:$3\%2=1$,$(-8)\%7=-1$,$8\%(-7)=1$。

(4)自增、自减运算符

接下来我们再学习一下算术运算符中的自增、自减运算符,++和--。++和--都是单目运算符,也就是只有一个操作数的运算符。

- ++自增运算符,使变量值自增 1。如 a++,++a;
- --自减运算符,使变量值自减 1。如 a--,--a。

需要注意的是,在实际使用过程中,运算符(++或--)放在操作数前面还是放在后面,产生的结果是不同的。如果运算符放在操作数的前面,则是先进行自增或自减运算,再进行其他运算;如果运算符放在操作数后面,则先进行其他运算,再进行自增或自减运算。如:

```
1 j = 3;   k = ++j;              //k=4,j=4
2 j = 3;   k = j++;              //k=3,j=4
3 j = 3;   alert(++j);           //输出 4
4 j = 3;   alert(j++);           //输出 3
5 a = 3; b = 5; c = (++a) * b;   //c=20,a=4
6 a = 3; b = 5; c = (a++) * b;   //c=15,a=4
```

如表 2-8 所示,对于变量 i 来说,无论自增、自减运算符前置还是后置,它的值都会增加 1(或减少 1)。但是对于表达式 i++(或 i--)和++i(或--i)来说,它们的运算结果是不同的。表达式 i++和 i--的值就是 i 的值,而表达式++i 的值就是 i+1 的值,表达式--i 的值就是 i-1 的值。

表 2-8　自增、自减运算符

表达式	i 的值	表达式的值
i++	i+1	i
++i		i+1
i--	i-1	i
--i		i-1

下面我们看一下使用自增、自减运算符的注意事项。

注 意

- 注意区分 j=i+1 和 j=++i 这两个表达式。在这两个表达式中，变量 j 的结果都是 i+1，但是对于表达式 j=i+1 来说，i 的值并没有改变，而在表达式 j=++i 中，i 的值自增了 1。
- 自增、自减运算符只能用于变量，不能用于常量或表达式。如，5++ 和 --(a+b) 都是非法的。
- 递增和递减运算符仅对数值型和布尔型数据操作，会将布尔值 true 当作 1，false 当作 0。
- ++ 和 -- 的优先级高于其他算术运算符，它的结合性是"由右向左"。如，-i++ 相当于 -(i++)。

2. 赋值运算符

赋值运算符记为"="，它的作用是将运算符右边表达式的值赋给左边的变量，赋值运算符是双目运算符，它有两个操作数。写作：

变量=表达式;

如表达式 a=3;的含义是，将 3 赋值给变量 a,则变量 a 的值为 3。

JavaScript 中除了等号之外，还有许多复合的赋值运算符，如表 2-9 所示。

表 2-9　赋值运算符

运算符	运算	示例	结果
=	赋值	a=3, b=2;	a=3;b=2;
+=	加并赋值	a=3, b=2; a+=b;	a=5;b=2;
-=	减并赋值	a=3, b=2;a-=b;	a=1;b=2;
* =	乘并赋值	a=3, b=2;a * =b;	a=6;b=2;
/=	除并赋值	a=3, b=2;a/=b;	a=1.5;b=2;
%=	模并赋值	a=3, b=2;a%=b;	a=1;b=2;

我们以 += 为例，看一下表中的示例。当 a=3,b=2 时，表达式 a+=b 等价于 a=a+b,也就是将 a+b 这个表达式运算结果 5 赋值给变量 a,a 被重新赋值变为 5,所以运行的结果就是 a=5;b=2。

同样的,a-=b 等价于 a=a-b,a * =b 等价于 a=a * b,a/=b 等价于 a=a/b,a%=b 等价于 a=a%b。需要注意的是，当等号右边是表达式时，要把表达式当作一个整体进行计算。如：

x * =y+8 等价于 x=x * (y+8)

下面我们来看一下赋值运算符在使用时应该注意的问题。

注 意

- "="是赋值运算符,而不是数学意义上的相等的关系,判断是否相等需要使用关系运算符中的"==",我们后面会介绍。
- 一条赋值语句可以同时对多个变量进行赋值。 如:var a=b=c=8。
- 赋值运算符的结合性为"从右向左",即我们在运算时,应该从最右侧开始计算,得出结果,赋值给"="号左侧的变量。

3. 关系运算符

关系运算符也叫作比较运算符,主要用来对两个数值或变量进行比较大小,其结果是布尔型的 true 或 false。也就是说,当关系运算符左右两边的数值或变量满足关系运算符所表示的关系时,则返回结果 true,否则返回 false。如表达式 3>=5 的结果为 false。常用的关系运算符如表 2-10 所示。

例如:var x = 5;

表 2-10 关系运算符

运算符	运算	示例	结果
==	等于	x == 4	false
! =	不等于	x ! = 4	true
===	全等	x === 5	true
! ==	不全等	x ! == '5´	true
>	大于	x > 5	false
>=	大于或等于	x >= 5	true
<	小于	x < 5	false
<=	小于或等于	x <= 5	true

在 JavaScript 中,关系运算符我们要特别注意全等"==="和不全等"! =="。全等表示左右两边不仅要数值相同,数据类型也要相同。如表 2-10 中,变量 x 的数据类型是数值型,5 也是数值型,它们不仅值相同,数据类型也相同,所以表达式 x === 5 是成立的,其结果为 true。在下面不全等的运算符示例中,x 不等于字符 5 也是成立的,其结果也为 true。

例如:var a = 3,b = 2,c = 1,d,f;

```
a>b          //表达式值为1
(a>b)= =c    //表达式值为1
b+c<a        //表达式值为0
```

下面我们来看一下,关系运算符在使用过程中的注意事项。

注 意

- 在关系运算符中, >,<,>=,<= 的优先级要高于 == 和 ! =,而且都遵循左结合。
- 不同类型的数据进行比较时,会自动将其转换成相同类型的数据再进行比较。如,字符串 '123' 与数字 123 进行比较时,会将字符串 '123' 转换成数值型,然后再进行比较。
- 运算符 "=="和"! ="在比较时,只比较值是否相等,而运算符 "==="与 "! =="不仅要比较数值是否相等,还要比较其数据类型是否相等。

4. 逻辑运算符

逻辑运算符也叫作布尔运算符,是用于逻辑判断的符号,主要包括 &&(与)、||(或)和!(非),如表 2-11 所示。其中 && 和 || 是双目运算符,! 是单目运算符。逻辑运算符返回值的类型是布尔型,即 true 或 false。

表 2-11　逻辑运算符

运算符	运算	示例	结果
&&	与	a && b	a 和 b 都为 true,结果为 true,否则为 false
||	或	a || b	a 和 b 中有一个为 true,则结果为 true,否则为 false
!	非	! a	若 a 为 false,结果为 true,否则相反

从表中可知,对于 && 运算符来说,只有当 a 和 b 都为 true 时,结果才为 true;|| 运算符的计算规则是,当 a 和 b 中有一个为 true 时,结果即为 true,只有当 a 和 b 皆为 false 时,结果才为 false;! 运算符最简单,若 a 为 false,非 a 即为 true,否则相反。

逻辑运算符可以针对结果为布尔型的表达式进行运算。比如之前学过的关系运算符,其结果就是布尔型数据,所以,逻辑运算符可以对关系表达式进行运算。在 JavaScript 程序中,逻辑运算符比较典型的应用就是与关系运算符配合使用来进行逻辑判断,如:

x>3&&y! =0　//&& 运算符左右两边均为条件表达式

下面我们再来看一下逻辑运算符的结合性,运算符与和或都是左结合,而非运算符比较特殊,它是右结合。也就是说,在计算时如果涉及非运算符,要先计算其右边表达式的值,然后再进行非运算,而与和或是从左向右按照优先级依次计算的。

下面我们来看一下逻辑运算符的例子。

```
var a=4;b=5;
! a                    //a 为 true,! a 结果为 false
a&&b                   //a 和 b 均为 true,所以 a&&b 结果为 true
0||b                   //b 为 true,所以结果为 true
! a||null              //! a 结果为 false,null 也为 false,所以最终结果为 false
4&&0||2                //只需看最右边的 2 即可,结果为 true
5>3&&2||8<4-! 0        // 等价于(5>3)&&2||(8<(4-(! 0))),结果为 true
```

表达式 5>3&&2||8<4-! 0 等价于(5>3)&&2||(8<(4-(! 0))),正常来讲,我们应该先计算! 0,其结果为 true。由于与数值 4 进行算数运算,所以要进行类型转换,将布尔型的 true 转换为数值型的 1,得到 4-1=3;然后再计算(5>3)&&2,5>3 结果为 true,再 &&2,两个运算量都为 true,所以(5>3)&&2 的结果为 true;最后再与 || 运算符右侧的表达式 8<3 进行或运算,而 8<3 不成立,结果为 false。但是对于或运算来说,只要有一个运算量为 true 即整个表达式结果为 true,所以 5>3&&2||8<4-! 0 的值为 true。其实这道题目,我们计算了 || 运算符左边表达式的结果为 true,就可以做出整个表达式结果为 true 的判断了,而无须再计算或运算符右边表达式的值,这个叫作"短路特性"。

短路特性是指:在求解逻辑表达式时,并非所有的逻辑运算符都被执行,只是在必须执行下一个逻辑运算符才能求出表达式的解时,才执行该运算符。意思是说,当使用"&&"连接两个表达式时,如果左边表达式的值为 false,则右边的表达式不会执行,逻辑运算结果为 false。当使用"||"连接两个表达式时,如果左边表达式的值为 true,则右边的表达式不会被执行,逻辑运算结果为 true。

因为对 && 运算符来说,左右两边只要有一个量为 false,则整个表达式的值为 false,所以,如果左侧表达式的值为 false,那就可以得出整个表达式为 false 的结论了,右边的表达式也就不会被执行了。

同样道理,对于 || 运算来说,只要左右两边的表达式有一个结果为 true,则整个表达式结果为 true,所以,如果左侧表达式的值为 true,则整个表达式结果为 true,无须计算右边表达式的值。只有当左边表达式的值为 false 时,才需继续判断右边表达式的真假。

例如 a&&b&&c 中,只在 a 为 true 时,才判别 b 的值;只在 a、b 都为 true 时,才判别 c 的值。而对于 a||b||c 来说,只在 a 为 false 时,才判别 b 的值;只在 a、b 都为 false 时,才判别 c 的值。

我们来看一个例子:

```
1  <script>
2  var a=1,b=2,c=3,d=4,m=1,n=1;
3  (m=a>b)&&(n=c>d);
4  document. write("m="+m+"," + "n=" +n);        //输出结果:m=false,n=1
5  </script>
```

上述例子的运行结果是 m=false,n=1,即 m 被重新赋值,而 n 未被重新赋值。原因是对于 && 运算符来说,左右两边只要有一个运算量为 false,则整个表达式结果为假。在本例中,&& 运算符左边是一个赋值表达式,其值为被赋值变量 m 的值,而 m 的值是表达式 a>b 的结果。题目中 a=1,b=2,表达式 a>b 的值为 false,则 m 的值为 false,即表达式(m=a>b)的值为false。&& 运算符左边表达式的结果为 false,就无须再计算右边表达式的值了,所以(n=c>d)这个表达式根本未执行,n 的值仍然为 1。

5. 条件运算符

条件运算符是 JavaScript 中唯一一个三目运算符,即它有三个操作数,而且它的运算结果是根据给定的条件来决定的。它的形式是:

x 条件表达式? 表达式 1:表达式 2;

它的计算过程是:先求解条件表达式的值,如果该表达式的值为 true,则返回表达式 1 的执行结果;如果条件表达式的值为 false,则返回表达式 2 的执行结果,如:

```
1  <script>
2  var age=prompt("请输入您的年龄:");
3  var result=age>=18?"已成年":"未成年";
4  alert(result);
5  </script>
```

上述代码中,定义了一个变量 age 用于接收用户输入的年龄,然后判断 age>=18 是否成立,如果成立,就将字符串"已成年"赋值给变量 result,否则将"未成年"赋值给变量 result,最后将结果通过 alert 警告框弹出。

6. 运算符的优先级

运算符的优先级是指在表达式中各个运算符参与运算的先后顺序。优先级高的运算符总是先于优先级低的运算符进行计算。那么 JavaScript 运算符的优先级和结合性都有哪些规则呢?

- 从总体上讲,单目运算符的优先级是相同的,而且都具有右结合性,并且优先级比双目运算符和三目运算符都高;
- 三目运算符的优先级比双目运算符要低,但高于赋值运算符和逗号运算符;
- 逗号运算符的优先级最低,其次是赋值运算符;
- 只有单目运算符、赋值运算符和条件运算符具有右结合性,其他运算符都是左结合性;
- 在双目运算符中,算术运算符的优先级最高,逻辑运算符的优先级最低。

JavaScript 运算符的优先级如图 2-14 所示。

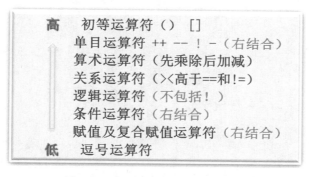

图 2-14　JavaScript 运算符的优先级

从图 2-14 中可以看到,括号的优先级最高,其次是单目运算符++、--、逻辑非! 和取反运算符。接下来依次是算数运算符、关系运算符中的>、<、>=、<=,然后是关系运算符中的==和! =,再后来是逻辑运算符 && 和||,接着是条件运算符、赋值运算符,优先级最低的是逗号运算符。

7. 表达式

表达式是指由运算符和操作数组成的、能够进行运算并获得结果的式子,是各种类型的数据、变量和运算符的集合。最简单的表达式可以是一个变量。下面这些例子都是表达式。

```
var x, y, z;
var a = 1;
a;
document. write(x, y);
a = a + 8;
x = y = z = 0;
```

单元小结

　　本章首先讲解了 JavaScript 中的五种基本数据类型,包括:数值型、字符串型、布尔型、未定义型和空类型;接着讲解了 JavaScript 变量的相关知识和定义常量的使用,以及数据类型的检测和转换;最后讲解了 JavaScript 常用的运算符,主要有算数运算符、复制运算符、关系运算符、逻辑运算符和条件运算符。本章在整个课程体系中处于基础入门地位,希望同学们认真学习,打好基础。

第3章

流程控制语句

学习目标

通过本章学习，学生应了解常见的流程控制语句，掌握条件分支语句的语法结构及使用方法，并具备使用条件分支语句解决实际问题的能力；掌握循环语句的语法结构及使用方法，并具备使用条件分支语句解决实际问题的能力；掌握流程跳转语句 break 和 continue。

核心要点

- 条件分支语句
- 循环语句
- break 和 continue 语句

一、单元概述

在 JavaScript 程序中,常常需要使用流程控制语句来解决问题和实现特定的功能。按照流程控制语句的结构、语句的运行特点及实现的功能方式的不同,流程控制语句可以分为顺序语句、条件分支语句和循环语句三种。在这三种结构中,顺序语句的结构是最简单的,也是最常见、最基础的一种结构。条件分支语句有 if 语句和 switch 语句两种,经常用于表示判断和选择的程序中。循环语句是存在某些语句被反复执行的结构,包括 while 语句、do while 语句和 for 语句。

三种基本的流程控制语句中,顺序语句比较简单,条件分支语句和循环语句理解起来有一定难度。本章通过理论教学法、案例教学法等常规方法,循序渐进地向学生介绍 if 语句的三种形式、switch 语句的使用方法和应用场景;介绍 while 语句、do while 语句和 for 语句的相同点和不同点,以及如何根据实际情况选择合适的循环语句。另外,采用项目式教学法、启发式教学法引导学生自己动脑、动手解决实际问题,鼓励学生发散思维,努力寻找创新方法。

二、教学重点与难点

重点:
掌握条件分支语句和循环语句的语法结构和使用方法。

难点:
运用条件分支语句和循环语句解决实际问题。

解决方案:
在课程讲授时要注意多采用案例教学法、项目式教学法开展教学活动,在课堂上进行相关案例的演示,并带领学生多动手进行代码的编写,同时通过布置一些难度适中的任务,培养学生独立分析问题、解决问题的能力。

【本章知识】

语句是构成程序的基本要素之一,JavaScript 中常用的三种基本流程语句包括顺序语句、条件分支语句和循环语句。早期的计算机研究人员通过分析发现,任何问题的解决方案(即算法)无论多复杂,都可以用这三种基本结构加以描述,也被称为结构化程序设计的三大基本结构。结构化程序设计思想是将问题的解决方案按其解决步骤依次采用相应的基本结构进行综合描述。

这三种基本结构在执行过程中都只有一个入口和一个出口,这种特性保证了程序的确定性。选择条件分支语句中的每一个分支都有可能被执行到,但是在一次执行过程中具体哪条分支能够被执行,需要依赖于判断条件而定。为保证程序的有限性,循环结构中必须在执行有限次语句后使得判定条件(循环结构中的判定条件一般被称为循环条件)不成立,从而循环结束,以避免"死循环"(无终止的循环)。

本章将讲解 JavaScript 三大基本流程控制语句的使用方法及注意事项,为后续章节的学习做好铺垫。

（一）流程控制语句概述

现实中人们可以根据自我逻辑来支配自身行为。同样，在程序中也需要相应的控制语句来控制程序的执行流程。如上所述，JavaScript 中有顺序语句、条件分支语句和循环语句三种流程控制语句。下面，我们一起来简单了解一下这三种基本结构语句。

图 3-1 中的三幅图从左到右依次为顺序语句、条件分支语句和循环语句。

顺序语句最简单，也是所有程序的基础语句。所谓顺序语句就是指组成程序的多条语句，在执行时按照它们出现的先后顺序自上而下地依次执行。在图 3-1(a) 中，要按照顺序先执行语句 1，然后依次向下一直到语句 n。

条件分支语句表示程序的处理步骤出现了分支，它需要根据某一特定的条件选择其中的一个分支执行。条件分支语句有单分支、双分支和多分支三种形式，图 3-1(b) 是一个典型的双分支条件语句。当程序执行到表达式 P 时，需要判断其真假：如果表达式 P 为真，则执行语句 1；如果为假，即执行语句 2。

循环语句表示程序反复执行某个或某些操作，直到某条件不成立时才终止循环。在图 3-1(c) 中，如果表达式 P 为真，则执行循环体语句 1；执行后继续判断表达式 P 的真假，如果表达式 P 为真，则继续执行语句 1。如此循环下去，直到表达式 P 不成立时，才退出循环。

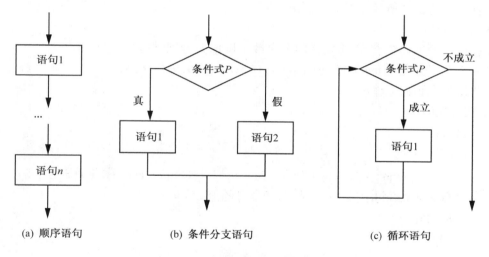

(a) 顺序语句　　　　(b) 条件分支语句　　　　(c) 循环语句

图 3-1　三种基本的流程控制语句

接下来，我们通过一个典型案例来讲解一下最简单的顺序语句。假设有一个装满醋的瓶子和一个装满酱油的瓶子，现在我们要将两个瓶子中的液体进行交换，应该如何操作呢？由于瓶子是满的，我们无法直接将两个瓶子中的液体互相倾倒，所以我们需要借助一个空瓶子。具体的操作过程是：首先将酱油倒入空瓶，把酱油瓶子空出来，然后将醋倒入酱油瓶，把醋瓶子空出来，最后再将"空瓶"中的酱油倒入醋瓶子，就完成了两个瓶中液体的交换，如图 3-2 所示。

前面我们讲过，变量就是盛装数据的容器，我们把瓶子想象成变量，那么交换酱油和醋的过程就是交换两个变量值的过程，存储在变量中的数据，就是我们前面例子中的酱油和醋。如果我们想要交换两个变量的值，就需要再引入一个第三方变量 temp，也就是那个"空瓶子"，然后按照图 3-2 所示步骤进行交换。下面，我们把这个过程用程序表示出来。

首先定义两个用来盛装数据的变量 a 和 b，并分别赋值为 3 和 4，即将数值 3 放入变量 a

图 3-2   酱油和醋互相交换过程图

中,将数值 4 放入变量 b 中。然后引入一个第三方变量 temp,把变量 a 中的数值 3 赋给 temp,那么变量 a 就空了出来,再把变量 b 中的数值 4 赋给 a,变量 b 就空了出来,最后把 temp 中的数值 3 赋给 b 就完成了整个交换过程。具体程序如案例 3-1 所示。

【案例 3-1】顺序语句示例——交换两个变量的值

* 案例描述

交换两个变量的值并在页面上输出。

* 案例分析

①按照案例描述要求,首先定义两个变量 a 和 b,并分别赋值为 3 和 4;

②引入第三方变量 temp,通过 temp=a;a=b;b=temp;进行交换;

③将结果在页面上输出。

* 实现代码

```
1    <html>
2    <head>
3    <meta http-equiv="Content-Type" content="text/html; charset=utf-8"/>
4    <title>顺序语句示例——交换两个变量的值</title>
5    </head>
6    <body>
7    <script type="text/javascript">
8    var a=3, b=4;
9    document. write("交换之前:"+"<br/>")        //输出交换前两个变量的值
10   document. write("a="+a+"<br/>");
11   document. write("b="+b+"<br/>");
12   var temp;
13   temp=a;a=b;b=temp;                          //交换变量
14   document. write("交换之后:"+"<br/>")        //输出交换后两个变量的值
15   document. write("a="+a+"<br/>");
16   document. write("b="+b+"<br/>");
17   </script>
```

```
18    18</body>
19    </html>
```

● 实现效果

案例 3-1 运行结果如图 3-3 所示。

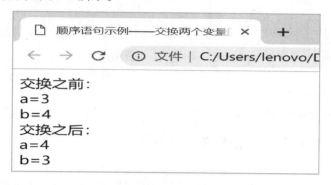

图 3-3　顺序语句示例——交换两个变量的值运行结果

提
示
　　关于变量的交换，temp＝a；a＝b；b＝temp；我们可以用下面的口诀，帮助同学们更好地记忆。
　　"第三方变量在两边，交换变量在中间。"

(二)条件分支语句

条件分支语句的主要作用是使程序能够根据给定的条件有选择地执行一条或多条语句，它需要先判断条件的真假，然后根据结果来决定执行对应的代码。条件分支语句主要有 if 语句和 switch 语句两种形式。其中，最常用的是 if 语句。if 语句又可以分为 if 单分支条件语句、if…else 双分支条件语句和多条件分支语句三种。下面，我们进行详细讲解。

1. if 语句

if 语句在 JavaScript 程序中是最常用的一种条件分支语句。根据 if 的条件表达式值的不同，其程序会执行不同分支的语句。JavaScript 的 if 条件分支语句又分为单分支、双分支和多分支语句，我们先来学习 if 单分支条件语句。

(1)if 单分支条件语句

if 单分支语句是只有 if 的语句，它的语法结构比较简单，如：

if（表达式）
语句；

它的执行过程是：先判断 if 后面括号里表达式的真假，如果表达式为真，则执行语句序列，如果表达式为假，则什么也不执行，如图 3-4 所示。

如图 3-5 所示，我们可以在 if 后面的括号中写入表达式 age >= 18，如果条件成立，则执行语句"alert(´已成年！´)；"。在这个例子中，我们可以通过年龄来判断一个人是否"已成年"。下面，我们通过【案例 3-2】来实现这个程序。

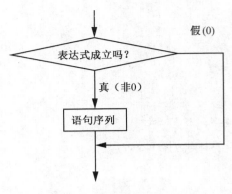

图 3-4　if 单分支语句的执行过程

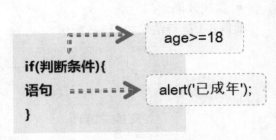

图 3-5　if 单分支语句示例

【案例 3-2】if 单分支条件语句使用示例

● 案例描述

根据用户输入的年龄进行判断,如果大于或等于 18 岁,则弹出"已成年"。

● 案例分析

①按照案例描述要求,通过 prompt( )函数获取用户输入的数据,并赋值给变量 age;

②通过 if 单分支语句判断表达式 age >= 18 是否成立;

③通过 alert 对话框弹出结果。

● 实现代码

```
1    <html>
2    <head>
3    <meta http-equiv="Content-Type" content="text/html; charset=utf-8"/>
4    <title>if 单分支语句</title>
5    <script>
6    var age=prompt("请输入您的年龄:","");
7    if(age>=18)
8    alert('已成年');
9    </script>
10   </head>
11   <body>
12   </body>
13   </html>
```

● 实现效果

运行程序,弹出如图 3-6 所示对话框,提示用户输入年龄。在文本框中输入 20 后点击"确定"按钮,弹出如图 3-7 所示对话框,显示"已成年"。如果用户输入的数字小于 18,则什么也不显示。

(2)if…else 双分支条件语句

if…else 双分支条件语句除了 if 关键字外,还有一个 else 关键字,它的语法结构是:

图 3-6　提示用户输入年龄

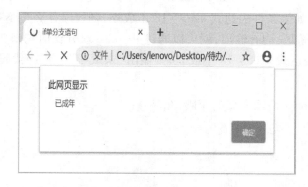

图 3-7　if 单分支条件语句使用示例运行结果

```
if(表达式)
语句 1;
else
语句 2;
```

它的执行过程是：先判断 if 后面括号里表达式的真假，如果表达式为真，则执行语句 1；如果表达式为假，则执行语句 2，如图 3-8 所示。

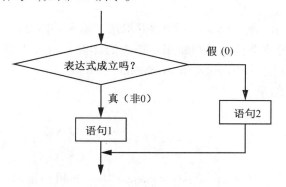

图 3-8　if…else 双分支条件语句执行过程

如图 3-9 所示，我们可以在 if 后面的括号中写入表达式 age >= 18，如果条件成立，则执行语句 "alert（'您已成年！'）;"。在这个例子中，我们可以通过年龄来判断一个人是否"已成年"。

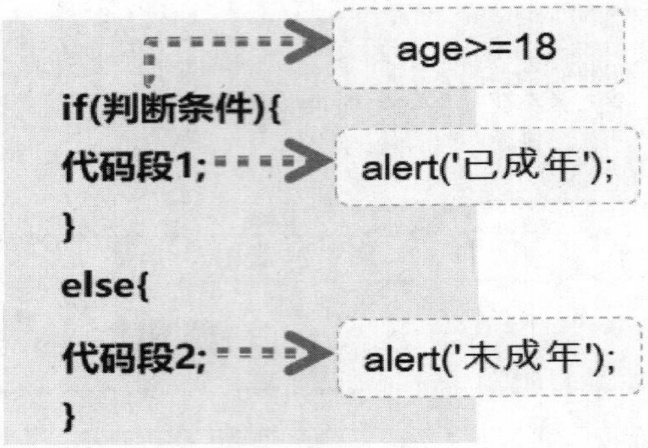

图 3-9 if…else 双分支条件语句示例

在【案例 3-2】中,如果条件表达式 age>=18 不成立,则程序什么也不执行。如果我们想让程序无论该条件是否满足,均有输出,就可以通过 if…else 双分支语句来实现。如图 3-9 所示,我们规定,如果条件表达式 age>=18 不成立,则输出"未成年"。程序代码如下:

```
1    <script>
2    var age = prompt("请输入您的年龄:","");
3    if( age>=18)
4    alert(´已成年´);
5    else
6    alert(´未成年´);
7    </script>
```

下面我们再来看一个 if…else 双分支条件语句的示例。

【案例 3-3】if…else 双分支条件语句使用示例

● 案例描述

根据用户输入的数据来判断体温是否正常,如果大于等于 36.0 ℃且小于等于 36.8 ℃,则在页面输出"你的体温正常。",否则输出"请注意,你应该去看医生了。"

● 案例分析

①按照案例描述要求,通过 prompt( )函数获取用户输入的体温数据,并赋值给变量 temp;

②通过 if…else 双分支条件语句判断用户输入的体温是否大于等于 36.0 ℃且小于等于 36.8 ℃,表达式的正确写法为 temp<=36.8&&temp>=36.0;

③在页面输入运行结果。

● 实现代码

```
1    <html>
2    <head>
3    <meta http-equiv="Content-Type" content="text/html;charset=utf-8"/>
4    <title>if…else 双分支语句</title>
5    <script>
6    var temp = prompt("请输入你的体温(摄氏):","");
7    if( temp<=36.8&&temp>=36.0){
```

```
8    document. write("你的体温正常。");
9    }
10   else{
11   document. write("请注意,你应该去看医生了。");
12   }
13   </script>
14   </head>
15   <body>
16   </body>
17   </html>
```

● 实现效果

运行程序,弹出如图 3-10 所示对话框,提示用户输入体温。在文本框中输入 36.5 后点击"确定"按钮,显示如图 3-11 所示文字"你的体温正常。",如果输入小于等于 36.0 或大于等于 36.8 的数,则显示如图 3-12 所示文字"请注意,你应该去看医生了。"

图 3-10　提示用户输入体温数据

图 3-11　条件成立时的运行结果

图 3-12　条件不成立时的运行结果

提示　　在 JavaScript 程序中,大于等于 36.5 且小于等于 37 写作: temp<=37&&temp>=36.5。 由于关系运算符优先级高于逻辑运算符,会优先计算关系运算,但我们在使用时,为了避免出错,可以加上括号,写作: (temp<=37)&&(temp>=36.5)。

(3)if…else 多分支条件语句

if…else 多分支条件语句是最复杂的 if 语句,也是在使用时比较容易出错的地方。其语法结构如下:

```
if(表达式 1)
   语句 1;
else    if(表达式 2)
   语句 2;
else    if(表达式 3)
   语句 3;
………
   else    if(表达式 m)
语句 m;
   else 语句 m+1;
```

它的执行过程是：首先判断 if 后面括号里条件 1 的真假，如果条件 1 为真，则执行语句 1，否则继续判断条件 2，如果条件 2 为真，则执行语句 2，否则继续判断条件 3，以此类推，直到判断到最后一个条件 n，如果条件 n 为真，则执行语句 n，否则执行语句 n+1，如图 3-13 所示。

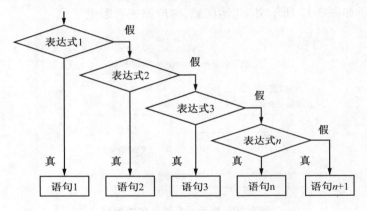

图 3-13　if…else 多分支条件语句执行过程

我们来看一个例子。如图 3-14 所示，对学生的成绩进行等级划分：分数为 90~100 为优秀，分数 80~90 为良好，分数 70~80 为中等，分数 60~70 为及格，分数小于 60 则为不及格。首先，我们需要定义一个变量 score 来存放成绩，然后先判断它是否大于等于 90，如果成立，输出"优秀"，否则继续判断 score 是否大于等于 80，如果成立，输出"良好"，否则继续判断 score

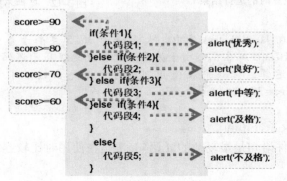

图 3-14　if…else 多分支条件语句示例

是否大于等于 70,如果成立,输出"中等",否则继续判断 score 是否大于等于 60,如果成立,输出"及格",否则输出"不及格"。下面,我们通过【案例 3-4】实现上述程序。

【案例 3-4】if…else 多分支条件语句使用示例

● 案例描述

将用户输入的成绩转换成五级制并输出。

● 案例分析

①按照案例描述要求,通过 prompt( )函数获取用户输入的成绩数据,并赋值给变量 score;

②通过 if…else 多分支条件语句依次进行判断,并输出对应的五级制成绩。

● 实现代码

```
1    <html>
2    <head>
3    <meta http-equiv="Content-Type" content="text/html; charset=utf-8"/>
4    <title>if…else 多分支语句</title>
5    <script>
6    var score=prompt("请输入你的成绩:");
7    if( score>=90)
8    alert("优秀");
9    else if( score>=80)
10   alert("良好");
11   else if( score>=70)
12   alert("中等");
13   else if( score>=60)
14   alert("及格");
15   else alert("不及格");
16   </script>
17   </head>
18   <body>
19   </body>
20   </html>
```

● 实现效果

运行程序,弹出如图 3-15 所示对话框,提示用户输入成绩。在文本框中输入 88 后点击"确定"按钮,弹出如图 3-16 所示对话框,显示"良好"。

（4）if 语句的嵌套

在实际工作中,if 语句的三种形式可以互相嵌套起来使用。在 if 或 else 语句中再包含一个或多个 if 语句,称为 if 语句的嵌套。if 语句嵌套的方式多种多样,如图 3-17 所示,我们在学习和工作中要根据需要来选择使用,尽量避免因为嵌套的层数过多,而降低了程序代码的可读性。

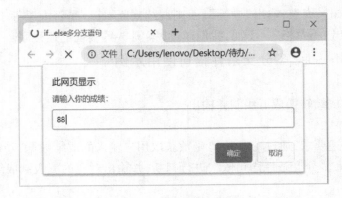

图 3-15　提示用户输入成绩

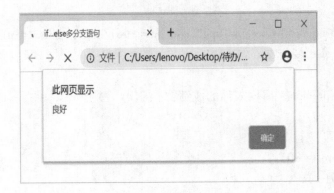

图 3-16　if…else 多分支条件语句使用示例运行结果

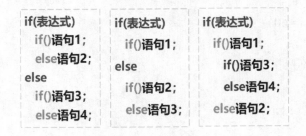

图 3-17　if 语句嵌套举例

【案例 3-5】if 语句嵌套使用示例

- 案例描述

判断用户从键盘输入的两个数的大小关系,并将结果输出。

- 案例分析

①按照案例描述要求,首先定义两个变量 x 和 y,用来存放从键盘输入的数据;

②判断两个数是否相等,如果不相等,则继续判断,否则直接输出 $x=y$;

③如果 x 的值大于 y,则输出 $x>y$,否则输出 $x<y$。

● 实现代码

```
1   <html>
2   <head>
3   <meta http-equiv="Content-Type" content="text/html; charset=utf-8"/>
4   <title>if 语句的嵌套</title>
5   </head>
6   <body>
7   <script type="text/javascript">
8   var x=prompt("请输入 x:");
9   var y=prompt("请输入 y:");
10  if(x! =y)                      //if 语句中嵌套 if…else 语句
11  if(x>y)
12  document. write("x>y");
13  else
14  document. write("x<y");
15  else
16  document. write("x= =y");
17  </script>
18  </body>
19  </html>
```

● 实现效果

图 3-18　提示用户输入数据

图 3-19　输入两个相同的数

图 3-20　输入的第一个数大于第二个数

注 意

if 语句的注意事项：
- if 语句中的"表达式"可以是关系或逻辑表达式，也可以是任意类型的常量、变量；
- 在 if 语句中，如果表达式是一个判断两个数是否相等的关系表达式，要当心不要将 == 写成赋值运算符 =；
- 判断表达式必须用括号括起来，且后面没有分号；
- 如果要想在满足条件时执行一组（多个）语句，则必须把这一组语句用 { } 括起来组成一个复合语句；
- if 与 else 的配对关系：else 总是与它上面的最近的、未配对的 if 配对。

2. switch 语句

switch 语句是多分支选择语句，比嵌套的 if 语句清晰、易懂，常用于分类统计、菜单等程序设计。其语法结构如下：

```
switch(表达式){
    case 常量表达式 1:语句 1;break;
    case 常量表达式 2:语句 2;break;
    …
    case 常量表达式 n:语句 n; break;
    default:语句 n+1;
}
```

它的执行过程是：计算表达式的值，若与常量表达式 i 一致，则从语句 i 开始执行，直到遇到 break 语句，或者 switch 的右"}"，若与任何常量表达式都不一致时，则执行 default 语句或执行后续语句。switch 语句的执行过程如图 3-21 所示。

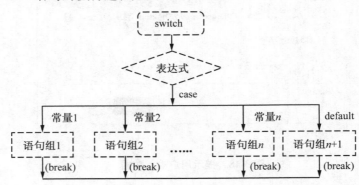

图 3-21　switch 语句的执行过程

我们把【案例 3-4】用 switch 语句重新写一下，如【案例 3-6】所示。

【案例 3-6】switch 语句使用示例

- 案例描述

将用户输入的成绩转换成五级制并输出。

- 案例分析

①按照案例描述要求,通过 prompt( )函数获取用户输入的成绩数据,并赋值给变量 score;
②通过 switch 多分支条件语句依次进行判断,并输出对应的五级制成绩。

- 实现代码

```
1   <html>
2   <head>
3   <meta http-equiv = "Content-Type" content = "text/html; charset = utf-8"/>
4   <title>switch 语句使用示例</title>
5   </head>
6   <body>
7   <script type = "text/javascript">
8   var score = prompt("请输入成绩:");
9   switch( parseInt( score/10 )) {
10  case 10:alert('优'); break;
11  case 9:alert('优'); break;
12  case 8:alert('良'); break;
13  case 7:alert('中'); break;
14  case 6:alert('及格'); break;
15  default: alert('不及格');
16  }
17  </script>
18  </body>
19  </html>
```

- 实现效果

运行程序,弹出如图 3-22 所示对话框,提示用户输入成绩。在文本框中输入 96 后点击
"确定"按钮,弹出如图 3-23 所示对话框,显示"优"。

图 3-22　提示用户输入成绩

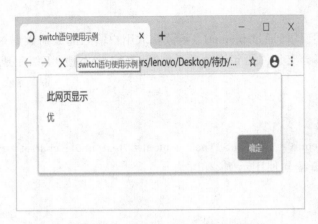

图 3-23　switch 语句使用示例运行效果

下面我们来看一下 switch 语句的注意事项：

- switch 表达式后面的括号后不能加分号。
- case 后面的语句可以是任何语句，也可以空，但 default 后面不能为空。
- case 常量表达式的值必须唯一，可以没有先后次序。
- case 后面的常量表达式仅起语句标号的作用，不进行条件判断。系统一旦找到入口标号，就从此标号开始执行，不再进行标号判断。
- 执行完某一 case 后面的语句，若没有遇到 break，则不再进行判断，直接执行下一个 case 后面的语句。若想执行完某一语句退出，必须加上 break，以便结束 switch 语句。
- case 子句和 default 子句如果都带有 break 子句，那么它们之间顺序的变化不会影响 switch 语句的功能。

提示　　if 语句主要用于单向选择，if…else 语句主要用于双向选择，if…else…if 语句和 switch 语句用于多向选择。 任何一种选择结构都可以用 if 语句来实现，但并非所有的 if 语句都有等价的 switch 语句，switch 语句只能用来实现以相等关系作为选择条件的选择结构。

(三) 循环控制语句

许多实际问题中往往需要有规律地重复某些操作，如菜谱中可以有："打鸡蛋直到泡沫状"这样的步骤，也就是说，在鸡蛋没有打成泡沫状时要反复地打。相应的操作在计算机程序中就体现为某些语句的重复执行，这就是循环。JavaScript 语言中，循环语句主要有三种：while 语句、do…while 语句和 for 语句。

在学习循环语句时，我们要理清循环中的两大要素：循环条件和循环操作。循环条件可以确定循环什么时候开始，什么时候结束；循环操作用循环体语句来表示，可以确定循环要做什么，有什么功能。

1. while 循环语句

while 循环也叫作"当型循环"，是一种"先判断 (表达式)、后执行 (循环体)"的循环语句。其语法结构如下：

> while（表达式）
> 循环体语句；

它的执行过程是：判断条件，如果条件表达式的值为真或非 0，则执行循环体中的语句，再继续判断条件，直至表达式的值为假或 0 时，退出循环。其执行过程如图 3-24 所示。

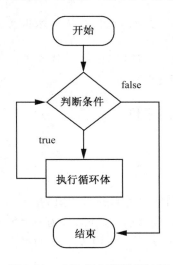

图 3-24　while 语句的执行过程

下面，我们用 while 语句求 1~100 的和，程序代码如图 3-25 所示。

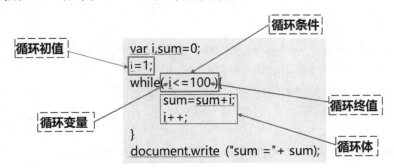

图 3-25　用 while 语句求 1~100 的和

从图 3-25 中可以看到，i 是循环变量，它的初值为 1，通过变量 i 的自增（i++）变化，可以用来表示 1~100 的数值；i<=100 是循环条件，只有变量 i 的值<=100 时，才执行循环体语句，数值 100 叫作循环终值；sum=sum+i；和 i++；是循环体语句，也是实现该程序功能的具体语句。sum 是用来盛放"和"的容器，它的初始值为 0，通过"累加"，将 i 从 1~100 变化过程中的每一个数值都放入这个容器中，就可以求得 1~100 的和。

注 意

while 语句注意事项：
- 在 while 语句中，若第一次判断表达式为假，则循环体一次也不执行；
- 循环前，必须给循环变量赋初值；循环体中，必须有改变循环变量的语句（避免出现"死循环"）。
- 循环体语句可以是任意类型，且若循环体包含一条以上语句，应用大括号括起来。
- 下列情况可退出 while 循环：条件表达式不成立（或表达式值为 0）、循环体内遇到 break 语句和 return 语句。

【案例 3-7】while 语句使用示例

- 案例描述

在页面中显示 1~5 的平方。

- 案例分析

①按照案例描述要求，定义循环变量 i，并赋初值为 1；

②使用 while 语句编写循环结构，设置循环条件为 $i<=5$；

③通过语句 i+" * "+i+" = "+i * i 在页面上输出 i 的平方，同时，每输出一次输出一个换行标记。

- 实现代码

```
1    <html>
2    <head>
3    <meta http-equiv="Content-Type" content="text/html;charset=utf-8"/>
4    <title>while 语句的使用示例</title>
5    <script type="text/javascript">
6    var   i = 1;
7    while(i<=5){
8    document.write(i+" * "+i+" = "+i * i);      //输出 i 的平方
9    document.write("<br/>");
10   i++;
11   }
12   </script>
13   </head>
14   <body>
15   </body>
16   </html>
```

- 实现效果

【案例 3-7】运行效果如图 3-26 所示。

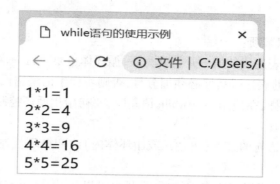

图 3-26　while 语句的使用示例运行结果

2. do…while 循环语句

do…while 语句也被称为"直到型"循环语句,它的特点是"先执行(循环体),再判断(表达式)"。其语法结构如下:

> do
> 循环体语句;
> while(表达式);　　　//注意:表达式后面有分号

它的执行过程是:先执行循环体语句,再判断条件表达式,如果条件为真,则继续执行循环体语句,直到循环条件为假时,退出循环。其执行过程如图 3-27 所示。

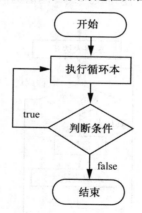

图 3-27　do…while 语句的执行过程

我们把图 3-25 中求解 1~100 的和的示例用 do…while 语句实现出来,代码如下:

```
1   <script>
2   var   i = 1, sum = 0;
3   do{
4   sum += i;
5   i++;
6   }while (i <= 100);
7   document. write ("sum = " + sum);
```

```
8    </script>
```

do…while 语句注意事项:

- 即使 do…while 表达式的值一开始就为假,循环体也要执行一次;
- do…while 语句的表达式后面必须加分号,否则将产生语法错误;
- 和 while 语句一样,在使用 do…while 语句时,要初始化循环控制变量,否则执行的结果将是不可预知的;
- 要在 do…while 语句的某处(表达式或循环体内)改变循环控制变量的值,否则极易构成死循环;
- do…while 语句也可以组成多重循环,而且也可以和 while 语句相互嵌套。

3. for 循环语句

for 语句是 JavaScript 语言中最常见的一种循环语句,它通常用于循环次数已知的情况下。其语法结构如下:

for(表达式 1;表达式 2;表达式 3)
   循环体语句;

表达式 1 通常为赋值表达式,用于给循环变量赋初始值;表达式 2 为循环条件表达式,通常是逻辑表达式或关系表达式;表达式 3 为循环变量增/减量,使循环变量的值发生变化。

它的执行过程是:先计算表达式 1 的值,再判断表达式 2 的真假,如果为真则执行循环体语句,再执行表达式 3,返回表达式 2,直到表达式 2 的值为假,退出循环。

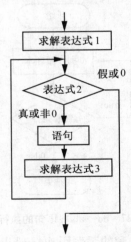

图 3-28　for 语句的执行过程

我们把图 3-25 所示求 1~100 的和的示例用 for 语句实现出来,代码如下:

```
1    <script>
2    var  i , sum = 0;
3    for (i = 1; i <= 100; i++) {
4    sum += i;
5    }
```

```
6    document. write ("sum = "+sum);
7    </script>
```

for 语句注意事项：

- 表达式 1、表达式 2 和表达式 3 都是任选项，可以省掉其中的一个、两个或全部，但分号 ";" 不能省。同时省略表达式 1 和表达式 3，只有表达式 2 时，for 语句相当于 while 语句。
- 表达式 2 一般是关系表达式或逻辑表达式，也可以是数值表达式，只要值不为 0 就执行循环体。
- 如果表达式 2 为空，则相当于表达式 2 的值是真，会产生死循环。
- 循环体可以是空语句，表示什么也不执行。
- for 语句也可以组成多重循环，而且也可以和 while 语句和 do…while 语句相互嵌套。

【案例 3-8】for 语句使用示例

- 案例描述

计算 $1×2+3×4+5×6+…+99×100$ 的值，并在页面上输出。

- 案例分析

①按照案例描述要求，定义两个循环变量 i 和 j，并分别赋初值为 1 和 2，表示每一个求和项乘数和被乘数；

②使用 for 语句编写循环结构，设置循环条件为 i<= 99；

③通过语句 sum+=i * j；实现累加，不同的是，本案例中的求和项是 i 和 j 的乘积；

④设置表达式 3，i=i+2，j=j+2；让循环变量发生改变；

⑤在页面上输出结果。

- 实现代码

```
1    <html>
2    <head>
3    <meta http-equiv="Content-Type" content="text/html; charset=utf-8"/>
4    <title>for 语句的使用示例</title>
5    <script type="text/javascript">
6    var  i, j;
7    var sum = 0;
8    for(i=1,j=2;i<=99;i=i+2,j=j+2){
9    sum+=i * j;
10   }
11   document. write("sum="+sum);
12   </script>
13   </head>
14   <body>
15   </body>
16   </html>
```

● 实现效果

【案例 3-8】运行效果如图 3-29 所示。

图 3-29　for 语句的使用示例运行结果

4. 循环的嵌套

一个循环内又包含另一个完整的循环结构,称为循环嵌套,三种循环(while/do…while/for)均可互相嵌套。在循环嵌套中,把被嵌套的循环语句称为内循环,而嵌套其他循环的循环语句被称为外循环。如果内嵌的循环中还嵌套了其他循环语句,就叫作多层循环。

循环嵌套在使用中的重点内容:

● 能够正确判断内层循环体的范围;

● 能够正确判断内层循环体的执行次数;

● 注意内层循环的初值设定;

● 能正确处理内层循环与外层循环变量的关系。

【案例 3-9】循环语句的嵌套使用示例

● 案例描述

在页面上输出用" * "组成的直角三角形图案(5 行)。

● 案例分析

本案例应用了循环嵌套的方法来实现,内层循环控制每行的显示,外层循环控制显示的行数。

● 实现代码

```
1    <html>
2    <head>
3    <meta http-equiv="Content-Type" content="text/html; charset=utf-8"/>
4    <title>循环语句的嵌套使用示例</title>
5    <script type="text/javascript">
6    var k=1,j;
7    while(k<=5){
8    j=1;
9    do{
10   document. write(" * ");
11   j++;
12   }while(j<=k);
```

```
13        document. write ( "<br/>" ) ;
14        k++;
15        }
16     </script>
17     </head>
18     <body>
19     </body>
20     </html>
```

● 实现效果

【案例 3-9】运行效果如图 3-30 所示。

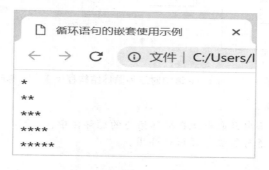

图 3-30　循环语句的嵌套使用示例运行结果

（四）流程跳转语句

 提示　**循环语句的选择：**
● 如果循环次数确定，选择用 for 语句实现；
● 如果循环次数不确定，可以选择用 while、do…while 语句实现；
● 如果要保证循环体至少执行一次，用 do…while 语句。

跳转语句用于实现程序执行过程中的流程跳转。常用的跳转语句有 break 语句和 continue 语句。

1. continue 语句

continue 语句的作用是：结束本次循环，跳过循环体中尚未执行的语句，进行下一次是否执行循环体的判断。其语法格式如下：

```
continue;
```

出现在 while/do…while 语句中，跳过循环体 continue 后面的语句，转去判断下次循环控制条件。出现在 for 语句中，跳过循环体 continue 后面的语句，转而执行 for 语句的表达式 3，如图 3-31 所示。

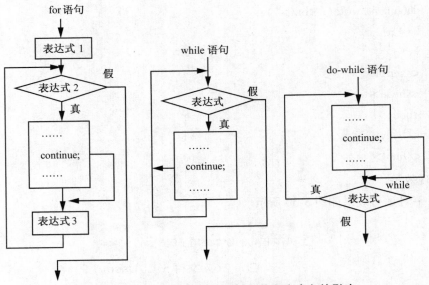

图 3-31　continue 语句对三种循环结构程序走向的影响

注意

- continue 语句只能出现在循环语句的循环体中；
- continue 语句往往与 if 语句连用。

2. break 语句

break 语句的作用是：结束循环，如果是多层循环，则转向执行本层循环体外的下一条语句。其语法结果如下：

```
break;
```

break 语句对三种循环结构程序走向的影响如图 3-32 所示。

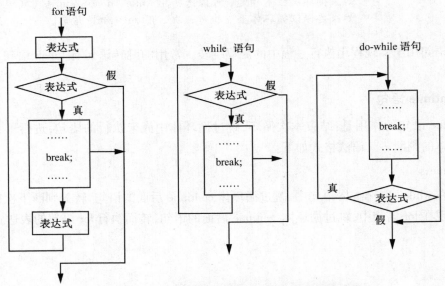

图 3-32　break 语句对三种循环结构程序走向的影响

注意

- break 语句只能出现在 switch 语句或循环语句中；
- 在循环语句、switch 语句嵌套使用的情况下，break 语句只能跳出（或终止）它所在层的结构，而不能同时跳出多层结构；
- 在 switch 结构中，用于结束 switch 语句。

【案例 3-10】break 语句和 continue 语句使用示例

- 案例描述

本案例要求累加用户从键盘输入的正数，当遇到字符 Q 时，就停止累加，并输出累加结果。

- 案例分析

①根据案例要求，累加的是用户从键盘上输入的数，使用 prompt（）对话框实现数据的输入；

②因为累加是正数，所以非正数或 NaN 不执行本次循环，可以用 continue 语句来实现；

③遇到输入的数据为"Q"时结束退出，可以用 break 语句来实现；

④计算结果并输出。

- 实现代码

```
1    <html>
2    <head>
3    <meta charset="utf-8">
4    <title>break 和 continue 在循环语句中使用示例</title>
5    </head>
6    <body>
7    <pre>
8    <script type="text/javascript">
9    var input,input_number,sum=0;
10   while(true) {    //循环条件为 true,利用 break 和 continue 实现控制循环次数
11   input = prompt("sum="+sum + "\n 请输入新的累加数(输入 Q 结束):","0");
12   if (input=="Q" || input=="q") break;   //结束累加
13   input_number = parseFloat(input);
14   if (isNaN(input_number)) continue;   //不能累加 NaN
15   if (input_number<=0) continue;       //不累加非正数
16   sum += input_number;   //累加有效正数
17   }
18   alert("sum="+sum);
19   </script>
20   </pre>
21   </body>
22   </html>
```

● 实现效果

运行【案例 3-10】,出现如图 3-33 所示对话框,提示用户输入数据,程序自动进行累加,直到用户输入字符 Q 时结束程序,弹出如图 3-34 所示对话框。

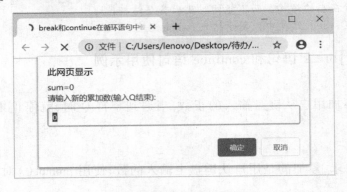

图 3-33　提示用户输入数据

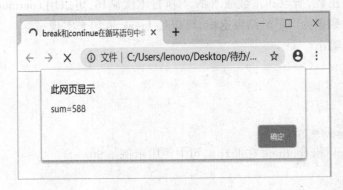

图 3-34　累加结果

单元小结

本章讲述了 JavaScript 中流程控制语句的相关知识,包括顺序语句、条件分支语句和循环语句。其中,条件分支语句包括 if 语句和 switch 语句,最常用的是 if 语句。if 语句又可以分为 if 单分支条件语句、if…else 语句双分支条件语句和多条件分支语句;循环语句主要有 while 语句、do…while 语句和 for 语句。最后还介绍了跳转语句 break 和 continue,用于实现程序执行过程中的流程跳转。

第4章

JavaScript函数

通过本章学习，学生应了解模块化程序设计思维，熟练运用 JavaScript 内置函数，掌握自定义函数的声明、调用、参数和返回值以及函数中变量作用域的相关知识，能够综合运用本章知识进行程序分析和程序的编写。

- 函数的基本概念
- JavaScript 内置函数
- 自定义函数

一、单元概述

本章的主要内容是 JavaScript 函数的相关知识。学生通过对本章学习应了解模块化的程序设计思想,对函数有一个全方位的了解和认识,能够熟练使用 JavaScript 提供的内置函数,还能够根据实际需要编写自定义函数,实现特定的功能。

本章通过理论教学法、案例教学法、项目式教学法等,循序渐进地介绍什么是函数,JavaScript 内置函数的使用以及如何编写、调用自定义函数,介绍函数的参数和返回值以及函数中变量作用域等基础知识。

二、教学重点与难点

重点:
理解函数基本概念、掌握内置函数的使用、掌握自定义函数的编写。

难点:
分析程序、掌握自定义函数的编写。

解决方案:
在课程讲授时要注意多采用案例教学法进行相关案例的演示,采用项目式教学法带领学生动手编写程序,使学生养成勤思考、勤动手的好习惯。

【本章知识】

模块化程序设计思想是指在进行程序设计时,将一个复杂的大程序按照功能自顶向下逐层分解为若干小程序模块,每个小程序模块完成一个确定的子功能,并在这些模块之间建立必要的联系,按某种方法组织起来,通过模块的互相协作完成整个功能的程序设计方法。

函数的使用恰恰可以实现程序设计的模块化,让程序开发变得更加容易和高效。在日常开发工作中,把经常用到的一些功能编写成函数,只需在使用时进行调用,就可以完成相应操作,这样既可以提高代码的重用性,又可以让程序变得易于扩展和维护。

本章将讲解 JavaScript 函数的概念及特点、常用内置函数的使用、自定义函数的创建和调用方法、函数参数及返回值的应用等知识点,为后续对象的学习打下基础。

(一)什么是函数

1. 模块化的程序设计

在设计较复杂的程序时,一般采用自顶向下的方法,将问题划分为几个部分,各个部分再进行细化,直到分解为较好解决问题为止。模块化设计,简单地说就是程序的编写不是一开始就逐条录入计算机语句和指令,而是首先用主程序、子程序、子过程等框架把软件的主要结构和流程描述出来,并定义和调试好各个框架之间输入、输出的链接关系,得到一系列以功能块为单位的算法描述。这种以功能块为单位进行程序设计、实现其求解算法的方法称为模块化。模块化的目的是降低程序复杂度,使程序设计、调试和维护等操作简单化。

模块化程序设计的基本思想是自顶向下、逐步分解、分而治之,即将一个较大的程序按照功能分割成一些小模块,各模块相对独立、功能单一、结构清晰、接口简单。因此,模块化要求划分的模块必须是可组合、可分解和可更换的单元,它可以通过不同组件设定不同的功能,根据实际的开发需要进行组合使用,从而解决复杂的问题。划分的各模块要易于理解、功能尽量单一,而且模块间的联系要少。

利用函数,不仅可以实现程序的模块化,使得程序设计更加简单和直观,从而提高程序的易读性和可维护性,而且还可以把程序中经常用到的一些计算或操作编写成通用函数,以供随时调用。

2. 函数概述

在实际开发中,经常会将一些功能多次重复操作,这就需要重复书写相同的代码,这样不仅加重了开发人员的工作量,而且增加了代码后期的维护难度。为此,我们通常把一个大问题划分成多个子问题,通过编写一个个相互独立、任务单一的函数来解决这些子问题。这些具有特定功能的函数也可以作为一种固定的小"构件"来构成新的程序,它可以将程序中烦琐的代码模块化,提高程序的可读性。

函数也可以称之为方法,由一行或多行语句组成,是能够实现特定功能的语句序列。我们可以把函数想象成一个密封的盒子,只要在需要的时候调用它并将数据传送进去,就能得到结果。一个函数运行的结果有多种形式,例如,利用函数可以输出一行文本,也可以输出一个数值,还可以为主程序返回一个值。

函数具有重复使用性。在程序设计中如果要多次实现某一功能,就可以将它定义为一个函数,在使用时可以直接调用该函数,不必重写代码,从而实现代码的重复使用;函数可以降低程序的复杂度。通过函数可以将较大的程序分解成几个较小的程序段,即将复杂的任务分解成几个小任务,降低整个过程的复杂度。

(二)内置函数

内置函数也叫作预定义函数,是指系统内部已经定义好可以直接调用的函数。由于预定义函数是系统已经预定义好的,所以在程序设计中可以直接拿来使用,从而提高变成的效率。在调用预定义函数时,可以直接用函数名加括号来调用,如 alert( )。在 JavaScript 中定义了很多能够完成常用功能的内置函数,如 alert( )函数、confirm( )函数、prompt( )函数、parseInt( )函数、parseFloat( )函数、eval( )函数、isNaN( )函数、isFinite( )函数、escape( )函数和 unescape( )函数等,灵活使用这些内置函数可以有效降低程序代码的复杂度,大大提高编码效率。下面我们进行详细讲解。

我们在网上浏览时,页面上经常会弹出一些信息对话框,如注册时弹出的提示输入信息的提示框,或者等待用户输入数据的对话框等,这些都是非常常见的。在 JavaScript 中,消息对话框本质上是 JavaScript 的内置函数,它能够将程序的执行结果,在页面上以对话框的形式直观地显示出来。消息对话框在 JavaScript 中应用十分广泛,经常用来在页面上输出结果,或接收键盘上输入的数据,实现函数的输入输出等,进而实现程序与用户的交互等。

JavaScript 中常用的三种消息对话框包括:警示对话框 alert( )函数、确认对话框 confirm( )函数和提示对话框 prompt( )函数。我们先来学习一下 alert( )函数。

1. alert( )函数

警示对话框是用 alert( )函数实现的一个弹出框,它的功能是在页面上以对话框的形式输

出字符串或表达式的值。利用 alert( )函数可以很方便地输出一个结果,常用于测试程序。其语法结构如下:

alert(要输出的内容);

alert( )函数在输出时,除了显示某些提示信息外,对话框中还有一个"确定"按钮,当用户看到信息并单击"确定"后,对话框会关闭;如果用户不点击"确定"按钮,则当前网页不可用,后面的代码页也不会被执行。因此,使用 alert( )能够确保用户可以看到页面的提示信息。

【案例 4-1】alert( )函数的使用

- 案例描述

本案例要求在打开页面时弹出一个欢迎对话框,内容为"欢迎张三来到大连!"。

- 案例分析

①按照案例描述要求,在程序中定义变量 name,并赋值为"张三";

②使用 alert( )函数实现对话框的弹出。

- 实现代码

```
1    <html>
2    <head>
3    <meta http-equiv="Content-Type" content="text/html;charset=utf-8"/>
4    <title>alert( )函数的使用</title>
5    <script type="text/javascript">
6    var name="张三";
7    alert("欢迎"+name+"来到大连!");
8    </script>
9    </head>
10   <body>
11   </body>
12   </html>
```

- 实现效果

上述代码的运行结果如图 4-1 所示,在这个对话框中会显示 alert( )函数括号中的内容,其中 name 是字符串变量,在弹出时输出该变量的值"张三",然后用字符串连接符"+"将其他内容连接起来,输出"欢迎张三来到大连!"。

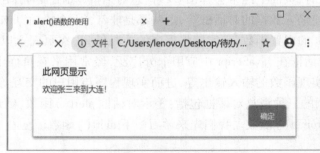

图 4-1   alert( )函数的使用示例运行结果

2. confirm( ) 函数

确认对话框是用 confirm( ) 函数实现的一个弹出框,它的功能是显示一个带有提示信息和"确认""取消"两个按钮的对话框,通常用于允许用户做出选择,并返回结果时的操作,其返回值的类型是布尔型。其语法结构如下:

confirm(要输出的内容);

confirm( ) 函数在输出时,除了显示某些提示信息外,对话框中还有一个"确定"按钮,和一个"取消"按钮。当用户单击"确定"按钮时,返回布尔值 true;单击"取消"按钮时,返回布尔值 false。

【案例 4-2】confirm( ) 函数的使用

- 案例描述

单击 confirm( ) 对话框中的"确定"和"取消"按钮会返回不同的值,并测试输出效果。

- 案例分析

①按照案例描述要求,在程序中定义变量 major 用来保存 confirm( ) 函数的返回值;

②定义变量 floor 来保存条件表达式 major?"请到一号楼报到!":"请到二号楼报到!"的结果;

③将结果在页面上输出。

- 实现代码

```
1    <html>
2    <head>
3    <meta http-equiv="Content-Type" content="text/html; charset=utf-8"/>
4    <title>confirm( )函数的使用</title>
5    <script type="text/javascript">
6    var floor,major;
7    major=confirm("你是计算机专业的吗?");
8    floor=major?"请到一号楼报到!":"请到二号楼报到!"; //条件表达式
9    document. write(floor);
10   </script>
11   </head>
12   <body>
13   </body>
14   </html>
```

- 实现效果

运行上述代码,弹出如图 4-2 所示对话框,在这个对话框中会显示 confirm( ) 函数括号中的内容"你是计算机专业的吗?"。如果用户点击"确定"按钮,则在页面输出如图 4-3 所示的文字,如果用户点击"取消"按钮,在页面输出如图 4-4 所示的文字。

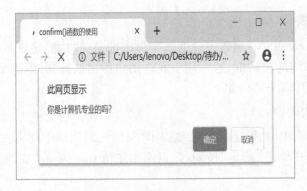

图 4-2　提示用户进行选择

图 4-3　用户点击"确定"按钮

图 4-4　用户点击"取消"按钮

3. prompt( ) 函数

提示对话框是用 prompt( ) 函数实现的一个弹出框,它的功能是在页面上弹出一个对话框,等待用户输入数据。通过这个文本框可以实现系统与用户的交互功能。其语法结构如下:

prompt(要输出的内容,输入框的默认信息);

prompt( ) 函数有两个参数:第一个参数是要在对话框显示的内容,用于提示用户进行输入;第二个参数是可选参数,表示输入框中的默认信息,可以省略。

prompt( ) 函数在输出时,除了显示某些提示信息外,对话框中还有一个单行文本框和一个"确定"按钮、一个"取消"按钮。当用户在文本框中输入内容并点击"确定"按钮,则返回用户输入的内容或文本框中的初始值;如果用户点击"取消"按钮,则返回 null。

【案例 4-3】prompt( ) 函数的使用

- 案例描述

本案例要求根据用户 prompt 对话框中输入的内容,在页面中进行相应的输出。

- 案例分析

①按照案例描述要求,在程序中定义变量 name 用于接收用户输入的姓名;

②将变量 name 的值与字符串进行拼接,并在页面中显示。

- 实现代码

```
1    <html>
2    <head>
3    <meta http-equiv = " Content-Type"  content = " text/html; charset = utf-8" />
4    <title>prompt( )函数的使用</title>
5    <script type = " text/javascript" >
6    var name;
```

```
7       name=prompt("你的名字是:");
8       document.write("欢迎"+name+"进入学习 JavaScript 的大家庭!");
9       </script>
10      </head>
11      <body>
12      </body>
13      </html>
```

● 实现效果

运行上述代码,弹出如图 4-5 所示对话框,提示用户输入姓名,在文本框中输入字符后,点击"确定"按钮,则在页面输出如图 4-6 所示文字。

图 4-5　提示用户输入姓名

图 4-6　prompt( ) 函数的使用示例运行结果

4. eval( ) 函数

eval( ) 函数的功能是用来计算字符串,并执行其中的 JavaScript 代码。其语法结构如下:

```
eval(str);
```

参数 str 是 string 类型的变量或字符串,用于指定要计算的 JavaScript 表达式或要执行的语句。eval( ) 函数的返回值是计算 str 得到的值。如:

```
eval("30+9/3");        //返回 33
eval("1>2");           //返回 false
eval("8>7");           //返回 true
```

【案例 4-4】eval( )函数的使用

- 案例描述

在页面上输出用户通过 prompt 对话框输入的表达式的值。

- 案例分析

①按照案例描述要求,在程序中定义变量 str 用于接收用户输入的表达式;

②使用 eval( )函数计算用户输入的字符串 str,并用 alert 对话框弹出。

- 实现代码

```
1   <html>
2   <head>
3   <meta http-equiv="Content-Type" content="text/html; charset=utf-8"/>
4   <title>eval( )函数的使用</title>
5   <script type="text/javascript">
6   var str=prompt("请输入一个运算符表达式,如1+3/2。");
7   alert(str+"="+eval(str));
8   </script>
9   </head>
10  <body>
11  </body>
12  </html>
```

- 实现效果

运行上述代码,弹出如图 4-7 所示对话框,在文本框中输入表达式,弹出如图 4-8 所示计算结果。

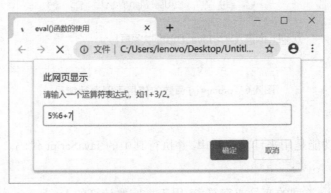

图 4-7　用户输入表达式

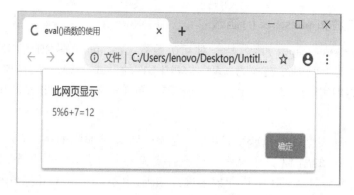

图 4-8 eval( ) 函数计算结果

 提 示 eval( ) 函数只能接收原始字符串作为参数,如果 str 参数不是原始字符串,那么该函数将不做任何改变地返回。

5. isNaN( ) 函数

isNaN( ) 函数的功能是判断参数是否是 NaN,即是否不是一个数字。其语法结构如下:

isNaN(x);

参数 x 是待检测的值。如果 x 是非数值,则返回值为 true;如果 x 是数值,则返回 false。如:

```
isNaN(123);              //返回 false
isNaN(-123);             //返回 false
isNaN(1+2);              //返回 false
isNaN("0");              //返回 true
isNaN("Hello");          //返回 true
isNaN("2021/6/16");      //返回 true
```

上述代码中,123、-123、1+2 计算结果均为数值,所以返回结果为 false,而字符串的 0、Hello 和 2021/6/16 均为非数值,所以返回结果为 true。

6. isFinite( ) 函数

isFinite( ) 函数的功能是确定参数是否有限。其语法结构如下:

isFinite(x);

参数 x 是待检测的值。如果 x 不是 NaN、负无穷或正无穷,那么 isFinite( ) 函数将返回 true,否则返回 false。如:

```
isFinite(1);         //返回 true
isFinite(true);      //返回 true
isFinite("a");       //返回 false
```

7. escape( ) 函数和 unescape( ) 函数

escape( ) 函数和 unescape( ) 函数是一对互逆函数。escape( ) 函数的功能是将字符串(字母和数字除外)进行编码转换,转换为%AA 或%UUUU 的形式。AA 指的是该字符 ASCⅡ码的十六进制形式,UUUU 指的是非 ASCII 字符(如汉字)的 Unicode 码的形式。其语法结构如下:

```
escape(str);
```

参数 str 是 string 类型的变量或字符串,指定要被转义或编码的字符串。escape( ) 函数的返回值为已编码的 str 的副本,其中某些字符被替换成了十六进制的转义序列。

escape( ) 函数不会对 ASCII 字符和数字进行编码,也不会对 ASCⅡ标点符号进行编码,除此之外,其他所有的字符都会被转义序列所替换。

下面我们看一个例子。

```
1    <script type="text/javascript">
2    document. write(escape("hello world!") + "<br/>");
3    document. write(escape("你好!?! =()#%&"));
4    </script>
```

上述代码的运行结果如图 4-9 所示,从图中我们可以看到,除了 ASCⅡ字母外,汉字和一些标点符号都被 escape( ) 函数编码了。

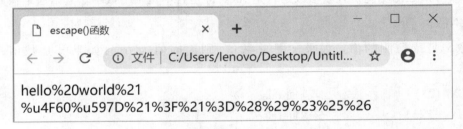

图 4-9   escape( ) 函数的运行结果

> **提示**   escape( ) 函数用于对字符串进行编码,以便可以在所有的计算机上读取该字符串。 它对于发送中文字符串很有用,经过编码的字符串在接收时才不会出现乱码。

unescape( ) 函数的功能是对通过 escape( ) 函数编码的字符串进行解码。其语法结构如下:

```
unescape(str);
```

参数 str 是 string 类型的变量或字符串,指定要反转义或解码的字符串。unescape( ) 函数的返回值为已解码的 str 的副本,其中某些字符被替换成了十六进制的转义序列。

下面我们来看一个例子。

```
1   <script type="text/javascript">
2   str = escape("hello world!");
3   document.write(str + "<br/>");
4   document.write(unescape(str));
5   </script>
```

上述代码先通过 escape( ) 函数对字符串 hello world！ 进行编码,然后再通过 unescape( ) 函数对字符串进行解码,得到如图 4-10 所示的结果。

图 4-10　unescape( ) 函数的运行结果

关于 parseInt( ) 函数和 parseFloat( ) 函数,我们在前面已经讲解过了,在此就不再赘述了。

(三)自定义函数

JavaScript 不仅提供了一些内置函数,还可以让用户根据具体情况自定义函数。自定义函数与内置函数一样,都可以在程序中使用。下面我们详细讲解自定义函数的相关知识。

1. 自定义函数的创建

在 JavaScript 中,使用 function 关键字来创建自定义函数,语法结构如下:

```
function 函数名([参数 1, 参数 2, ……]){
语句序列;
}
```

从上述语法结构可以看出,函数由关键字 function、函数名、参数和函数体组成,有的函数还有返回值,关于这些名词的解释如下:

- function:定义函数的关键字。
- 函数名:可由大小写字母、数字、下划线(_)和 $ 符号组成,但是函数名不能以数字开头,且不能是 JavaScript 中的关键字和保留字。
- 参数:在定义函数时使用的参数叫作“形式参数”,用来接收调用该函数时传递进来的实际参数。在定义函数时,参数是可选项,可以有没有或有多个,如果有多个参数,参数之间使用“,”分隔。
- 函数体:是专门用于实现特定功能的主体,由一条或多条语句序列组成。
- 返回值:在调用函数后若想得到处理结果,通常用 return 关键字在函数体末尾处将其返回。函数的返回值可以是任意常量、变量或表达式。

下面我们看一个例子。

```
function PrintWelcome( ) {
document. write( " 欢迎使用 JavaScript" );
}
```

从上述代码中可以看出,该函数的名称是 PrintWelcome,功能是在页面输出字符串"欢迎使用 JavaScript"。函数具有封装代码的效果,把一个或多个功能通过函数的方式封装起来,对外只提供一个简单的函数接口。这种封装的思想类似于将计算机内部的主板、CPU、内存等硬件全部装到机箱里,对外开放一些接口(如电源接口、显示接口、USB 接口等)给用户使用。

【案例 4-5】创建自定义函数示例

● 案例描述

本案例要求定义一个函数,能够实现计算商品总价的功能。

● 案例分析

①按照案例描述要求,首先定义 3 个变量 price、num 和 total,分别用来保存单价、数量以及总价;

②通过公式 total＝price ＊ num 进行计算,并将结果输出。

● 实现代码

```
1   <html>
2   <head>
3   <meta charset = " utf-8" >
4   <title>创建自定义函数示例</title>
5   <script type = " text/javascript" >
6   function Total( ) {
7   var price = 5. 8;
8   var num = 5;
9   var total = price ＊ num;
10  document. write( " 商品的总价为:" +total);
11  }
12  </script>
13  </head>
14  <body></body>
15  </html>
```

从上述代码中可以看出,自定义函数的名称是 Total,主要功能是计算商品总价。由于函数只是进行了定义而未被调用,所以该函数未被执行。如果需要使用自定义函数,需要进行调用。下面,我们来讲解自定义函数的调用。

2. 自定义函数的调用

JavaScript 提供了三种调用函数的方式,下面我们来一一讲解。

(1)使用函数名来调用函数

在 JavaScript 中,可以直接使用函数名来调用函数,该方法对自定义函数和内置函数都适用。其语法结构如下：

函数名(［参数］);

在调用函数时的参数是"实际参数"。如果该函数有参数，则写在括号中进行传递；如果该函数没有参数，括号也不能省略。

【案例 4-6】使用函数名调用函数示例

- 案例描述

本案例要求定义一个函数，并通过函数名来进行调用，并在页面上输出"欢迎您来到本网站，让我们一起开始 JavaScript 学习之旅吧！"。

- 案例分析

①按照案例描述要求，首先定义一个函数 PrintWelcome( );

②编辑函数功能，按要求实现输出；

③通过函数名调用该函数。

- 实现代码

```
1  <script type="text/javascript">
2  functionPrintWelcome( ){       //函数定义
3  document. write("欢迎您来到本网站，让我们一起开始 JavaScript 学习之旅吧!");
4  }
5  PrintWelcome( );       //函数调用
6  </script>
```

- 实现效果

上述代码的运行结果如图 4-11 所示，程序先定义了函数 PrintWelcome，然后再通过 Print-Welcome( )进行调用，直到此时该函数才被执行，得到如图所示结果。

图 4-11　使用函数名调用函数示例运行结果

（2）在 HTML 中用"javascript："方式调用函数

在 HTML 中的 a 链接中可以使用"javascript："方式调用 JavaScript 函数，方法如下：

<a href="javascript:函数名(参数列表)">超链接文字</a>

下面我们看一个例子。

【案例 4-7】使用超链接调用函数示例

- 案例描述

本案例要求定义一个函数，并通过超链接"javascript："的方式来调用【案例 4-6】中定义的 PrintWelcome( )函数，并在页面上输出"欢迎您来到本网站，让我们一起开始 JavaScript 学习之旅吧!"。

- 案例分析

①按照案例描述要求,与【案例 4-6】调用同一个自定义函数,只是调用方法不一样,在本例中需要通过超链接"javascript:"的方式来调用。

②通过<a href="javascript:PrintWelcome()">……</a>调用该函数。

- 实现代码

```
1    <html>
2    <head>
3    <meta http-equiv="Content-Type" content="text/html; charset=utf-8"/>
4    <title>使用超链接调用函数示例</title>
5    <script type="text/javascript">
6    functionPrintWelcome(){                //函数定义
7    document.write("欢迎您来到本网站,让我们一起开始 JavaScript 学习之旅吧!");
8    }
9    </script>
10   </head>
11   <body>
12   <a href="javascript:PrintWelcome()">要调用函数,请单击</a>        //函数调用
13   </body>
14   </html>
```

在该案例中,页面上有一个超链接,点击超链接后就会调用 PrintWelcome() 函数,运行效果同【案例 4-6】,如图 4-11 所示。

(3)与事件结合调用 JavaScript 函数

在事件处理中,可以将 JavaScript 函数指定为 JavaScript 事件的处理函数。当触发事件时会自动调用指定的函数。关于 JavaScript 事件处理将在后续章节介绍。

【案例 4-8】与事件结合调用函数示例

- 案例描述

本案例要求定义一个函数,并通过与事件结合的方式来调用【案例 4-6】中定义的 Print-Welcome() 函数,并在页面上输出"欢迎您来到本网站,让我们一起开始 JavaScript 学习之旅吧!"。

- 案例分析

①按照案例描述要求,与【案例 4-6】和【案例 4-7】调用同一个自定义函数,只是调用方法不一样,在本例中需要与事件结合来调用函数。

②通过<input type="button" value="欢迎您" onClick="PrintWelcome()"/>调用该函数。

- 实现代码

```
1    <html>
2    <head>
3    <meta charset="utf-8">
```

```
4     <title>与时间结合调用函数</title>
5     <script type="text/javascript">
6     functionPrintWelcome(){
7     document. write("欢迎您来到本网站,让我们一起开始 JavaScript 学习之旅吧!");
8     }
9     </script>
10    </head>
11    <body>
12    <p><input type="button" value="欢迎您" onClick="PrintWelcome()"/></p>
13    </body>
14    </html>
```

在该案例中,页面上有一个按钮,点击按钮后会触发鼠标单击事件 onClick,调用 PrintWel-come()函数,运行效果同【案例 4-6】,如图 4-11 所示。

3. 函数的参数

函数参数的个数可以是 0~多个,如果函数参数个数为 0,就叫作无参函数,它适用于不需要提供任何数据即可完成指定功能的情况。如:

```
function greet(){           //无参函数,括号不能省略
alert('Hello everybody!');
}
```

> **注意**　在自定义函数时,即使函数的功能实现不需要设置参数,小括号"()"也不能省略。

在实际开发中,如果函数体内的操作需要用户传递的数据,此时就需要设置参数,带有参数的函数就叫作有参函数。在函数定义时定义的参数,叫作形式参数,简称"形参",它的作用是接收用户调用函数时传递的参数。在函数调用时实际传递的参数,叫作实际参数,简称"实参"。

如图 4-12 所示,该段代码中,3 和 4 为函数调用时实际传递的实参;a 和 b 为函数定义时的行参,它主要是用来接收传递过来的参数 3 和 4 的。

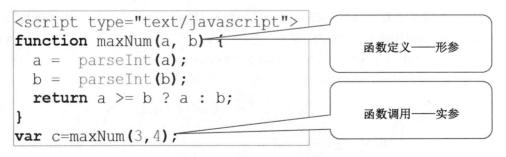

图 4-12　实参和形参示意图

注　意　　如果函数有多个参数，在调用时，实参的顺序、个数、类型必须与形参完全一致。

【案例 4-9】有参函数的使用示例

• 案例描述

本案例要求定义一个有参函数,并通过参数传递求解 1+2+…+100 的和。

• 案例分析

①按照案例描述要求,首先定义了一个有参函数 getSum( ),有两个形式参数 num1 和 num2;

②编写函数功能,实现 1+2+…+100 的求和,并在页面输出结果;

③调用函数 getSum( ),并传递实际参数 1 和 100 进行计算。

• 实现代码

```
1    <html>
2    <head>
3    <meta http-equiv="Content-Type" content="text/html;charset=utf-8"/>
4    <title>有参函数的使用示例</title>
5    <script type="text/javascript">
6    functiongetSum(num1,num2){        //定义函数,定义形式参数
7    var sum=0;
8    for(var i=num1;i<=num2;i++){        //使用 for 语句求解 1~100 的和
9    sum+=i;}
10   document.write(num1+"到"+num2+"的和是:"+sum);   //输出结果
11   }getSum(1,100);                //调用函数,传递实际参数
12   </script>
13   </head>
14   <body>
15   </body>
16   </html>
```

• 实现效果

上述代码先定义了有参函数 getSum( ),然后再调用函数 getSum( ),并传递实际参数 1 和 100 进行计算,得到如图 4-13 所示的结果。

图 4-13　有参函数的使用示例运行结果

通过本案例可以体会到使用函数的高效,只需在调用时传递不同的参数,就可以求解不同区间的和,大大提高了代码的重用性,降低了代码复杂度。

4. 函数的返回值

通过前面的学习可知,通过函数可以实现特定的功能。当函数执行结束后,我们如何根据函数的执行结果进行下一步的操作呢? 这就需要通过函数的返回值来将处理结果返回。函数的返回值是指函数调用后获得的数据。在定义函数时,可以为函数指定一个返回值,函数的返回值可以是任何数据类型,使用 return 语句可以返回函数值并退出函数,语法如下:

```
function 函数名(形参){
语句序列;
return 表达式;　//设置返回值
}
```

【案例 4-10】函数返回值使用示例

- 案例描述

本案例要求定义一个函数,根据用户输入的圈数,计算用户跑的米数,并将结果在页面中显示。

- 案例分析

①按照案例描述要求,首先定义一个函数 Total( ),用来计算米数,有两个参数 meter 和 num;

②通过公式 total＝meter ∗ num 进行计算,并将结果返回到调用处;

③结果返回后输出到页面。

- 实现代码

```
1    <html>
2    <head>
3    <meta http-equiv="Content-Type" content="text/html;charset=utf-8"/>
4    <title>函数返回值的使用示例</title>
5    <script type="text/javascript">
6    function Total(meter,num){
7    var total=meter * num;
8    return total; }                      //将结果返回调用处
9    </script>
10   </head>
11   <body>
12   <script type="text/javascript">
13   var result=Total(400,prompt("请输入您跑了多少圈:"));//调用函数时用实参代替形参
14   document.write("您今天一共跑了"+result+"米!");
15   </script>
16   </body>
17   </html>
```

- 实现效果

从上述代码可以看出,用户输入自己跑的圈数后,如图 4-14 所示,在函数 Total( )中通过公式 total＝meter ∗ num 进行计算,并将结果返回到调用处,得到如图 4-15 所示运行结果。

图 4-14　函数返回值使用示例提示用户输入

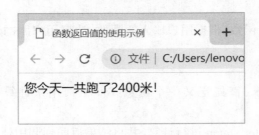

图 4-15　函数返回值使用示例运行结果

5. 函数变量的作用域

函数中的变量要先定义后使用,但这并不意味着定义的变量可以随意使用。变量需要在它的作用范围内才可以被使用,这个作用范围就是变量的作用域。在 JavaScript 中,根据作用域的不同,可以将变量分为全局变量和局部变量。

在函数中定义的变量,叫作局部变量。局部变量只在定义它的函数内部有效,在函数体之外,即使使用同名的变量,也会被看作另一个变量。在函数外部定义的变量,叫作全局变量。全局变量在定义后的代码中都有效,包括在它后面定义的函数体内。如果局部变量和全局变量同名,则在定义局部变量的函数中,只有局部变量是有效的。

【案例 4-11】函数变量的作用域测试示例

- 案例描述

本案例主要进行函数变量作用域测试,要求声明两个同名变量,一个是全局变量,一个是局部变量,分别为它们赋值,并将结果在页面中输出。

- 案例分析

①按照案例描述要求,定义一个函数 setNumber( ),在函数内部定义了一个局部变量 a,并赋值为 10;

②在函数外部定义了一个同名的全局变量 a,赋值为 100;

③调用函数 setNumber( )输出局部变量 a 的值,再用 document. writeln( )方法输入全局变

量 a 的值。

- 实现代码

```
1   <html>
2   <head>
3   <meta charset="utf-8">
4   <title>变量的作用域测试示例</title>
5   </head>
6   <body>
7   <pre>   //使用<pre>标记与 document. writeln( )配合使用,保证换行效果正常显示
8   <script type="text/javascript">
9   var a=100;                //定义函数 send 之外变量 a,属于全局变量
10  function setNumber( ){
11  var a=10;                //定义在函数体内的变量 a,属于局部变量
12  document. writeln("局部变量的值是:"+a);}//输出局部变量 a
13  setNumber(a);                //调用函数输出局部变量 a 的值
14  document. writeln("全局变量的值是:"+a);   //输出全局变量 a 的值
15  </script>
16  </pre>
17  </body>
18  </html>
```

- 实现效果

上述代码的运行结果如图 4-16 所示。

图 4-16　函数变量的作用域测试示例运行结果

单元小结

本章介绍了模块化程序设计思想以及 JavaScript 函数的基础知识。在学习函数时,要运用模块化程序设计的思维方式将复杂的问题简单化;同时要理解和掌握函数的定义、函数的调用、函数的参数和返回值等基础知识,并能够熟练运用;此外,要能够熟练运用常见的 JavaScript 内置函数,能够分析程序并编写程序解决实际问题。

进阶篇

第5章

JavaScript面向对象程序设计

学习目标

通过本章学习，学生应掌握 JavaScript 面向对象程序设计思想以及对象的基本概念；掌握 JavaScript 的内置对象的属性和方法，具备使用内置对象解决问题的能力；掌握 JavaScript 自定义对象的创建和访问，进一步了解对象特性，掌握 JavaScript 的数组对象的基本概念、数组的创建及应用，为读者步入后面知识的学习打下坚实的基础。

核心要点

- 面向对象程序设计思想以及对象的基本概念
- JavaScript 的内置对象的属性和方法
- JavaScript 的自定义对象的创建和访问

一、单元概述

在传统的程序设计中,通常使用数据类型对变量进行分类。不同数据类型的变量拥有不同的属性,例如整型变量用于保存整数,字符串变量用于保存字符串。数据类型实现了对变量的简单分类,但并不能完整地描述事物。

在日常生活中,要描述一个事物,既要说明它的属性,也要说明它所能进行的操作。例如,如果将某人看作一个事物,其属性包括姓名、性别、生日、职业、身高、体重等,能完成的动作包括吃饭、行走、说话等。将人的属性和能够完成的动作结合在一起,就可以完整地描述人的所有特征了,如图 5-1 所示。

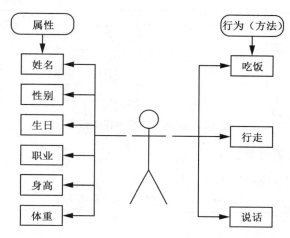

图 5-1　描述人的属性和方法示例

二、教学重点与难点

重点:
掌握 JavaScript 的内置对象的属性和方法,具备使用内置对象解决问题的能力。
难点:
掌握随机数的应用。
解决方案:
在课程讲授时着重采用案例教学法进行相关案例的演示,在给学生进行 JavaScript 面向对象程序设计内容展示的同时进行自主练习,让学生养成团结合作、互帮互助的能力的好习惯。

【本章知识】

JavaScript 是一种基于对象的程序设计语言,面向对象编程是 JavaScript 的基本编程思想。本章主要介绍 JavaScript 的对象、内置对象的使用方法以及创建自定义对象的基本方法。要求读者掌握 JavaScript 面向对象程序设计思想以及对象的基本概念;掌握 JavaScript 的内置对象的属性和方法;具备使用内置对象解决问题的能力;掌握 JavaScript 自定义对象的创建和访问,进一步了解对象的继承特性;掌握 JavaScript 的数组对象、字符串对象、数学对象、时间对象的基本概念和创建及应用,为之后的学习打下基础。

（一）内置对象简介

JavaScript 提供了一系列的内置类（也称为内置对象）。了解这些内置类的使用方法是使用 JavaScript 进行编程的基础和前提。JavaScript 的内置类框架如图 5-2 所示。

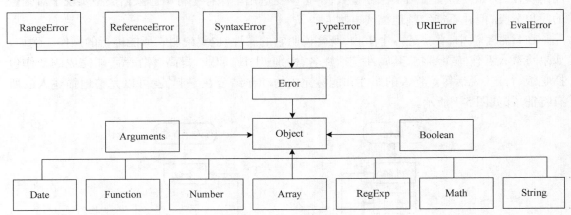

图 5-2　JavaScript 的内置类框架

1. JavaScript 的内置对象框架

JavaScript 内置类的基本功能如表 5-1 所示。

表 5-1　JavaScript 内置类的基本功能

内置类	基本功能
Arguments	用于存储传递给函数的参数
Array	用于定义数组对象
Boolean	布尔值的包装对象，用于将非布尔值的值转换成一个布尔值（True 或 False）
Data	用于定义日期对象
Error	错误对象，用于错误处理。它还派生出下面几个处理错误的子类： EvalError：处理发生在 eval 中的错误 SyntaxError：处理语法错误 RangeError：处理数值超出范围的错误 ReferenceError：处理引用错误 TypeError：处理不是预期变量类型的错误 URIError：处理发生在 encodeURI（）或 decode（）中的错误
Function	用于表示开发者定义的任何函数
Math	数学对象，用于数学计算
Number	原始数值的包装对象，可以自动地在原始数值和对象之间进行转换
RegExp	用于完成有关正则表达式的操作和功能
String	字符串对象，用于处理字符串

（二）Web 前端开发技术简介

可以把数组对象看作一张单行表格,该表格的每一个单元格又都可以存储一个数据,而且各单元格中存储的数据类型可以不同。这些单元格被称为数组元素,每个数组元素都有一个索引号,通过索引号可以方便地引用数组元素。数组对象是 JavaScript 中唯一用来存储和操作有序数据集的数据结构。

1. 数组对象概述

在之前的学习中,我们知道:一个变量可以存储一个值。例如,如果想要存储一个字符串"HTML",可以这样写:

```
var tr = "HTML";
```

如果让你使用变量来存储五个字符串:"HTML""CSS""JavaScript""jQuery""Vue. js"。这个时候,很多人会这样写:

```
1    var str1 = "HTML";
2    var str2 = "CSS";
3    var str3 = "JavaScript";
4    var str4 = "jQuery";
5    var str5 = "Vuejs";
```

写完之后,是不是觉得非常烦琐呢? 假如我让你存储十几个甚至几十个字符串,那你岂不是每个字符串都要定义一个变量?

在 JavaScript 中,我们可以使用"数组对象"来存储一组"相同数据类型"(一般情况下)的数据。数组对象是"引用数据类型"。像上面的一堆变量,使用数组对象实现如下:

```
var arr = new Array("HTML","CSS","JavaScript","Query" ,"ASP. NET");
```

简单来说,我们可以用一个数组对象来保存多个值。如果想要得到数组对象的某一项,如"JavaScript"这一项,我们可以使用 arr[2]来获取。这些语法,我们在接下来这几节会详细介绍。

2. 如何创建数组对象

在 JavaScript 中,我们可以使用 new 关键字来创建一个数组对象。创建数组对象,常见的有两种形式,一种是"完整形式",另外一种是"简写形式"。

- 语法:var 数组名 =(new Aray 元素 1,元素 2, ... ,元素 n)；　//完整形式
  　　　[var 数组名 =元素 1,元素 2, . . . ,元素 n]　//简写形式
- 说明:简写形式,是使用"[]"括起来的。它其实就是一种快捷方式。在实际开发中,我们更倾向于使用简写形式来创建一个数组。

```
var arr=[];　//创建一个空数组
var arr= ["HTML","CSS", "JavaScript"];　//创建一个包含 3 个元素的数组
```

3. 数组对象的获取

在 JavaScript 中,想要获取数组对象某一项的值,我们都是使用"下标"的方式来获取。

var arr = ［"HTML"CSS"，"JavaScript"］;

上面表示创建了一个名为 arr 的数组,该数组对象中有三个元素(都是字符串);"HT-ML""CSS""JavaScript"。如果我们想要获取 arr 某一项的值,就可以使用下标的方式来获取。其中,arr［0］表示获取第一项的值,也就是"HTML"。arr［1］表示获取第二项的值,也就是"CSS",以此类推。

注 意

这里要重点说一下,数组对象的下标是从 0 开始的,而不是从 1 开始的,如图 5-3 所示。

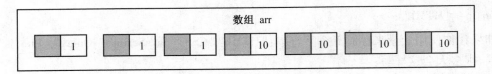

图 5-3　数组对象的获取

4.数组对象的长度

在 JavaScript 中,我们可以使用 length 属性来获取数组对象的长度。

- 语法:array. length。
- 功能:获取数组对象 array 的长度。
- 返回值:Number。

注 意

1.通过设置 length 可以从数组的末尾移除项或向数组中添加新项。
2.把一个值放在超出当前数组大小的位置上时,会重新计算数组长度值,长度值等于最后一项索引加 1。

【例 5-1】使用 length 属性输出数组长度。

```
1   <head>
2       <title>使用 length 属性输出数组长度</title>
3       <meta http-equiv="Content-Type" content="text/html;charset=gb2312"/>
4       <script>
5       //创建数组
6        var arr1=［］;
7        var arr2=［1,2,3,4,5,6］;
8       //输出数组长度
9        document. write( arr1. length + "<br/>" );
10       document. write( arr2. length );
11      </script>
12   </head>
```

实现效果如图 5-4 所示。

图 5-4　输出数组长度

var arr1 = [ ]; 表示创建一个名为 arr1 的数组，由于数组内没有任何元素，所以数组长度为 0，也就是 arr1. length 为 0。

5. 数组对象的栈方法

（1）push( )方法

在 JavaScript 中，我们可以使用 push( )方法在数组对象结尾添加新元素，并且可以得到一个新的数组对象（也就是改变了原数组对象）。

- 语法：arrayObject. push(newele1, newele2, …, neweX)。
- 功能：把它的参数顺序添加到 arrayObject 的尾部。
- 返回值：把指定的值添加到数组对象后的新长度。

【例 5-2】使用 push( )方法在数组对象结尾添加新元素。

```
1    <script>
2        var arr = [ "HTML" , "CSS" ];
3        arr. push( "JavaScript" ,"jQuery" );
4        document. write( arr );
5    </script>
```

实现效果如图 5-5 所示。

图 5-5　在数组对象结尾添加新元素

从这个例子也可以直观地看出来，使用 push( )方法为数组对象添加新元素后，该数组对象也已经改变了。此时 arr[2]不再是 undefined（未定义值），而是"JavaScript"；arr[3]也不再是 undefined，而是"jQuery"。

（2）unshift( )方法

在 JavaScript 中，我们可以使用 unshift( )方法在数组开头添加新元素，并且可以得到一个新的数组对象（也就是改变原数组对象）。

- 语法:arrayObject. unshift(newele1,newele2,…,neweX)。
- 功能:把它的参数顺序添加到 arrayObject 的开头。
- 返回值:把指定的值添加到数组对象后的新长度。

【例 5-3】使用 unshift()方法在数组对象开头添加新元素。

```
1    <script>
2        var arr =["JavaScrpt","jQuery"];
3        arr. unshift("HTML","CSS");
4        document. write(arr);
5    </script>
```

实现效果如图 5-6 所示。

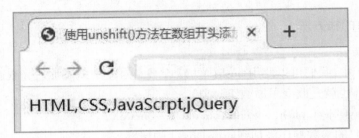

图 5-6　在数组对象开头添加新元素

从这个例子可以直观地看出来,使用 unshift()方法为数组对象添加新元素后,该数组对象已经改变了。此时 arr[0]不再是"JavaScript",而是"HTML";arr[1]也不再是"jQuery",而是"CSS"。此时 length 也由 2 变为 4 了。

(3)pop()方法

在 JavaScript 中,我们可以使用 pop()方法来删除数组对象的最后一个元素,并且可以得到一个新数组对象(也就是改变原数组对象)。

- 语法: arrayObject. pop()
- 功能:删除 arrayObject 的最后一个元素。
- 返回值:被删除的那个元素。

【例 5-4】使用 pop()方法来删除数组对象的最后一个元素。

```
1    <script>
2        var arr =["HTML","CSS","JavaSript","jQuery"];
3        arr. pop();
4        document. write(arr);
5    </script>
```

实现效果如图 5-7 所示。

图 5-7　删除数组对象的最后一个元素

注意　从中可以看出，使用 pop( )方法删除数组对象最后一个元素后，原数组也变了。此时 arr[3]不再是"jQuery"，而是 undefined。

（4）shift( )方法

在 JavaScript 中，我们可以使用 shift( )方法来删除数组对象中的第一个元素，并且可以得到一个新的数组对象（也就是改变了原数组对象）。

- 语法：arrayObject. shift( )
- 功能：删除 arrayObject 的第一个元素。
- 返回值：被删除的那个元素。

【例 5-5】使用 shift( )方法来删除数组对象中的第一个元素。

```
1  <script>
2     var arr=["HTML","CSS","JavaScnpt","jQuery"];
3     arr. shift( );
4     document. write( arr);
5  </script>
```

实现效果如图 5-8 所示。

图 5-8　删除数组对象中的第一个元素

注意　从中可以看出，使用 shift( )方法删除数组对象第一个元素后，原数组就改变了。此时 arr[0]不再是"HTML"，而是"CSS"；arr[1]不再是"CSS"，而是"JavaScript"，以此类推。

6. 数组对象的转换和重排序方法

（1）reverse( )方法

在 JavaScript 中，我们可以使用 reverse( )方法来实现数组对象中所有元素的反向排列，也就是颠倒数组元素的顺序。reverse，就是"反向"的意思。

- 语法：stringObject. reverse( )。
- 功能：用于颠倒数组中元素的顺序。
- 返回值：数组。

【例 5-6】使用 reverse( )方法来实现数组对象中所有元素的反向排列。

```
1    <script>
2      var arr＝[3,1,2,5,4];
3      arr. reverse( );
4      document. write("反向排列后的数组:" + arr);
5    </script>
```

实现效果如图 5-9 所示。

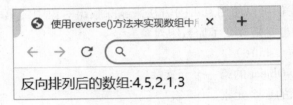

图 5-9　实现数组对象中所有元素的反向排列

（2）join( )方法

在 JavaScript 中，我们可以使用 join( )方法来将数组对象中的所有元素连接成一个字符串。

- 语法：arrayObject. join(separator)。
- 功能：用于把数组对象中的所有元素放入一个字符串。
- 返回值：字符串。

【例 5-7】使用 join( )方法来将数组对象中的所有元素连接成一个字符串。

```
1    <script>
2      var arr ＝ ["HTML","CSS", "JavaScript","jQuery"];
3      document. write( arr. join( ) + "<br/>");
4      document. write( arr. join(" * "));
5    </script>
```

实现效果如图 5-10 所示。

图 5-10　将数组对象中的所有元素连接成一个字符串

（3）sort（）方法

在 JavaScript 中，我们可以使用 sort（）方法来对数组对象中所有元素进行比较大小，然后按从大到小或者从小到大进行排序。

- 语法：arrayObject. sort（sortby）。
- 功能：用于把数组的元素进行排序。
- 返回值：数组。
- 说明：即使数组对象中的每一项都是数值，sort（）方法比较的也是字符串。

sort（）方法可以接收一个比较函数作为参数。

【例 5-8】使用 sort（）方法来对数组对象中所有元素进行大小比较。

```
1   <script>
2       //定义一个升序函数
3    function up(a, b) { return a-b;}
4       //定义一个降序函数
5    function down(a, b) { return b-a; }
6       //定义数组对象
7    var arr=[3,9,1,12,50,21];
8    arr. sort(up);
9    document. write("升序:"+arr. join("、")+"<br/>");
10   arr. sort(down);
11   document. write("降序:"+arr. join("、"));
12   </script>
```

实现效果如图 5-11 所示。

图 5-11　对数组对象中所有元素进行大小比较

7. 数组对象的连接和截取方法

（1）concat（）方法
- 语法：arrayObject. concat（arrayX，arrayX，…，arrayX）。
- 功能：用于连接两个或多个数组对象。
- 返回值：数组。

【例 5-9】使用 concat（）方法在数组对象的尾部添加数组元素。

```
1   <script>
2    var arr=new Array(1,2,3,4,5,6,7,8);
```

```
3      document. write( arr. concat( 9 ,10 ) ) ;
4      </script>
```

实现效果如图 5-12 所示。

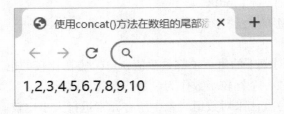

图 5-12　在数组对象的尾部添加数组元素

【例 5-10】使用 concat( )方法在数组的尾部添加其他元素。

```
1      <script>
2          var arr1 = new Array( ´a´,´b´,´c´) ;
3          var arr2 = new Array( ´d´,´e´,´f´) ;
4          document. write( arr1. concat( arr2) ) ;
5      </script>
```

实现效果如图 5-13 所示。

图 5-13　在数组对象的尾部添加其他元素

（2）slice( )方法

- 语法：arrayObject. slice(start,end)。
- 功能：从已有的数组中返回选定的元素。
- 参数：start（必需）规定从何处开始选取，如是负数，从数组尾部开始算起。
  end（可选）规定从何处结束选取，是数组片断结束处的数组下标。
- 说明：如没指定 end，截取的数组包含从 start 到数组结束的所有元素。
  如 slice( )方法的参数中有一个负数，则用数组长度加上该数来确定相应的位置。
- 返回值：数组。

【例 5-11】使用 slice( )方法截取数组中某段数组元素。

```
1  <script>
2      var arr = new Array( "a" ,"b" ,"c" ,"d" ,"e" ,"f" ) ;
3      document. write( "原数组 :" +arr+" <br>" ) ;
4      document. write( "获取数组中第 3 个元素后的所有元素信息" +arr. slice( 2 ) +" <br>" ) ;
```

5　document. write("获取数组中第2个到第5个的元素信息"+arr. slice(1,5)+"<br>");
6　document. write("获取数组中倒数第2个元素后的所有信息"+arr. slice(-2));
7　</script>

实现效果如图 5-14 所示。

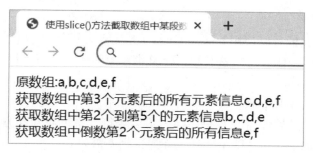

图 5-14　在数组的尾部添加其他元素

(三)字符串对象

在 Web 编程中,字符串会被大量地生成。正确地使用和处理字符串,对于 Web 程序员来说非常重要。本节将主要介绍字符串对象。

1. 获取字符串对象长度

在 JavaScript 中,我们可以使用 length 属性来获取字符串对象的长度。

- 语法:字符串名. length。
- 说明:调用对象的属性,我们用的是".''运算符。"."可以理解为"的",例如 str. length 可以看成是"str 的 length(长度)"。

  字符串对象的属性有好几个,不过我们要掌握的也只有 length 这一个。获取字符串对象长度在实际开发中用得非常多。

【例 5-12】使用 length 属性来获取字符串的长度。

```
1　<script>
2　　　var str="I love lvye!";
3　document. write("字符串长度是:" + str. length);
4　</script>
```

实现效果如图 5-15 所示。

图 5-15　获取字符串的长度

注意　对于 str 这个字符串，小伙伴数来数去都觉得它的长度应该是 10，怎么输出结果是 12 呢？其实空格本身也被作为一个字符来处理，这一点我们很容易忽略。

2. 大小写转换方法

在 JavaScript 中，我们可以使用 toLowerCase( )方法将大写字符串对象转化为小写字符串对象，也可以使用 toUpperCase( )方法将小写字符串对象转化为大写字符串对象。

- 语法：字符串名.toLowerCase( )。

　　　 字符串名.toUpperCase( )。
- 说明：调用对象的属性，我们用的也是"."运算符。不过属性和方法不太一样，方法后面需要加上"( )"（即小括号），而属性则不需要。

　　　 JavaScript 还有两种大小写转换的方法：toLocalLowerCase( )和 toLocalUpperCase( )。不过这两个方法基本用不上，我们可以直接忽略。

【例 5-13】使用 toLowerCase( )方法，toUpperCase( )方法转化字符串对象大小写。

```
1    <script>
2      var str= "Hello Lvye!";
3      document.write("正常：" + str+ "<br/>");
4      document.write("小写：" + str.toLowerCase()+ "<br/>");
5      document.write("大写：" + str.toUpperCase());
6    </script>
```

实现效果如图 5-16 所示。

图 5-16　转化字符串对象大小写

3. 获取某一个字符

在 JavaScript 中，我们可以使用 charAt( )方法来获取字符串对象中的某一个字符。

- 语法：字符串名.charAt(n)。
- 说明：n 是整数，表示字符串中第 n+1 个字符。注意，字符串第 1 个字符的下标是 0，第 2 个字符的下标是 1，…，第 n 个字符的下标是 n−1，以此类推。这一点跟前面学到的数组对象下标是一样的。

【例 5-14】获取某一个字符。

```
1    <script>
2      var str="Hello Ivye!";
3      document. write("第 1 个字符是: " + str. charAt(0)+ "<br/>");
4      document. write("第 7 个字符是: "+ str. charAt(6));
5    </script>
```

实现效果如图 5-17 所示。

图 5-17　获取某一个字符

【案例 5-1】设计一个提取字符串中数字的函数

● 案例描述

本案例要求设计一个函数,这个函数能够实现从含有数字的字符串中提取所有数字的功能。

● 案例分析

①根据案例要求,编写从一个字符串中提取数字的函数,函数的参数可以设为这个要提取数字的字符串。

②要提取字符串中某一个位置的字符,可以使用 String 对象的 charAt( )方法。

③确定提取数字的位置可以使用循环语句,条件为判断是否为数字,如果是就提取,不是则继续执行。

④最后,将提取出的数字连接成为一个新的字符串输出。

● 实现代码

```
1    <body>
2    <pre>
3    <script>
4      function CollectDigits(source) {      //收集数字串
5        var s = new String(source),result="",ch,i;
6        for(i=0;i<s. length;i++){
7          ch = s. charAt(i);
8          if (ch>="0"&& ch <="9"){ result+=ch; }
9       return result;
10       }
11       var s;
```

```
12        s= prompt("请输入一个含有数字的字符串:","");
13        alert("收集的数字串:\n"+CollectDigits(s));
14    </script>
15    </pre>
16    </body>
```

- 实现效果

实现效果如图 5-18、图 5-19 所示。

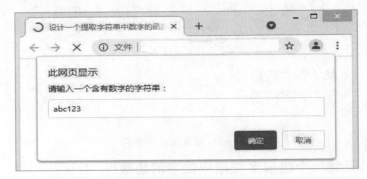

图 5-18　输入含有数字的字符串

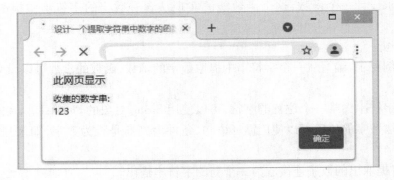

图 5-19　提取数字的结果

4. 截取字符串对象

在 JavaScript 中,我们可以使用 slice()、substring()和 substr()方法来截取字符串的某部分。

(1) slice()方法

- 语法:字符串名. slice (start,end)。
- 说明:start(必选)表示子字符串的开始位置;end(可选)表示子字符串到哪里结束,end本身不在截取范围之内,省略时截取至字符串的末尾。

(2) substring()方法

- 语法:字符串名. substring(start,end)。
- 说明:语法及功能同 slice()完全一样。

区别在于当参数为负数时,自动将参数转换为 0,同时,substring()会将较小的数作为开始位置,将较大的数作为结束位置。

（3）substr( )方法

- 语法:字符串名. substring(start, len)。
- 说明:start(必选)表示指定子字符串的开始位置,len(可选)表示截取的字符总数,省略时截取至字符串的末尾。

    当 start 为负数时,会将传入的负值与字符串的长度相加;当 len 为负数时,返回空字符串。

【例 5-15】使用 substring( )方法来截取字符串对象的某部分。

```
1    <script>
2      var str1 = " 阳光,给你初恋般的感觉";
3      var str2 = str1. substring(5,7);
4      document. write( str2 );
5    </script>
```

实现效果如图 5-20 所示。

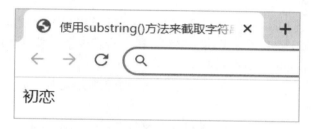

图 5-20　截取字符串对象的某部分

> 注意
>
> 使用 substring(start, end)方法截取的时候, 表示从 start 开始(包括 start), 到 end 结束(不包括 end), 也就是[start,end]。 一定要注意, 截取的下标是从 0 开始的, 也就是说 0 表示第 1 个字符, 1 表示第 2 个字符, …, n 表示第 n+1 个字符。 从字符串对象操作来说, 凡是涉及下标, 都是从 0 开始, 这一点跟上一节数组对象的下标是一样的。

5. 替换字符串对象

在 JavaScript 中,我们可以使用 replace( )方法来用一个字符串对象替换另外一个字符串对象的某一部分。

- 语法:字符串名. replace(原字符串,替换字符串)。

    字符串名. replace(正则表达式,替换字符串)。
- 说明:replace( )方法有两种使用形式:一种是直接使用字符串来替换;另外一种是使用正则表达式来替换。不管是哪种形式,"替换字符串"都是第二个参数。

下面分别对这两种形式进行举例。

【例 5-16】使用 replace( )方法来用一个字符串对象替换另外一个字符串对象的某一部分。

```
1    <script>
2      var str = "I love javascript!" ;
3      var str_new = str. replace("javascript" , "Java" );
4      document. write(str_new);
5    </script>
```

实现效果如图 5-21 所示。

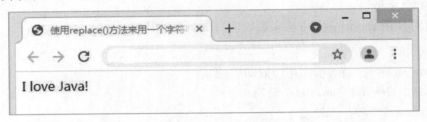

图 5-21　用一个字符串对象替换另外一个字符串对象的某一部分

6. 分割字符串对象

在 JavaScript 中,我们可以使用 split( )方法把一个字符串对象分割成一个数组对象,这个数组对象存放的是原来字符串对象的所有字符片段。有多少个片段,数组元素个数就是多少。

- 语法:字符串名. split("分割符")。
- 说明:分割符可以是一个字符、多个字符或一个正则表达式。此外,分割符并不作为返回数组元素的一部分。

【例 5-17】使用 split( )方法把一个字符串对象分割成一个数组对象。

```
1    <script>
2      var str = "HTML,CSS,JavaScript" ;
3      var arr = str. split(" ," );
4      document. write("数组的第 1 个元素是:"+arr[0]+"<br/>" );
5      document. write("数组的第 2 个元素是:"+arr[1]+"<br/>" );
6      document. write("数组的第 3 个元素是:"+arr[2]);
7    </script>
```

实现效果如图 5-22 所示。

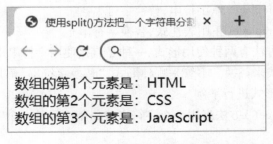

图 5-22　把一个字符串对象分割成一个数组对象

7. 检索字符串对象的位置

在 JavaScript 中,可以使用 indexOf( )方法来找出"某个指定字符串"在字符串中"首次出现"的下标位置,也可以使用 lastIndexOf( )来找出"某个指定字符串"在字符串中"最后出现"的下标位置。

(1)indexOf( )方法

● 语法:字符串名. indexOf("指定字符串")。

(2)lastIndexOf( )方法

● 语法:字符串名. lastIndexOf("指定字符串")。

【例 5-18】使用 indexOf( )方法、lastIndexOf( )方法检索字符串的位置。

```
1    <script>
2        var str="HelloJava!";
3        document. write( str. indexOf("DB")+"<br/>");
4        document. write( str. indexOf("Java")+"<br/>");
5        document. write( str. indexOf("Javar"));
6    </script>
```

实现效果如图 5-23 所示。

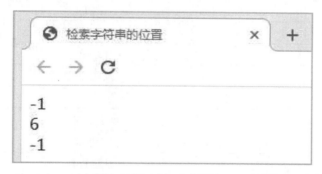

图 5-23　检索字符串的位置

对于 str. indexOf("DB"),由于 str 不包含"DB",所以返回-1。

对于 str. indexOf("Java"),由于 str 包含"Java",所以返回"Java"首次出现的下标位置。

对于 str. indexOf("Javar"),由于 str 不包含"Javar",所以返回-1。特别注意一下,str 包含"Java",但不包含"Javar"。

在实际开发中,indexOf( )用得非常多,我们要重点掌握一下。对于检索字符串,除了 indexOf( )这个方法外,JavaScript 还为我们提供了另外两种方法:match( )和 search( )。不过三种方法都大同小异,我们只需要掌握 indexOf( )就够用了。为了减轻记忆负担,match( )和 search( )我们可以忽略掉。

(四)数字对象

在 JavaScript 中,我们可以使用 Math 对象的属性和方法来实现各种运算。Math 对象为我们提供了大量"内置"的数学常量和数学函数,极大地满足了实际开发需求。

Math 对象跟其他对象不一样,我们不需要使用 new 关键字来创造,而是直接使用它的属性和方法就行。

1. Math 对象概述

动画开发、高级编程、算法研究等都跟数学有极大的联系。在 JavaScript 中,我们可以使用 Math 对象的属性和方法来实现各种运算。Math 对象为我们提供了大量"内置"的数学常量和数学函数,极大地满足了实际开发需求。Math 对象跟其他对象不一样,我们不需要使用 new 关键字来创造,而是直接使用它的属性和方法就行。

接下来,我们针对 Math 对象常用的方法来详细介绍一下。

2. Math 对象的方法

Math 对象的方法非常多,如表 5-2 所示。这一节我们主要介绍常用的方法。

表 5-2　Math 对象中的方法(常用)

方法	说明
$\max(a,b,\cdots,n)$	返回一组中的最大值
$\max(a,b,\cdots,n)$	返回一组中的最小值
$\sin(x)$	正弦
$\cos(x)$	余弦
$\tan(x)$	正切
$\operatorname{asin}(x)$	反正弦
$\operatorname{acos}(x)$	反余弦
$\operatorname{atan}(x)$	反正切
$\operatorname{atan2}(x)$	反正切
$\operatorname{floor}(x)$	向下取整
$\operatorname{ceil}(x)$	向上取整
$\operatorname{random}()$	生成随机数

表 5-3　Math 对象中的方法(不常用)

方法	说明
$\operatorname{abs}(x)$	返回 x 的绝对值
$\operatorname{sqrt}(x)$	返回 x 的平方根
$\log(x)$	返回 x 的自然对数(以 e 为底)
$\operatorname{pow}(x,y)$	返回 x 的 y 次幂
$\exp(x)$	返回 e 的指数

(1)最大值与最小值

在 JavaScript 中,我们可以使用 max( )方法求出一组数中的最大值,也可以使用 min( )方法求出一组数中的最小值。

①Math. max( )方法

- 语法:Math. max(num1,num2,…,numN)。

- 功能:求一组数中的最大值。
- 返回值:Number。

②Math. min( )方法

- 语法:Math. min(num1,num2,…,numN)。
- 功能:求一组数中的最小值。
- 返回值:Number。

【例 5-19】使用 max( )方法和 min( )方法,求出一组数中的最大值和最小值。

```
1    <script>
2      var a = Math. max( 3,9,1,12,50,21);
3      var b = Math. min( 3,9,1,12,50,21);
4      document. write( "最大值为: " +a+ "<br/>");
5      document. write( "最小值为:"+ b);
6    </script>
```

实现效果如图 5-24 所示。

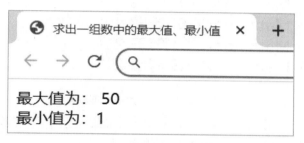

图 5-24　求出一组数中的最大值、最小值

注意　找出一组数的最大值与最小值,大多数的人想到的是使用冒泡排序法来实现,却没想到 JavaScript 还有 max( )和 min( )这两个简单的方法。

(2)取整运算

①向下取整运算

在 JavaScript 中,我们可以使用 floor( )方法对一个数进行向下取整。所谓的向下取整指的是返回小于或等于指定数的最小整数。

- 语法:Math. floor(x)
- 功能:求一组数中的最大值。
- 说明:Math. floor(x)表示返回小于或等于 x 的最小整数。

【例 5-20】使用 floor( )方法对一个数进行向下取整。

```
1    <head>
2    <meta http-equiv = "Content-Type"  content = "text/html; charset = gb2312"/>
3    <title>使用 floor( )方法对一个数进行向下取整</title>
4    <script>
```

```
5        document. write("Math. floor(3)等于"+Math. floor(3)+"<br/>");
6        document. write("Math. floor(0.4)等于"+Math. floor(0.4)+"<br/>");
7        document. write("Math. floor(0.6)等于"+Math. floor(0.6)+"<br/>");
8        document. write("Math. floor(-1.1)等于"+Math. floor(-1.1)+"<br/>");
9        document. write("Math. floor(-1.9)等于"+Math. floor(-1.9)+"<br/>");
10   </script>
11   </head>
```

实现效果如图 5-25 所示。

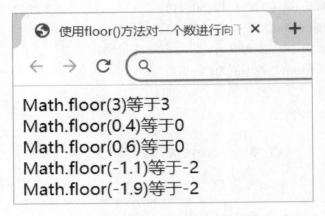

图 5-25　对一个数进行向下取整

从这个例子我们可以看出:在 Math. floor(x)中,如果 x 为整数,则返回 x;如果 x 为小数,则返回小数点前的整数。这就是所谓的"向下取整"。

②向上取整运算

在 JavaScript 中,我们可以使用 ceil()方法对一个数进行向上取整。所谓的向上取整指的是返回大于或等于指定数的最小整数。

- 语法:Math. ceil(num)。
- 功能:向上取整,即返回大于 num 的最小整数。
- 返回值:Number。

【例 5-21】使用 ceil()方法对一个数进行向上取整。

```
1        <script>
2        document. write("Math. ceil(3)等于"+Math. ceil(3)+"<br/>");
3        document. write("Math. ceil(0.4)等于"+Math. ceil(0.4)+"<br/>");
4        document. write("Math. ceil(0.6)等于"+Math. ceil(0.6)+"<br/>");
5        document. write("Math. ceil(-1.1)等于"+Math. ceil(-1.1)+"<br/>");
6        document. write("Math. ceil(-1.9)等于"+Math. ceil(-1.9)+"<br/>");
7        </script>
```

实现效果如图 5-26 所示。

从这个例子我们可以看出:在 Math. ceil(x)中,如果 x 为整数,则返回 x;如果 x 为小数,则返回大于 x 的最小整数。这就是所谓的"向上取整"。

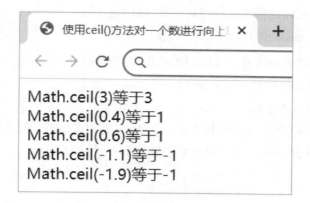

图 5-26　对一个数进行向上取整

（3）生成随机数

在 JavaScript 中，我们可以使用 random( )方法来生成 0~1 之间的一个随机数。random 就是"随机"的意思。特别注意一下，这里的 0~1 是只包含 0 不包含 1 的，即[0,1)。

- 语法：Math. random( )。
- 功能：返回大于等于 0 小于 1 的一个随机数。
- 返回值：Number。

①随机生成某个范围内的"任意数"

Math. random( ) * m

表示生成 0~m 之间的随机数，例如 Math. random( ) * 10 表示生成 0~10 之间的随机数；

Math. random( ) * m+n

表示生成 n~m+n 之间的随机数，例如 Math. random( ) * 10+8 表示生成 8~18 之间的随机数；

Math. random( ) * m−n

表示生成 −n~m−n 之间的随机数，例如 Math. random( ) * 10−8 表示生成 −8~2 之间的随机数；

Math. random( ) * m−m

表示生成 −m~m 之间的随机数，例如 Math. random( ) * 10−10 表示生成 −10~10 之间的随机数。

②随机数生成某个范围内的"整数"

上面介绍的都是随机生成某个范围内的任意数（包括整数和小数），但是很多时候我们需要随机生成某个范围内的整数，此时前面学到的 floor( )和 ceil( )这两个方法就能派上用场了。

对于 Math. random( ) * 5 来说，由于 floor( )向下取整，因此 Math. floor(Math. random( ) * 5)生成的是 0~4 之间的随机整数。如果你想生成 0~5 之间的随机整数，应该写成：

Math. floor(Math. random( ) * (5+1));

也就是说，如果你想生成 0 到任意数之间的随机整数，应该这样写：

Math. floor(Math. random( ) * (m+1));

如果你想生成 1 到任意数之间的随机整数,应该这样写:

Math. floor(Math. random( ) * (m+1)+1);

如果你想生成任意数到任意数之间的随机整数,应该这样写:

Math. floor(Math. random( ) * (m-n+1)+n);

【例 5-22】生成随机验证码。

随机验证码在实际开发中经常用到,看似复杂,实则非常简单。我们只需要用到前面学到的生成随机数的技巧,然后结合字符串与数组操作就可以轻松实现。

```
1    <script>
2      var str ="
3        abcdefghijklmnopqrstuvwxyzABCDEFGHIJKLMNOPQRSTUVWXYZ1234567890";
4      var arr = str. split("");
5      var result ="";
6      for( var i=0;i<4;i++)
7      {
8          var n = Math. floor( Math. random( ) * ( arr. length+1));
9          result+=arr[n];
10     }
11     document. write( result);
12   </script>
```

实现效果如图 5-27 所示。

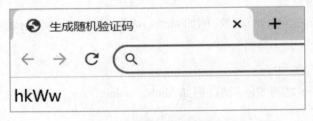

图 5-27   生成随机验证码

(五)时间对象

在浏览网页的过程中,我们经常可以看到各种时间程序,如网页时钟、在线日历、博客时间等。在 JavaScript 中,我们可以使用时间对象 Date 来处理时间。

1. 日期对象概述

- 语法:var 日期对象名=new Date( );
- 说明:创建一个日期对象,必须使用 new 关键字。其中,Date 对象的方法有很多,主要分为两大类,分别为 getXxx( )和 setXxx( )。getXxx( )用于获取时间,setXxx( )用于设置时间。

表 5-3　用于获取时间的 getXxx( )

方法	说明
getFullYear( )	获取年份,取值为 4 位数字
getMonth( )	获取月份,取值为 0(一月)~11(十二月)之间的整数
getDate( )	获取日数,取值为 1~31 之间的整数
getHours( )	获取小时数,取值为 0~23 之间的整数
getMinutes( )	获取分钟数,取值为 0~59 之间的整数
getSeconds( )	获取秒数,取值为 0~59 之间的整数

表 5-4　用于设置时间的 setXxx( )

方法	说明
setFullYear( )	可以设置年、月、日
setMonth( )	可以设置月、日
setDate( )	可以设置日
setHours( )	可以设置时、分、秒、毫秒
setMinutes( )	可以设置分、秒、毫秒
setSeconds( )	获取秒数,取值为 0~59 之间的整数

2. 操作年、月、日

在 JavaScript 中,我们可以使用 getFullYear( )、getMonth( )和 getDate( )这三种方法分别来获取当前时间的年、月、日。

表 5-5　获取年、月、日的方法及其说明

方法	说明
getFullYear( )	获取年份,取值为 4 位数字
getFullMonth( )	获取年份,取值为 0(一月)~11(十二月)之间的整数
getDate( )	获取日数,取值为 1~31 之间的整数

【例 5-23】使用 getFullYear( )、getMonth( )和 getDate( )这三种方法分别获取当前时间的年、月、日。

```
1    <script>
2        var d= new Date( );
3        var myDay = d. getDate( );
4        var myMonth= d. getMonth( )+1;
5        var myYear= d. getFullYear( );
6        document. write( "今天是"+myYear+"年" +myMonth+"月"+myDay +"日");
7    </script>
```

实现效果如图 5-28 所示。

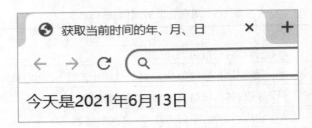

图 5-28　获取当前时间的年、月、日

【案例 5-2】计算自己活了多少天

- 案例描述

本案例要求使用 Date 对象输入出生日期后,在页面弹出"您已经活了 xxxx 天"。

- 案例分析

①根据案例要求,首先使用输入对话框按照格式要求输入出生日期,然后使用 Date 对象格式化输入的这个出生日期。

②创建当前的日期对象。

③分别使用日期对象的 get Time( )方法来获取出生日期到 1970 年 1 月 1 日的毫秒数和当前时间距离 1970 年 1 月 1 日的毫秒数。

④然后将这两个数相减,就得到一共活了多少毫秒,然后将这个毫秒数除以时间单位,那么就可以得到一共活了多少天。

- 实现代码

```
1    <html>
2    <head>
3    <meta http-equiv="Content-Type" content="text/html; charset=gb2312"/>
4    <title>计算自己活了多少天</title>
5    </head>
6    <body>
7    <script>
8      var yourdate=prompt("请输入出生年月日,格式为 xxxx/x/x","");
9      var borndate=new Date(yourdate);
10     var nowdate=new Date();
11     var borndays=borndate.getTime();//计算出生日期到 1970 年 1 月 1 日的毫秒数
12     var newdays=nowdate.getTime();//计算当前时间距离 1970 年 1 月 1 日的毫秒数
13     var result=newdays-borndays;     //计算一共活了多少毫秒
14     var numdays=24*60*60*1000;       //一天有多少毫秒
15     var alldays=parseInt(result/numdays);
16     alert("您好,已经活了"+alldays+"天");
17    </script>
18    </body>
19    </html>
```

（4）实现效果

代码执行后，会出现提示："请输入出生年月日，格式为 xxxx/x/x"，以及文本框。效果如图 5-29 和图 5-30 所示。

图 5-29　按照格式要求输入出生日期

图 5-30　显示活了多少天

3. 设置年、月、日

在 JavaScript 中，可使用 setFullYear( )、setMonth( ) 和 setDate( ) 三个方法分别来设置对象的年、月、日。

（1）setFullYear( )

setFullYear( ) 可以用来设置年、月、日。

- 语法：setFullYear(year, month, day)；
- 说明：year 表示年，是必选参数，用一个四位的整数表示，如 2017、2021 等。

    month 表示月，是可选参数，用 0~11 之间的整数表示。其中，0 表示 1 月，1 表示 2 月，以此类推。

    day 表示日，是可选参数，用 1~31 之间的整数表示。

（2）setMonth( )

setMonth( ) 可以用来设置月、日。

- 语法：setMonth(month, day)；
- 说明：month 表示月，是必选参数，用 0~11 之间的整数表示。其中，0 表示 1 月，1 表示 2 月，以此类推。

    day 表示日，是可选参数，用 1~ 31 之间的整数表示。

（3）setDate( )

- 语法：setDate(day)；
- 说明：month 表示月。
- 说明：setDate( ) 可以用来设置，day 表示日，是必选参数，用 1~31 之间的整数表示。

【例 5-24】使用 setFullYear( )、setMonth( ) 和 setDate( ) 三个方法分别来设置对象的年、月、日。

```
1    <script>
2        var d = new Date( );
3        d. setFullYear(1992,09,01);
4        document. write("我设置的时间是：<br/>" +d);
5    </script>
```

实现效果如图 5-31 所示。

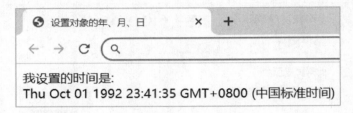

图 5-31　设置对象的年、月、日

4. 操作时、分、秒

在 JavaScript 中，我们可以使用 getHours( )、getMinutes( )、getSeconds( ) 这三个方法分别获取当前的时、分、秒。

表 5-6　获取时、分、秒的方法及说明

方法	说明
getHours( )	获取小时数，取值为 0~23 之间的整数
getMinutes( )	获取分钟数，取值为 0~59 之间的整数
getSeconds( )	获取秒数，取值为 0~59 之间的整数

【例 5-25】使用 getHours( )、getMinutes( )、getSeconds( ) 这三个方法分别获取当前的时、分、秒。

```
1    <script>
2        var d＝new Date( );
3        var myHours＝d. getHours( );
4        var myMinutes＝d. getMinutes( );
5        var mySeconds＝d. getSeconds( );
6        document. write("当前时间是:"+myHours+":"+myMinutes+":"+mySeconds);
7    </script>
```

实现效果如图 5-32 所示。

图 5-32　获取当前的时、分、秒

5. 设置时、分、秒

在 JavaScript 中,我们可以使用 setHours( )、setMinutes( )和 setSeconds( )分别来设置时、分和秒。

（1）setHours( )

setHours( )可以用来设置时、分、秒和毫秒。

- 语法:时间对象. setHours(hour, min, sec, millisec) ;
- 说明:hour 是必选参数,表示时,取值为 0~23 之间的整数。

    min 是可选参数,表示分,取值为 0~59 之间的整数。

    sec 是可选参数,表示秒,取值为 0~59 之间的整数。

    millisec 是可选参数,表示毫秒,取值为 0~59 之间的整数。

（2）setMinutes( )

setMinutes( )可以用来设置分、秒和毫秒。

- 语法:时间对象. setMinutes(min, sec, millisec) ;
- 说明:min 是必选参数,表示分,取值为 0~59 之间的整数。

    sec 是可选参数,表示秒,取值为 0~59 之间的整数。

    millisec 是可选参数,表示毫秒,取值为 0~59 之间的整数。

（3）setSeconds( )

setSeconds( )可以用来设置秒和毫秒。

- 语法:时间对象. setSeconds(sec, millisec) ;
- 说明:sec 是必选参数,表示秒,取值为 0~59 之间的整数。

    millisec 是可选参数,表示毫秒,取值为 0~59 之间的整数。

【例 5-26】使用 setHours( )、setMinutes( )和 setSeconds( )分别来设置时、分和秒。

```
1    <script>
2      var d = new Date( ) ;
3      d. setHours( 12, 10, 30) ;
4      document. write( "我设置的时间是:<br/>" +d) ;
5    </script>
```

浏览器预览效果如图 5-33 所示。

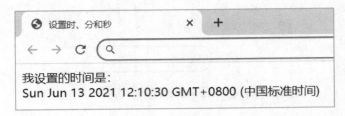

图 5-33　设置时、分和秒

6. 获取星期几

在 JavaScript 中，我们可以使用 getDay( )方法来获取表示今天是星期几的一个数字。

- 语法：时间对象. getDay( )；
- 说明：getDay( )返回一个数字,其中 0 表示星期天(在国外,一周是从星期天开始的),
  　　　 1 表示星期一,…,6 表示星期六。

【例 5-27】使用 getDay( )方法来获取表示今天是星期几的一个数字。

```
1    <script>
2          var d = new Date( );
3          document. write( " 今天是星期" +d. getDay( ));
4    </script>
```

浏览器预览效果如图 5-34 所示。

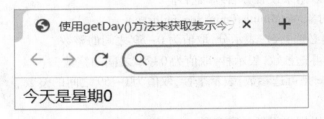

图 5-34　获取表示今天是星期几的一个数字

> 注意　这里我们定义了一个数组 weekday，用来存储表示星期几的字符串。 getDay( )方法返回表示当前星期几的数字，因此可以把返回的数字作为数组的下标，这样就可以通过下标的形式来获取星期几。 注意，数组下标是从 0 开始的。

【案例 5-3】改变日期格式

- 案例描述

本案例要求改变日期格式,将原有系统日期格式转换为指定的中文日期格式。

- 案例分析

有时我们需要 2021 年 7 月 1 日星期四 13：34：05 这样的日期格式,这就需要对系统日期格式进行修改,将其转换成固定格式的字符串进行优化处理。

- 实现代码

```
1  <script type="text/javascript">
2      functionchangeDateType() {
3      var today = new Date(),
4          year =today. getFullYear(),
5          month =today. getMonth() + 1,
6          date =today. getDate(),
7          week =today. getDay(),
8          weeks = ["日","一","二","三","四","五","六"],
9          hours =today. getHours(),
10         minutes =today. getMinutes(),
11         seconds =today. getSeconds();
12         console. log(seconds);
13         if(minutes<10){ minutes = "0" +today. getMinutes();}
14         if(seconds<10){ seconds = "0" +seconds;}
15         time = year +"年" + month +"月"+ date + "日" + "星期" + weeks[week]+
           hours +":" + minutes +":" + seconds;
16         return time;
17     }
18     var date =new Date();
19     var getT =changeDateType();
20     document. write(date+"<br/>");
21     document. write("今天是"+getT);
22  </script>
```

- 实现效果

通过定义函数 changeDateType(),用来封装"新的日期格式"代码,创建一个 date 对象,用变量去接收它,调用 date 对象的方法,获取到当前时间的年、月、日、星期、时、分、秒,浏览器预览效果如图 5-35 所示。

图 5-35 改变日期格式

上面用 Math. random()生成了随机验证码,每一次的运行结果都是不一样的。

单元小结

　　面向对象编程是 JavaScript 采用的基本编程思想,它可以将属性和代码集成起来,定义为类,从而使程序设计更加简单、规范、有条理。JavaScript 提供了多种内置对象(类),这些内置对象的属性和方法可以直接来调用。同样,JavaScript 可以自定义对象。JavaScript 创建对象的方法基本上有三种:一是使用 Object 内置类,通过关键字 new 来实例化 Object;二是使用字面量对象实现创建对象;三是使用构造函数来创建对象。

　　本章首先讲解了面向对象的基本概念,然后讲解了如何自定义对象,如何使用内置对象完成编程。章节内容讲解贯穿案例操作,可对所讲知识点进行编程应用。

第6章

DOM和BOM编程

学习目标

通过本章学习，学生应理解 Web API 和 API 的概念，掌握 DOM 的概念，重点掌握 DOM 获取和操作元素的方式，掌握文档节点的操作，掌握 BOM 的概念，重点掌握定时器的应用操作，掌握 Window 对象的属性和方法，掌握 History 对象的属性和方法，掌握 Location 对象的属性和方法，并通过对具体的实例学习，为后面知识的学习打下坚实的基础。

核心要点

- 什么是 Web API 和 API
- 什么是 DOM
- DOM 获取元素的方式
- DOM 操作元素的方式
- 文档节点的操作
- 什么是 BOM
- 定时器的操作
- Window 对象的属性和方法
- History 对象的属性和方法
- Location 对象的属性和方法

一、单元概述

文档对象模型（Document Object Model，DOM）是一种处理 HTML 文档的应用程序接口。使用 DOM 技术可以实现网页的动态变化，如可以动态地显示或隐藏一个元素、改变它们的属性、增加一个元素等，DOM 技术极大地增强了用户与网页的交互性。

浏览器对象模型（Browser Object Model，BOM），主要包括 Window、Navigator、Screen、Location、History 和 Document 对象，使用 BOM 技术定义了 JavaScript 操作浏览器的一些方法和属性，提供了独立于内容的、与浏览器窗口进行交互的对象结构。

本章通过理论教学、案例教学等方法，循序渐进地向学生介绍 DOM 和 BOM 的定义及其分类等基本知识，介绍 DOM 对象的属性和方法、访问和操纵 DOM 对象的方法、文档节点的操作方法、BOM 对象体系的一系列浏览器对象，并通过案例演示基本操作方法。

二、教学重点与难点

重点：
掌握 DOM 对象的属性和方法、掌握访问和操作 DOM 对象的方法、理解浏览器对象模型的基本使用方法、掌握操纵浏览器窗口以及处理 HTML 文档的应用程序接口。

难点：
掌握定时器的应用操作、掌握文档节点的操作。

解决方案：
在课程讲授时要注重程序的基本知识的讲解，让学生掌握 DOM 和 BOM 对象的基本使用方法，解决代码问题的方法和步骤，并能够进行简单程序的编写，着重采用案例教学法进行相关案例的演示，在给学生进行自主练习时，让学生养成团结合作、互帮互助的能力的好习惯。

【本章知识】

通过对前面章节 JavaScript 基础阶段的学习，大家应该已经掌握了 ECMAScript 标准规定的基本语法。但是想要实现常见的网页交互效果，仅仅掌握了这些基础知识是不够的，还需要更深层次地学习 Web API 阶段的知识。在 Web API 阶段主要学习 DOM 和 BOM，实现页面交互功能。本章详细讲解如何在 JavaScript 中利用 DOM 获取元素及操作元素，利用 DOM 实现节点的增加、删除等操作，并重点讲解 BOM 的使用。

（一）DOM 对象

1. Web API 简介

Web API 是浏览器提供的一套操作浏览器功能和页面元素的接口。例如，在前面的学习中，经常使用的 console. log( ) 就是一个接口。这里的 console 对象表示浏览器的控制台，调用它的 log( ) 方法就可以在控制台中输出调试信息。接下来，本小节将围绕 JavaScript 的组成以及 Web API 与 API 的关系进行详细讲解。

（1）初识 Web API

JavaScript 语言由三部分组成，分别是 ECMAScript. 、BOM 和 DOM。其中 ECMAScript 是

JavaScript 语言的核心,它的内容包括前面学习的 JavaScript 基本语法、数组、函数和对象等。而 Web API 包括 BOM 和 DOM 两部分。它们的具体关系如图 6-1 所示。

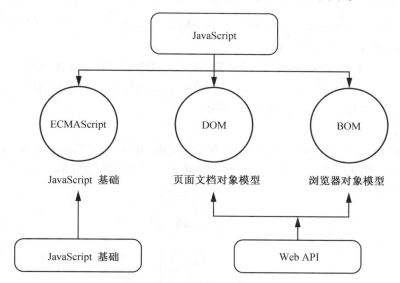

图 6-1　JavaScript 的组成部分

　　在学习 JavaScript 时,基础阶段学习的是 ECMAScript 的基础语法,是为学习 Web API 部分做前期的铺垫;学习 Web API 阶段是 JavaScript 的实战应用。在这一阶段将会大量使用 JavaScript 基础语法来实现网页的交互效果。

　　(2)Web API

　　①API

　　应用程序编程接口(Application Programming Interface,API)是一些预先定义的函数,这些函数是由某个软件开放给开发人员使用的,帮助开发者实现某种功能。开发人员无须访问源码,无须理解其内部工作机制细节,只需知道如何使用即可。

　　例如,开发一个美颜相机的手机应用,该应用需要调用手机上的摄像头来拍摄画面,如果没有 API,则开发这个应用将无从下手。因此,手机的操作系统为了使其他应用具有访问手机摄像头的能力,就开放了一套 API,然后由手机应用的开发工具将 API 转换成一个可以被直接调用的函数。直接调用函数就能完成调用摄像头,获取摄像头拍摄的画面等功能。开发人员的主要工作是查阅 API 文档,了解 API 如何使用。

　　②Web API

　　Web API 是主要针对浏览器的 API,在 JavaScript 语言中被封装成了对象。通过调用对象的属性和方法就可以使用 Web API。在前面的学习中,经常使用 console. log( )在控制台中输出调试信息,这里的 console 对象就是一个 Web API。本章在后面还会讲解 window 对象、document 对象等 Web API 的使用。例如,使用 document. title 属性获取或设置页面的标题,使用 document. write( )方法写入页面内容,示例代码如下:

1	document. title = "设置新标题";	//设置新标题
2	console. log(document. title);	//获取页面标题
3	document. write("<h1>网页内容</h1> ");	//将字符串写入页面

2. DOM 概述

（1）初识 DOM

文档对象模型（Document Object Model，DOM）是 W3C 组织推荐的处理可扩展标记语言（HTML 或者 XML）的标准编程接口。

W3C 定义了一系列的 DOM 接口，利用 DOM 可完成对 HTML 文档内所有元素的获取、访问、标签属性和样式的设置等操作。在实际开发中，诸如改变盒子的大小、标签栏的切换、购物车功能等带有交互效果的页面，都离不开 DOM。

（2）DOM 树

DOM 将 HTML 文档表达为树结构，又被称为文档树模型，把文档映射成树形结构，通过节点对象对其处理，处理的结果可以加入到当前的页面。树形结构如图 6-2 所示。

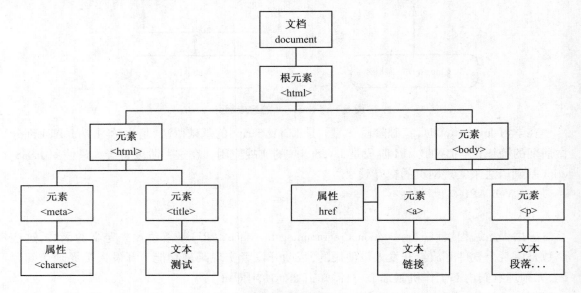

图 6-2　DOM 树

图 6-2 展示了 DOM 树种各节点之间的关系后，接下来我们针对 DOM 中的专有名词进行解释，具体如下。

- 文档（document）：一个页面就是一个文档。
- 元素（element）：页面中的所有标签都是元素。
- 节点（node）：网页中的所有内容，在文档树中都是节点（如元素节点、属性节点、文本节点、注释节点等）。DOM 会把所有的节点都看作对象，这些对象拥有自己的属性和方法。

从原理上来看，每创建一个网页，DOM 会根据这个网页创建一个文档对象，DOM 就是这个文档对象的模型，这个模型表示为树状模型。在这个树状模型中，网页中的元素与内容表现为一个个相互连接的节点。所以说一个网页实际上就是一个文档对象。

（3）DOM 的节点类型

根据 W3C 标准规范，DOM 树中的节点分为 12 种类型。其中常用的节点类型是文档、元素、属性、文本和注释 5 种，如表 6-1 所示。

表 6-1　常用的 DOM 节点类型

节点类型	ID	说明
Element	1	元素节点,HTML 文档标签,如<head><body><p>等
Attribute	2	元素节点的属性,如<a>标签的 href="xxx" 属性
Text	3	文本节点,指的是元素节点中的内容,如"p"节点中的"文档段落"就是文本节点
Comment	8	注释节点,表示文档中的注释
Document	9	文档节点,表示整个文档对象

3. DOM 对象

在 JavaScript 中,DOM 是一组对象的集合。通过这些对象的操作可以实现对 HTML 文档进行读取、遍历、修改、添加、删除等操作。在 DOM 的对象中,最常用的是节点(node)对象、元素(element)对象、文档(document)对象,以及一些比较特殊常用元素对象。每个对象都有自己的属性和方法,下面分别进行介绍。

（1）节点（node）对象

DOM 节点对象是最核心的对象,用来表示 DOM 树中的节点(node)。DOM 节点对象的属性和方法如表 6-2 所示。

表 6-2　DOM 节点对象的属性和方法

属性/方法	说明
childNodes	返回节点的所有子节点列表
nodeName	返回节点名称。元素节点返回标签名称,属性节点返回属性名,文本节点返回 text,文档节点返回#document
nodeValue	设置或返回节点值。文本节点是指文本,属性节点是指属性值
nodeType	返回节点的节点类型 id。若元素节点返回数值 1, Atribute 值返回数值 2
parentNode	返回父节点对象
firstChild	返回 childNodes 列表中的第一个子节点对象
lastChild	返回 childNodes 列表中的最后一个子节点对象
previousSibling	返回上一个兄弟节点对象。若没有,返回 null
nextSibling	返回下一个兄弟节点对象。若没有,返回 null
hasChildNode( )	返回布尔值。表示若至少有一个子节点,返回 true;否则返回 false
appendNode(node)	将节点 node 添加到 childNodes 子节点列表的末尾
insertBefore(node , [refnode])	在 childNodes 子节点列表中的 refnode 节点之前插入 node,若没有指定 refinode,则功能与 appendNode( )相同
removeChild(node)	从 childNodes 子节点列表中删除 node 节点
replaceChild(new , old)	将 childNodes 子节点列表中的 old 节点用 new 节点替换
cloneNode(deep)	将当前节点复制成一个没有父节点的新节点,返回新节点对象。deep 参数的值为布尔值。若为 true,则复制其 childNodes 中的所有子节点;若为 false,则只复制节点本身
getAttribute(name)	返回属性名为 name 的属性值。若没有指定属性,则返回 null
setAttribute(name , value)	创建或设置一个属性名为 name,值为 value 的属性
removeAttribute(name)	删除属性名为 name 的属性

（2）元素（Element）对象

DOM 元素对象是最基础的对象，用来表示 HTML 文档中任意元素。元素对象提供的属性和方法对 DOM 节点对象和 HTML 元素对象都适用。元素对象的属性和方法如表 6-3 所示。

表 6-3　元素对象的属性和方法

属性/方法	说明
all	返回元素包含的所有后代元素集合
children	返回元素包含的所有子元素列表集合
attribute	返回元素的 HTML 标签属性名（注：元素节点的 childNodes 集合不包含属性节点）
tagName	返回元素的 HTML 标签名
id,className,title	返回或设置 HTML 元素的通用属性 id,class,title
style	引用一个 Style 对象。表示 HTML 元素的内嵌样式属性 style
currentStyle	引用一个 CurrentStyle 对象，表示页面中所有样式声明（包括内嵌样式和样式表），按 CSS 层叠规则作用于 HTML 元素的最终样式
innerText	获取或设置元素标签对之间的文本
innerHTML	获取或设置元素标签对之间的所有 HTML 代码
outerHtmlt	读取时与 innerText 相同，设置时将元素节点替换为文本节点
canHaveChildren	返回一个布尔值，指示当前元素是否能够拥有子元素
enabled	获取或设置用户是否可以向该元素输入数据。主要用于表单元素
tabIndex	获取或设置 Tab 键顺序中该元素的数字索引
focus()	获取焦点
scrollIntoView（alignWithTop）	滚动包含该元素的文档，直到此元素的上边缘或下边缘与此文档窗口对齐。如果参数为 true，则对象顶部与窗口顶部对齐；若为 false，则对象底部与窗口底部对齐

（3）文档（Document）对象

在 BOM 对象中也有 Document 对象，其实在 BOM 中的 Document 对象既属于 BOM 对象，也属于 DOM 对象。而在 DOM 对象中的 Document 对象表示整个 HTML 文档对象。一个 HTML 文档也就是一个文档对象。文档对象的属性和方法如表 6-4 所示。

表 6-4　文档（Document）对象的属性和方法

属性/方法	说明
all	返回文档中所有元素对象的集合
anchors	返回文档中所有锚点对象的集合（<a name=" … ">）
forms	返回文档中所有表单对象的集合（<form>）
images	返回文档中所有图形对象的集合（<img>）
links	返回文档中所有超链接对象的集合（<a href=" …">）
styleSheets	返回文档中所有样式表对象的集合，包括嵌入的样式表（<style type="text/css">）和链接的外部样式表（<link= rel="styleSheets" type="text/ess" href=""/>）
body	返回文档中<body>元素对象的集合

续表

属性/方法	说明
documentElement	返回文档中\<html\>元素对象的集合
createElement(tag)	按照指定标签名 tag 创建一个元素节点对象,并返回该新建对象的引用。如 documentcreateElement("p")新建一个\<p\>元素
creatTexteNode(text)	以指定文本创建一个文本节点对象
getElementById(id)	获取第 1 个具有指定 id 属性的页面元素对象
getElementsByName (name)	获取具有指定名称 name 属性值的页面元素对象集合
getElementsByTagName (name)	获取具有标签名为 tag 的页面元素对象集合

（4）特定类型的 HTML 元素对象

在 BOM 对象中也为不同类型的 HTML 元素定义了相应类型的元素对象,对象名称一般是标签名称,不过首字母大写。DOM 也为这些对象提供了属性和方法,所以在 DOM 中,整个 HTML 文档元素都是对象。这些特定类型的 HTML 元素对象的属性和方法如表 6-5 所示。

表 6-5　特定类型的 HTML 元素对象的属性和方法

属性/方法	说明
meta	表示\<meta\>元素
base	表示\<base\>元素
link	表示\<link\>元素
body	表示\<body\>元素,是 HTML 文档的主体
anchor	表示\<a\>元素,即锚点元素。可以创建到另一个文档的链接或者创建文档内的标签
image	表示\<image\>元素
area	表示图像映射中的\<area\>元素。图像映射是指带有可点击区域的图像
object	表示\<object\>元素
tableCell	表示\<td\>元素
tableRow	表示\<tr\>元素
form	表示\<form\>元素
button	表示\<button\>元素
input button	表示 HTML 表单中的一个按钮,即\<input type="button"\>元素
input checkbox	表示 HTML 表单中的复选框,即\<input type="checkbox"\>元素
input fileUpload	表示 HTML 表单中的文件上传对象(\<input type="file"\>),对象中的 value 属性保存指定的文件名,当提交表单时,向服务器提交文件名和文件内容
input hidden	表示 HTML 表单中的隐藏域,即\<input type="hidden"\>元素
input password	表示 HTML 表单中的密码域,即\<input type="password"\>元素
input reset	表示 HTML 表单中的重置按钮,即\<input type="reset"\>元素

续表

属性/方法	说明
input radio	表示 HTML 表单中的单选按钮,即<input type="radio">元素
input submit	表示 HTML 表单中的提交按钮,即<input type="submit">元素
input text	表示 HTML 表单中的单行文本输入框,即<input type="text">元素
textArea	表示 HTML 表单中的单行文本输入框,即<input type="textarea">元素
select	表示<select>元素
option	表示<option>元素

4. 访问 DOM 对象

获取元素,准确来说,就是获取元素节点(注意不是属性节点或文本节点)。对于一个页面,我们想要对某个元素进行操作,就必须通过一定的方式来获取该元素,只有获取到了才能对其进行相应的操作。这跟 CSS 选择器相似,只不过选择器是 CSS 的操作方式,而 JavaScript 却有着属于自己的另一套方法。在 JavaScript 中,我们可以通过以下 6 种方式来获取指定元素。

- 用指定的 id 属性:调用 document. getElementById(id 属性值)。
- 用指定的 name 属性:调用 document. getElementsByTagName(name 属性值)。
- 用指定的标签名字:调用 document|元素对象. getElementsByName(标签名)。
- 用指定的 CSS 类名:调用 document|元素对象. getElementsByClassName(类名)。
- 用指定的 CSS 选择器:调用 document|元素对象. querySelectorAll(选择器)找出所有匹配的元素。
- 匹配指定的 CSS 选择器:调用 document|元素对象. querySelector(选择器)找出第 1 个匹配的元素。

(1)根据 id 获取元素

getElementById 方法是由 document 对象提供的用于查找元素的方法。该方法返回的是拥有指定 id 的元素,如果没有找到指定 id 的元素则返回 null,如果存在多个指定 id 的元素则返回 undefined。需要注意的是,JavaScript 中严格区分大小写,所以在书写时一定要遵守书写规范,否则程序会报错。

实际上,getElementById()类似于 CSS 中的"id 选择器",只不过 getElementById()是 JavaScript 的操作方式,而 id 选择器是 CSS 的操作。

- 语法:document. getElementById("id")。
- 功能:返回对拥有指定 ID 的第一个对象的引用。
- 返回值:DOM 对象。
- 说明:id 为 DOM 元素上 id 属性的值。

下面我们通过代码演示 document. getElementById("id")方法的使用,实例代码如下:

【例 6-1】根据 id 获取元素示例。

```
1   <body>
2       <div id="btn">欢迎光临</div>
3       <script type="text/javascript">
4           var oBtn=document.getElementById("btn");
5           console.log(oBtn);
6            console.log(typeof oBtn);
7           console.dir(oBtn);
8       </script>
9   </body>
```

上述代码中,在第 2 行定义了一个<div>标签,由于文档是从上往下加载的,所以第 3~7 行的<script>标签和 JavaScript 代码要写在第 2 行代码的下面,这样才可以正确获取到 div 元素。第 4 行代码用于获取 HTML 中 id 为 btn 的元素,并赋值给变量 oBtn。需要注意的是,id 值不能像 CSS 那样加"#",如 getElementById("#btn")是错误的。第 8 行的 console.dir()方法用来在控制台中查看对象的属性和方法。

(2)根据标签获取元素

在 JavaScript 中,如果想通过标签名来选中元素,我们可以使用 getElementsByTagName()方法来实现。getElementsByTagName,也就是"get elements by tag name"(通过标签名来获取元素)的意思。

同样地,getElementsByTagName()类似于 CSS 中的"元素选择器"。

- 语法:document.getElementsByTagName("tag")。
- 功能:返回一个对所有 tag 标签引用的集合。
- 返回值:数组。
- 说明:tag 为要获取的标签名称。

由于相同标签名的元素可能有多个,上述方法返回的不是单个元素对象,而是一个集合。这个集合是一个类数组对象,或称为伪数组,它可以像数组一样用索引来访问元素,但不能使用 push()等方法。使用 Array.isArray()也可以证明它不是一个数组。

【例 6-2】根据标签获取元素示例。

```
1    <body>
2        <h3>前端书籍</h3>
3        <ul id="listWeb">
4            <li>htmll 基础</li>
5            <li>CSS 基础</li>
6            <li>JavaScript 基础</li>
7            <li>Jquery 框架</li>
8            <li>bootStrap 框架</li>
9        </ul>
10       <h3>JAVA 书籍</h3>
```

```
11        <ul id = "listJava">
12            <li>JAVA 语言基础</li>
13            <li>三大框架</li>
14            <li>JAVA 深入浅出</li>
15        </ul>
16        <script>
17            var book = document. getElementById("listWeb"). getElementsByTagName
              ("li");
18            var num = 0;
19            for( var i = 0;i<book. length;i++){
20            alert("前端书籍第"+(i+1)+"本"+book[i]);//innerHTML 可弹出元素中
              的内容,后期会有相关知识的讲解);
21            num++;
22            }
23            alert("前端书籍总计"+num+"本");
24        </script>
25    </body>
```

【例 6-2】运行效果如图 6-3 所示。

图 6-3 根据标签获取元素示例

　　getElementsByTagName( )方法获取到的集合是动态集合,也就是说,当页面增加了
注 意 标签,这个集合中也会自动增加元素。

（3）根据 name 获取元素

通过 name 属性来获取元素应使用 document. getElementsByName( )方法,一般用于获取表单元素。Name 属性的值不要求必须是唯一的,多个元素也可以有同样的名字,如表单中的单选框和复选框。下面我们以复选框为例进行代码演示。

【例 6-3】根据 name 获取元素示例。

```
1    <html>
2    <head><meta http-equiv="Content-Type" content="text/html; charset=gb2312"/>
     </head>
3    <body>
4       <p>请选择你最喜欢的水果(多选)</p>
5       <label><input type="checkbox" name="fruit" value="苹果">苹果</input></label>
6       <label><input type="checkbox" name="fruit" value="香蕉">香蕉</input></label>
7       <label><input type="checkbox" name="fruit" value="西瓜">西瓜</input></label>
8       <script type="text/javascript">
9          var fruit=document.getElementsByName("fruit");
10         fruit[0].checked=true;
11      </script>
12   </body>
13   </html>
```

在上述代码中,getElementsByName()方法返回的一个对象集合,使用索引获取元素。fruit[0].checked 为 true,表示将 fruits 中的第 1 个元素的 checked 属性值设置为 true,表示将这一项勾选。浏览器的预览效果如图 6-4 所示。

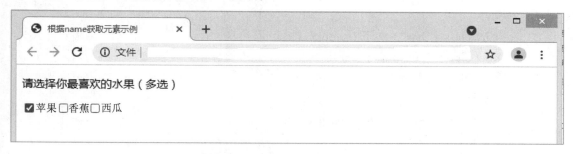

图 6-4　根据 name 获取元素示例

(4)HTML5 新增的获取方式

①根据类名获取元素

document.getElementsByClassName()方法,用于通过类名来获得某些元素集合,下面通过案例代码进行演示。

【例 6-4】根据类名获取元素示例。

```
1    <body>
2       <span class="one">英语</span><span class="two">数学</span>
3       <span class="one">计算机</span><span class="two">体育</span>
4       <script type="text/javascript">
5          var span1=document.getElementsByClassName("one"),
6             span2=document.getElementsByClassName("two");
7          span1[0].style.fontWeight="bold";
8          span1[1].style.background="red";
```

```
9      </script>
10    </body>
```

上述代码中,分别使用 getElementsByClassName( )方法获取类名为 one 和 two 的集合,并分别存储在 span1 和 span2 中。使用下标的形式,查找并设置 span1 数组中下标为 0 的对应的第 1 个元素的 fontWeight 属性为 bold,span2 数组中下标为 1 的对应的第 2 个元素的 background 属性为 red,浏览器预览效果如图 6-5 所示。

图 6-5　根据类名获取元素示例

②根据 CSS 选择器获取元素

querySelector( )方法用于返回指定选择器的第一个元素对象。querySelectorAll( )方法用于返回指定选择器的所有元素对象集合。下面通过案例代码进行演示。

【例 6-5】querySelector( )和 querySelectorAll( )示例。

```
1     <body>
2         <div class = "box">盒子 1</div>
3         <div class = "box">盒子 2</div>
4         <div id = "nav">
5           <ul>
6               <li>首页</li><li>商品页</li>
7           </ul>
8         </div>
9         <script type = "text/javascript">
10            var firstbox = document. querySelector(". box");
11            console. log(firstbox);       //获取 class 为 box 的第 1 个 div
12            var nav = document. querySelector("#nav");
13            console. log(nav);        //获取 id 为 nav 的第 1 个 div
14            var li = document. querySelector("li");
15            console. log(li);        //获取匹配到的第 1 个 li
16            var allBox = document. querySelectorAll(". box");
17            console. log(allBox);        //获取 class 为 box 的所有 div
18            var lis = document. querySelectorAll("li");
19            console. log(lis);        //获取匹配到的所有 li
20        </script>
21    </body>
```

从上述代码可以看出,在利用 querySelector()和 querySelectorAll()方法获取操作的元素时,直接书写标签名或 CSS 选择器名称即可。根据类名获取元素时在类名前面加上". ",根据 id 获取元素时在 id 前面加上"#"。最后控制台的输出结果如图 6-6 所示。

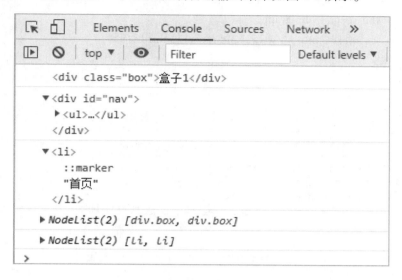

图 6-6　通过 CSS 选择器获取元素

5. 操纵 DOM 对象

在 JavaScript 中,DOM 操纵可以改变网页内容、结构和样式。接下来我们将会讲解如何利用 DOM 操作元素的对象属性,改变元素的内容、属性和样式。

1)操作元素的内容

在 JavaScript 中,想要操作元素内容,首先要获取到该元素。前面已经讲解了获取元素的几种方式,在本小节中我们将利用 DOM 提供的属性实现对元素内容的操作。其中常用的属性如表 6-6 所示。

表 6-6　操作元素内容的常用属性

属性	说明
element. innerHTML	设置或返回元素开始和结束标签之间的 HTML,包括 HTML 标签,同时保留空格和换行
element. innerText	设置或返回元素的文本内容,在返回的时候会去除 HTML 标签和多余的空格、换行,在设置的时候会进行特殊字符转义
element. innerContent	设置或返回指定节点的文本内容,同时保留空格和换行

表 6-6 中的属性在使用时有一定的区别,innerHTML 在使用时会保持编写的格式以及标签样式;而 innerText 则会去掉所有格式以及标签的纯文本内容;textContent 属性在去掉标签后会保留文本格式:

接下来通过一个案例进行演示。分别利用 innerHTML、innerText、textContent 属性在控制台输出一段 HTML 文本,示例代码如下。

【例 6-6】操作元素的内容示例。

```
1    <div id="box">
2        the first paragraph...
3        <p>
4            the second paragraph...
5            <a href="http://www.baidu.com">third</a>
6        </p>
7    </div>
```

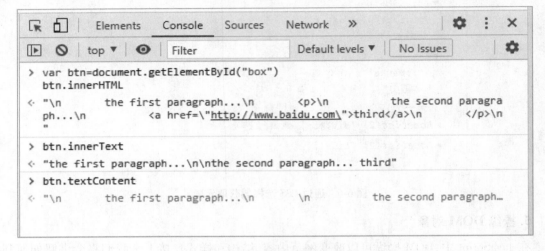

图 6-7　操作元素内容示例

【案例 6-1】古文推荐排行

- 案例描述

本案例要求在原有书籍信息前添加文本信息"第 * 名"进行古文推荐排名,并将单行信息设置为红色字体。

- 案例分析

①先获取到列表对象;

②再获取到列表里面的所有列表项;

③给每个列表项添加内容;

④将定义好的 class 属性添加给列表的奇数项。

- 实现代码

```
1    <head>
2        <meta http-equiv="Content-Type" content="text/html; charset=gb2312"/>
3        <title>案例 6-1 innerHTML</title>
4        <style type="text/css">
5            .red{color:red;}
6        </style>
7    </head>
```

```
8    <body>
9      <h3>古文推荐</h3>
10    <ul>
11        <li>西游记</li><li>红楼梦</li><li>三国演义</li><li>聊斋志异</li>
12        <li>论语</li><li>孟子</li><li>中庸</li><li>大学</li>
13    </ul>
14    <script>
15    var li = document. getElementsByTagName("li");
16    for( var i = 0;i<li. length;i++) {
17        if( i%2 = =0) {
18          li[i]. className = "red";    }
19        li[i]. innerHTML = "第"+(i+1)+"名"+li[i]. innerHTML;
20    }
21    </script>
22    </body>
```

浏览器预览效果如图 6-8 所示。

图 6-8　古文推荐排行

2)操作元素的属性

在 DOM 中,HTML 属性操作是指使用 JavaScript 来操作一个元素的 HTML 属性。一个元素包含很多的属性,例如,对于一个 img 图片元素来说,我们可以操作它的 attribute 属性等或者对于 input 元素来说,我们可以操作它的 disabled、checked、selected 属性等。接下来以案例的形式讲解如何操作常用元素属性及表单元素属性。

(1)img 元素的属性操作

这里我们以单击按钮操作 img 元素属性为例进行代码演示,示例代码如下:

【例 6-7】img 元素的属性操作示例。

```
1    <body>
2      <button id = "city">城市</button>
3      <img src = "image/dalian1. jpg" alt = "" title = "大连"/>
4    <script type = "text/javascript">
```

```
5      //1. 获取元素
6         var Ocity = document. getElementById("city");
7         var img = document. querySelector("img");
8      //2. 注册事件处理程序
9         Ocity. onclick = function(){
10            img. src = "image/dalian2. jpg";
11            img. title = "城市风景";
12         }
13      </script>
14   </body>
```

上述代码中,第 6~7 行通过 querySelector( )等方法获取元素。第 9~12 行代码为 Ocity 事件源添加 onclick 事件。在处理程序中,通过"元素对象. 属性名"来获取属性的值,通过"元素对象. 属性名=值"的方式设置图片的 src 和 title 属性。

(2)表单 input 元素的属性操作

这里我们以单击按钮操作 input 表单属性为例进行代码演示,示例代码如下:

【例 6-8】表单 input 元素的属性操作示例。

```
1    <body>
2       <button>按钮</button>
3       <input type = "text" alt = ""  value = "输入内容">
4    <script type = "text/javascript">
5       //1. 获取元素
6          var btn = document. querySelector("button");
7          var input = document. querySelector("input");
8       //2. 注册事件处理程序
9          btn. onclick = function(){
10             input. value = "被点击了!";
11             this. disabled = true;
12          }
13       </script>
14    </body>
```

上述代码中,第 6~7 行通过 querySelector( )方法获取元素,第 9~12 行代码为 btn 添加 onclick 事件。在处理程序中,通过"元素对象. 属性名=值"的方式设置 input 文本框的 disabled 进而 value 属性。最后结果为,当单击按钮后,input 的文本内容变成"被点击了!"。

【案例 6-2】显示隐藏密钥明文

● 案例描述

在登录页面,为了优化用户体验,方便用户进行密码输入,在设计密码框时,可添加一个"显示隐藏"图片,充当按钮功能,单击可以切换按钮的状态,控制密码的显示和隐藏。浏览器预览效果如图 6-9 和图 6-10 所示。

图 6-9　隐藏密码　　　　　　　　　　　　　　　图 6-10　显示密码

● 案例分析

①准备一个父盒子 div。

②在父盒子中放入两个子元素,一个 input 元素和一个 img 元素。

③单击"显示隐藏"图片切换 input 的 type 值(text 和 password)。

● 实现代码

```
1   <body>
2       <div class="box">
3               <input type="password" name="" id="pwd">
4           <label for="">
5               <img src=image/lock.png alt="" id="lockUp"/>
6           </label>
7       </div>
8       <script>
9           //1.获取元素
10           var pwd=document.getElementById("pwd");
11          var lockUp =document.getElementById("lockUp");
12          //2.注册事件处理程序
13          var flag=0;
14          lockUp.onclick=function(){
15              //每次单击,修改flag的值
16              if(flag==0){
17                  pwd.type="text";
18                  lockUp.src="image/unlock.png";
19                  flag=1;
20              }else{
21                  pwd.type="password";
22                  lockUp.src="image/lock.png";
23                  flag=0; }
24          }
```

```
25      </script>
26      </body>
```

上述代码中,第 10、11 行代码获取了文本框元素和按钮元素。第 13 代码声明了一个全局变量 flag,来记录 type 的状态。第 14 行给 lockUP 按钮元素添加了 onclick 单击事件。第 16~24 行代码使用 if 判断语句,根据 flag 的值来改变 type 和 src 的值,当密码隐藏时,单击"显示隐藏"图片,密码隐藏。

(3)HTML 的属性操作(对象方法)

为了操作 HTML 元素的属性,JavaScript 提供了四种方法。

- getAttribute( )
- setAttribute( )
- removeAttribute( )
- hasAttribute( )

①DOM 属性获取——getAttribute( )

在 JavaScript 中,我们可以使用 getAttribute( )方法来获取元素的某个属性的值。

- 语法:ele. getAttribute("attribute")
- 功能:获取 ele 元素的 attribute 属性。
- 说明:ele 是元素名,attribute 是属性名。getAttribute( )方法只有一个参数。

下面两种获取属性值的形式是等价的。
- obj. getAttribute("attr")

注 意
- obj. attr

【例 6-9】获取固定属性示例。

```
1    <head>
2        <meta http-equiv="Content-Type" content="text/html; charset=gb2312"/>
3        <title>获取固定属性示例</title>
4        <script type="text/javascript">
5        window. onload=function( ){
6            var btn=document. getElementById("btn");
7          btn. onclick=function( ){
8              alert(btn. getAttribute("id"));}
9          }
10       </script>
11   </head>
12   <body>
13       <input id="btn" class="myBtn" type="button" value="获取"/>
14   </body>
```

图 6-11　获取固定属性示例

 注意　　　如果进行自定义属性定义,使用 obj. attr(对象属性方式)是无法实现的,只能用 getAttribute("attr")(对象方法方式)来实现。

②DOM 属性设置——setAttribute( )

在 JavaScript 中,我们可以使用 setAttribute( )方法来设置元素的某个属性的值。

- 语法:ele. setAttribute("attribute",value)
- 功能:在 ele 元素上设置属性。
- 说明:ele 是要操作的 dom 对象,attribute 为要设置的属性名,value 为设置的 attribute 属性的值。

注意　　　• 需要注意的是:　1. setAttribute 方法必须要有两个参数;
　　　　　　　　　　　　　　2. 如果 value 是字符串,需加引号;
　　　　　　　　　　　　　　3. setAttribute( )有兼容性问题。

【案例 6-3】网络游戏排名

- 案例描述

本案例要求使用 setAttribute( )属性给网络游戏列表项的奇数项和偶数项分别添加样式,其中奇数项的样式是紫色字体和粉色背景,偶数项的样式是黄色字体和橙色背景。

- 案例分析

①通过标签名获取元素的方式先得到列表对象。

②利用元素添加指定属性的方法给列表项的奇数和偶数项分别添加样式。

- 实现代码

```
1   <head>
2   <meta http-equiv="Content-Type" content="text/html; charset=gb2312"/>
3   <title>案例 6-3 网络游戏排名</title>
4   <style type="text/css">
5       #purple{color:purple;}
6       #yellow{color:lightyellow;}
7       . pink{background-color:pink;}
8       . orange{background-color:orange;}
9   </style>
```

```
10    </head>
11    <body>
12        <h2>网络游戏排名</h2>
13        <ul>
14          <li>英雄联盟</li><li>魔兽世界</li><li>DOTA</li>
15          <li>仙剑奇侠传</li><li>穿越火线</li><li>梦幻西游</li>
16        </ul>
17    <script type="text/javascript">
18        var list = document.getElementsByTagName("li");
19        for (var i = 0; i < list.length; i++) {
20          if (i % 2 == 0) {
21            list[i].setAttribute("id","purple");
22             list[i].setAttribute("class", "pink"); //等价于 list[i].className="pink";
23            } else {
24            list[i].setAttribute("id", "yellow");
25             list[i].setAttribute("class", "orange");}          //等价于 list[i].className
                                                                     ="orange";
26          }
27    </script>
28    </body>
```

浏览器预览效果如图 6-12 所示。

图 6-12　网络游戏排名

（3）DOM 属性删除——removeAttribute( )

在 JavaScript 中，我们可以使用 removeAttribute( )方法来删除元素的某个属性。

- 语法：ele. removeAttribute("attribute")。
- 功能：删除 ele 上的 attribute 属性。
- 说明：ele 是要操作的 dom 对象,attribute 是要删除的属性名称。

【例 6-10】DOM 属性删除示例。

```
1    <head>
2      <meta http-equiv="Content-Type" content="text/html; charset=gb2312"/>
3      <title>DOM 属性删除示例</title>
4      <style type="text/css">
5        . main{color:red;font-weight:bold;}
6      </style>
7      <script type="text/javascript">
8      window. onload=function(){
9        var btn=document. getElementsByTagName("p");
10         btn[0]. onclick=function(){
11           btn[0]. removeAttribute("class");
12         }
13       }
14     </script>
15   </head>
16   <body>
17     <p class="main">Web 前端开发</p>
18   </body>
```

这里使用 getElementsByTagName()方法来获取 p 元素,然后为 p 添加一个点击事件。在点击事件中,我们使用 removeAtribute()方法来删除 class 属性。

(4)DOM 属性判断——hasAttribute()

在 JavaScript 中,我们可以使用 hasAttribute()方法来判断元素是否含有某个属性。

- 语法:ele. hasAttribute("attribute")。
- 功能:查找 ele 是否含有 attribute 属性。
- 说明:hasAttribute()方法返回一个布尔值,如果包含该属性,则返回 true。如果不包含该属性,则返回 false。

实际上我们直接使用 removeAttribute()删除元素的属性是不太正确的,比较严谨的做法是先用 hasAttribute()判断这个属性是否存在,如果存在了才去删除。

【例 6-11】DOM 属性判断示例。

```
1    <head>
2      <meta http-equiv="Content-Type" content="text/html; charset=gb2312"/>
3      <title>DOM 属性判断示例</title>
4      <style type="text/css">
5        . main{color:red;font-weight:bold;}
6      </style>
7      <script type="text/javascript">
8      window. onload=function(){
```

```
9          var btn = document. getElementsByTagName("p");
10             if(btn[0]. hasAttribute("class")){
11                 btn[0]. onclick = function(){
12                     btn[0]. removeAttribute("class");
13                 }
14             }
15         }
16     </script>
17 </head>
18 <body>
19     <p class = "main">Web 前端开发</p>
20 </body>
```

(4)className 的属性操作

在 JavaScript 中,我们可以使用 className 设置或返回元素的 class 属性。

- 语法:ele. className。
- 功能:返回 ele 元素的 class 属性。
- 语法:ele. className = "cls"。
- 功能:设置 ele 元素的 class 属性为 cls。

ele. className 是重新设置类,替换元素本身的 class。

注 意

【例 6-12】在文档中设置 Dom 的 className 属性示例。

```
1  <head>
2      <meta http-equiv = "Content-Type"  content = "text/html; charset = gb2312"/>
3      <title>在文档中设置 Dom 的 className 属性示例</title>
4          <style>
5          . on{border-bottom:1px solid #0f0;}
6          . current{background:#ccc;color:#f00;}    //灰色背景 红色字体
7      </style>
8  </head>
9  <body>
10     <div class = "box"  id = "box">元素 1</div>
11     <ul id = "list">
12         <li><i>web design</i></li>
13         <li class = "on"><b>web server design</b></li>
14         <li>UI design</li>
15     </ul>
```

```
16      <script>
17        //1 innerHTML 属性(获取和设置标签之间的文本和 html 内容)
18          var lis=document. getElementById( "list" ) . getElementsByTagName( "li" ) ;
19          for( var i=0,len=lis. length;i<len;i++) {
20            lis[ i ] . innerHTML+=´ programming´;
21          }
22      //2 className 属性(设置 DOM 元素的类属性)
23        //设置类
24          lis[ 1 ] . className = "current" ;
25        //获取类
26          console. log( document. getElementById( "box" ) . className ) ;
27      </script>
28    </body>
```

【例 6-12】运行效果如图 6-13 所示。

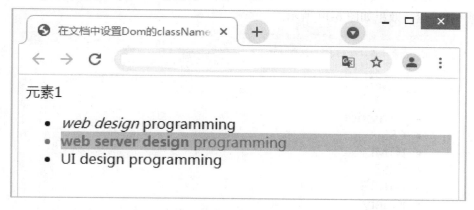

图 6-13　在文档中设置 Dom 的 className 属性示例

3)操作元素的样式

- 语法:ele. style. styleName=styleValue。
- 功能:设置 ele 元素的 CSS 样式。
- 说明:ele 为要设置样式的 DOM 对象,styleName 为要设置的样式名称,styleValue 为设置的样式值。

【例 6-13】元素样式设置(奇数行列表背景色)示例。

```
1    <head>
2      <meta http-equiv = " Content-Type"  content = " text/html ;  charset = gb2312" />
3      <title>元素样式设置(奇数行列表背景色)示例</title>
4    </head>
5  <body>
6  <ul  id = " list" >
7    <li>Javascript</li><li>CSS</li><li>HTML</li><li>CSS3</li>
```

```
8        <li>HTML5</li><li>jQuery</li><li>Bootstrap</li><li>WebApp</li>
9    </ul>
10   <script>
11       var list = document.getElementById('list');
12       var listMenu = list.getElementsByTagName('li');
13       for(var i = 0, len = listMenu.length; i<len; i++){
14          if(i % 2 = =0){
15              listMenu[i].style.backgroundColor = 'yellow';
16          }
17       }
18    </script>
19   </body>
20   </html>
```

在文档中设置 ele 元素的 CSS 样式,实现列表各行换色的效果。

【例 6-13】运行效果如图 6-14 所示。

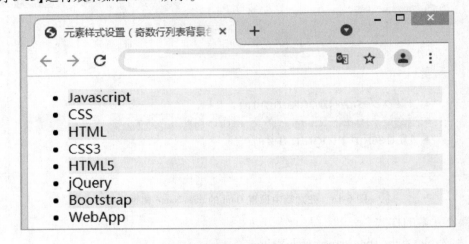

图 6-14　元素样式设置(奇数行列表背景色)示例

6. DOM 节点

　　DOM 节点指的是 DOM 中为操作 HTML 文档提供的属性和方法,其中文档(document)表示 HTML 文件。文档中的标记称为元素(element);文档中的所有内容称为节点(node)。因此,一个 HTML 文件可以看作所有元素组成的一个节点树,各元素节点之间有级别的划分。

　　1)DOM 分层

　　文档对象模型采用的分层结构为树形结构,以树节点的方式表示文档中的各种内容。下面以一个简单的 HTML 文档来说明,代码如下:

```
1    <html>
2      <head>
3        <title>标题内容</title>
```

```
4      </head>
5      <body>
6          <h3>三级标题</h3>
7          <b>加粗内容</b>
8      </body>
9  </html>
```

以上文档可以使用图 6-15 对 DOM 的层次结构进行说明。通过该图可以看出,在文档对象模型中,每个对象都可以称为一个节点。下面将介绍几个有关节点的概念:

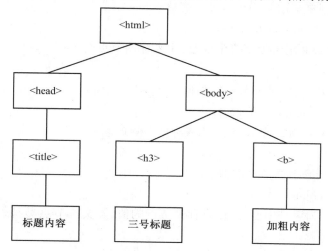

图 6-15　文档的层次结构

- 根节点:在最顶层的<html>节点,称为根节点。
- 父节点:一个节点之上的节点,称为该节点的父节点(parent)。例如,<html>是<head>和<body>的父节点,<head>是<title>的父节点。
- 子节点:一个节点之下的节点,称为该节点的子节点。例如,<head>和<body>是<html>的子节点,<title> 是<head>的子节点。
- 兄弟节点:如果多个节点位于同一层次,并拥有相同的父节点,这几个节点就称为兄弟节点(sibling)。例如,<head>和<body>是兄弟节点,<h3>和<b>也是兄弟节点。
- 后代:一个节点的子节点的集合,称为该节点的后代(descendant)。例如,<head>和<body>是<html>的后代,<h3>和<b>是<body>的后代。
- 叶子节点:在树形结构最底部的节点称为叶子节点。例如,"标题内容""三号标题""加粗内容"都是叶子节点。

在了解节点后,下面将介绍文档模型中节点的 3 种类型。

- 元素节点:在 HTML 中,<body>、<p>、<a>等一系列标记是这个文档的元素节点。元素节点组成了文档模型的语义逻辑结构。
- 文本节点:包含在元素节点中的内容部分,如<p>标记中的文本等。一般情况下,不为空的文本节点都是可见并呈现于浏览器中的。
- 属性节点:元素节点的属性,如<a>标记的 href 属性与 title 属性等。一般情况下,大部分属性节点都是隐藏在浏览器背后,并且是不可见的。属性节点总是被包含于元素节点当中。

2) DOM 对象节点属性

在 DOM 中通过使用节点属性可以查询出各节点的名称、类型、节点值、子节点和兄弟节点等。

使用 getElementById( )方法可以访问指定的 id 节点,使用 nodeName 属性、nodeType 属性和 nodeValue 属性可以显示出该节点的名称、节点类型和节点的值。

①nodeName 属性

nodeName 属性用来获取某一个节点的名称。

- 语法:[sName =]obj. nodeName。
- 参数说明:sName 用于为字符串变量,用来存储节点的名称。

②nodeType 属性

nodeType 属性用来获取某个节点的类型。

- 语法:[sType =]obj. nodeType。
- 参数说明:sType 为字符串变量,用来存储节点的名称。

③nodeValue 属性

nodeValue 属性用来返回节点的值。

- 语法:[txt =]obj. nodeValue。
- 参数说明:txt 为字符串变量,用来存储节点的值,除文本节点类型外,其他类型的节点值都为 null。

【例 6-14】访问指定节点示例。

```
1   <body id="b1">
2       <h3>三号标题</h3>
3       <b>加粗内容</b>
4       <script>
5           var btn=document. getElementById("b1");        //访问 id 为 b1 的节点
6           var str;
7           str="节点名称:"+btn. nodeName+"\n";              //获取节点名称
8           str+="节点类型:"+btn. nodeType+"\n";             //获取节点类型
9           str+="节点值:"+btn. nodeValue+"\n";              //获取节点值
10      alert(str);
11      </script>
12   </body>
```

本实例在页面弹出的提示框中显示了指定节点的名称、节点的类型和节点的值,如图 6-16 所示。

3) 遍历文档树

遍历文档树通过使用 parentNode 属性、firstChild 属性、lastChild 属性、previousSibling 属性和 nextSibling 属性来实现。

图 6-16　访问指定节点示例

（1）parentNode 属性

parentNode 属性用于返回当前节点的父节点。

- 语法：[pNode =]obj. parentNode。
- 参数说明：pNode 用来存储父节点。如果不存在父节点,将返回 null。

（2）firstChild 属性

firstChild 属性用于返回当前节点的第一个子节点。

- 语法：[cNode =]obj. firstChild。
- 参数说明：cNode 用来存储第一个子节点。如果不存在,将返回 null。

（3）lastChild 属性

lastChild 属性用于返回当前节点最后一个子节点。

- 语法：[cNode =]obj. lastChild。
- 参数说明：cNode 用来存储最后一个子节点。如果不存在,将返回 null。

（4）previousSibling 属性

previousSibling 属性用于返回当前节点的前一个兄弟节点。

- 语法：[sNode =]obj. previousSibling。
- 参数说明：sNode 用来存储前一个兄弟节点。如果不存在,将返回 null。

（5）nextSibling 属性

nextSibling 属性用于返回当前节点的后一个兄弟节点。

- 语法：[sNode =]obj. nextSibling。
- 参数说明：sNode 用来存储后一个兄弟节点。如果不存在,将返回 null。

【例 6-15】根据节点的层次关系访问节点示例。

```
1   <section id = "news"><header>京东头条<a href = "#">更多 </a></header><ul><li><a
    href = "#">鼠标满 300 减 30</a></li><li><a href = "#">京东生鲜极速达</a></li>
    <li><a href = "#">99 元抢平板！品牌秒杀</a></li><li><a href = "#">格力节能领跑
    京东优惠购物节</a></li><li><a href = "#">苏泊尔电器大促满 199-100</a></li>
    </ul></section>
```

```
2    <script>
3    var obj=document. getElementById( "news" ) ;
4    var str  =obj. lastChild. firstChild. nextSibling. nextSibling. innerHTML;
5    alert( str ) ;
6    </script>
```

【例 6-15】运行效果如图 6-17 所示。

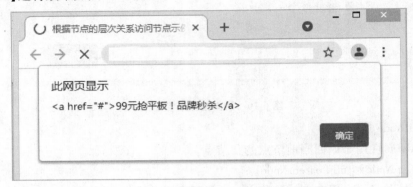

图 6-17　根据节点的层次关系访问节点示例

4）DOM 节点的操作

（1）创建节点

①创建新节点

创建新节点的过程如下，先使用文档对象的 createElement( )方法和 createTextNode( )方法生成一个新元素，并生成文本节点，再通过使用 appendChild( )方法将创建的新节点添加到当前节点的末尾处。

appendChild( )方法用于将新的子节点添加到当前节点的末尾处。

- 语法：obj. appendChild(newChild)
- 参数说明：表示新的子节点。

【例 6-16】创建新节点示例。

```
1    <body onload = " createChild( )" >
2      <script>
3      function createChild( ) {
4          var b=document. createElement( "b" ) ;              //创建新生成的节点元素
5          var txt =document. createTextNode( "创建新节点！" ) ;  //创建节点文本
6          //将新节点 b 添加到页面上
7          b. appendChild( txt ) ;
8          document. body. appendChild( b ) ;
9      }
10     </script>
11   </body>
```

本实例在页面加载后会自动显示"创建新节点！"文本内容，并通过<b>标记将该文本加粗,如图 6-18 所示。

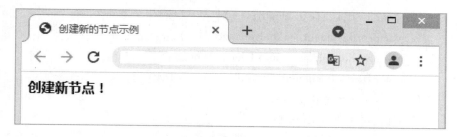

图 6-18　创建新节点示例

②创建多个节点

创建多个节点时,先通过循环语句,利用 createElement( )方法和 createTextNode( )方法生成新元素,并生成文本节点,再通过使用 appendChild( )方法将创建的新节点添加到页面上。

【例 6-17】创建多个节点示例一。

```
1    <body onload = "createMultiChild( )" >
2      <script>
3        function createMultiChild( ) {
4            var aText = [ "第一个节点" ,"第二个节点" ,"第三个节点" ,"第四个节点" ,"
             第五个节点" ] ;
5            for( var i = 0 ;i < aText. length ;i++ ) {
6                var p = document. createElement( "p" ) ;       //创建新生成的节点元素
7                var cTtext = document. createTextNode( aText[ i ] ) ;  //创建节点文本
8                //将新节点添加到页面上
9                p. appendChild( cTtext ) ;
10                 document. body. appendChild( p ) ;
11             }
12        }
13     </script>
14   </body>
```

本实例在页面加载后,自动创建多个<p>节点,并在每个节点中显示不同的文本内容,如图 6-19 所示。

例 6-17 中,使用循环语句,通过使用 appendChild( )方法,将节点添加到页面中。由于 appendChild( )方法在每次添加新的节点时都会刷新页面,使浏览器显得十分缓慢。这里可以通过使用 createDocumentFragment( )方法来解决这个问题。该方法用来创建文件碎片节点。

【例 6-18】创建多个节点示例二。

```
1    <body onload = "createMultiChild( )" >
2      <script>
3        function createMultiChild( ) {
4            var aText = [ "第一个节点" ,"第二个节点" ,"第三个节点" ,"第四个节点" ,"
             第五个节点" ] ;
```

```
5          var cdf = document. createDocumentFragment( );   //创建文件碎片节点
6          for( var i = 0;i<aText. length;i++){        //遍历节点
7              var ce = document. createElement( "b" );
8              var cb = document. createElement( "br" );
9              var cTtext = document. createTextNode( aText[ i] );
10             ce. appendChild( cTtext);
11             cdf. appendChild( ce);
12             cdf. appendChild( cb);
13          }
14          document. body. appendChild( cdf);
15       }
16    </script>
17  </body>
```

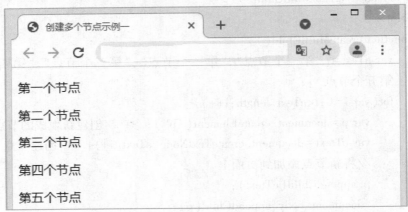

图 6-19　创建多个节点示例一

本实例用 createDocumentFragment( )方法以只刷新一次页面的形式在页面中动态添加多个<b>节点,并在每个节点中显示不同的文本内容,如图 6-20 所示。

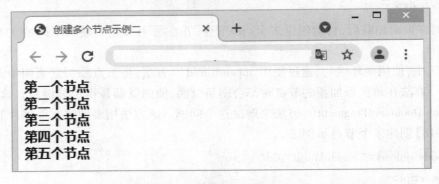

图 6-20　创建多个节点示例二

(2)插入节点

插入节点通过 insertBefore( )方法来实现,该方法将新的子节点添加到指定子节点的前面。
- 语法：obj. InsertBefore(new , ref)
- 参数说明：ref 指定一个节点，在这个节点前插入新的节点。

【例 6-19】插入节点示例。

```
1   <body>
2     <script>
3       function crNode( str) {
4         var newP = document. createElement("p");   //创建节点
5         var newTxt = document. createTextNode( str) ;
6         newP. appendChild( newTxt) ;
7         return newP ;
8       }
9       function insertNode( nodeId , str) {            //插入节点
10        var node = document. getElementById( nodeId) ;
11        var newNode = crNode( str) ;
12        if( node. parentNode) ;
13        node. parentNode. insertBefore( newNode , node) ;
14      }
15    </script>
16    <h2 id = "h">在上面插入节点</h2>
17    <form id = "frm"  name = "frm">
18      输入文本:<input type = "text"  name = "txt"/>
19      <input type = "button"  value = "前插入"  onclick = "insertNode( ´h´,document. frm.
      txt. value) ;"/>
20    </form>
21  </body>
```

本实例在页面的文本框中输入需要插入的文本，如 df ，然后通过单击"前插入"按钮将文本插入页面中，如图 6-21 和图 6-22 所示。

图 6-21　插入节点前

图 6-22　插入节点后

（3）复制节点

使用 cloneNode（）方法可以复制节点。

- 语法：obj. cloneNode（deep）
- 参数说明：deep 表示该参数是一个 Boolean 值，用于设置是深度复制还是简单复制。深度复制是将当前节点的所有子节点全部复制，简单复制只复制当前节点，不复制其子节点。当值为 true 时，表示深度复制；当值为 false 时，表示简单复制。

【例 6-20】复制节点示例。

```
1   <head>
2     <meta http-equiv="Content-Type" content="text/html; charset=gb2312"/>
3     <title>复制节点示例</title>
4     <script>
5     function addRow(bl) {
6         var sel=document. getElementById("sexType") ;   //访问节点
7         var newSelect=sel. cloneNode(bl) ;              //复制节点
8         var b=document. createElement("br") ;           //创建节点元素
9         di. appendChild(newSelect) ;                    //将新节点添加到当前节点的末尾
10        di. appendChild(b) ;}
11    </script>
12  </head>
13  <body>
14    <form>
15      <hr/>
16      <select id="sexType" name=""sexType">
17        <option value="%">请选择性别</option>
18        <option value="0">男</option>
19        <option value="1">女</option>
20      </select>
21      <hr/>
22      <div id="di"></div>
23      <input type="button" value="复制" onclick="addRow(false)"/>
24      <input type="button" value="深度复制" onclick="addRow(true)"/>
```

```
25        </form>
26    </body>
```

本实例在页面中显示了一个下拉列表框和两个按钮,如图 6-23 所示。单击"复制"按钮时,只复制了一个新的下拉列表框,并未复制其选项,如图 6-24 所示;单击"深度复制"按钮时,将会复制一个新的下拉列表框,并包含其选项,如图 6-25 所示。

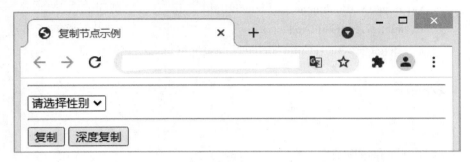

图 6-23　复制节点前

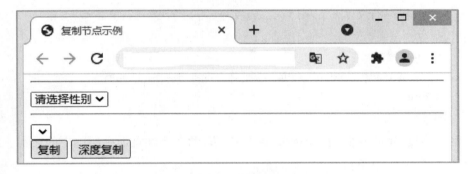

图 6-24　普通复制后

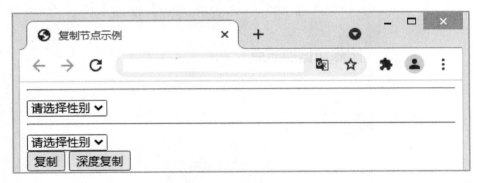

图 6-25　深度复制后

(4) 删除与替换节点

① 删除节点

使用 removeChild( )方法可以删除节点。该方法常用来删除某个子节点。

- 语法:obj. removeChild(oldChild)。
- 参数说明:oldChild 表示需要删除的节点。

【例 6-21】删除节点示例。

```
1    <head>
2      <meta http-equiv="Content-Type" content="text/html; charset=gb2312"/>
3      <title>删除点示例</title>
4      <script>
5       function delNode(){
6          var deleteN=document.getElementById("di");    //访问节点
7          if(deleteN.hasChildNodes()){                          //判断是否有子节点
8             deleteN.removeChild(deleteN.lastChild);    //删除节点
9          }}
10     </script>
11   </head>
12   <body>
13     <h1>删除和替换节点</h1>
14     <div id="di">
15       <p>第一行文本</p><p>第二行文本</p><p>第三行文本</p>
16     </div>
17     <form>
18       <input type="button" value="删除" onclick="delNode();"/>
19     </form>
20   </body>
```

本实例将通过 DOM 对象的 removeChild( )方法,动态删除页面中所选中的文本。运行结果如图 6-26 和图 6-27 所示。

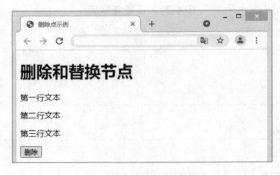

图 6-26　删除节点前

②替换节点

使用 replaceChild( )方法可以替换节点。该方法用来将旧的节点替换成新的节点。

- 语法:obj.replaceChild(new,old)。
- 参数说明:new 表示替换后的新节点,old 表示被替换的旧节点。

图 6-27　删除节点后

【例 6-22】替换节点示例。

```
1   <head>
2       <meta http-equiv="Content-Type" content="text/html; charset=gb2312"/>
3       <title>替换节点示例</title>
4       <script>
5       function repN(str,bj){
6           var rep=document.getElementById("b1");          //访问节点
7           if(rep){
8               var newNode=document.createElement(bj);     //创建节点元素
9               newNode.id="b1";
10              var newText=document.createTextNode(str);    //创建文本节点
11              newNode.appendChild(newText);  //将新节点添加到当前节点的末尾
12              rep.parentNode.replaceChild(newNode,rep);} } //替换节点
13      </script>
14  </head>
15  <body>
16      <b id="b1">可以替换文本内容</b><br/>
17      输入标记:<input id="bj" type="text" size="15"/><br/>
18      输入文本:<input id="txt" type="text" size="15"/><br/>
19      <input type="button" value="替换" onclick="repN(txt.value,bj.value);"/>
20  </body>
```

本实例在页面中输入替换后的标记和文本,如图 6-28 所示,单击"替换"按钮将原来的文本和标记替换成为新的文本和标记,如图 6-29 所示。

图 6-28　替换节点前

图 6-29 替换节点后

 提 示 虽然节点的元素属性可以修改，但元素不能直接修改。如果要进行修改，应当改变节点本身。

（二）BOM 对象

1. 认识 BOM

浏览器对象模型（Browser Object Model，BOM）主要用于访问和操纵浏览器窗口。BOM 主要是由一系列的浏览器对象组成。这一系列的浏览器对象被称为 BOM 对象体系。BOM 对象体系如图 6-30 所示。

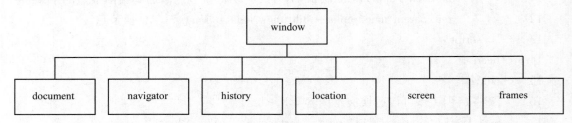

图 6-30　BOM 对象体系

BOM 对象的具体功能如表 6-7 所示。

表 6-7　BOM 对象的具体功能

对象	说明
window	BOM 的最顶层对象，表示浏览器窗口
document	文档对象，用来管理 HTML 文档，可以用来访问页面中元素
history	表示浏览器的浏览历史，也就是用户访问过的站点列表
location	表示在浏览器的地址栏中输入的 URL 地址
navigator	客户端浏览器的信息
screen	客户端显示屏的信息
frames	浏览器的框架对象，用来管理浏览器的框架。frames 对象是一个集合，如 frames[0]表示第 1 个框架

在 BOM 对象的层次体系中,window 位于顶层,可以使用标识符 window 直接访问下层对象,如下代码所示。

```
window. document. write("hello!");
```

因为 window 是顶层对象,在平时写代码时,window 是可以省略的,如上述代码可以直接写成如下所示语句。

```
document. write("hello!");
```

下面章节中将主要介绍 window 对象、location 对象、history 对象、screen 对象和 navigator 对象,其他的 BOM 对象请参考相关文档了解。

2. window 对象

window 对象是浏览器窗口对文档提供的一个现实的容器,代表打开的浏览器窗口,是每一个加载文档的父对象。window 是浏览器的一个实例,在浏览器中,window 对象有双重角色,它既是通过 JavaScript 访问浏览器窗口的一个接口,又是 ECMAScript 规定的 Global 对象。

1)window 对象的全局性

全局变量即脚本的任何一个地方都能调用的变量,所有的全局变量和全局方法都被归在 window 上。

全局变量和全局函数定义的基本语法如图 6-31 和图 6-32 所示。

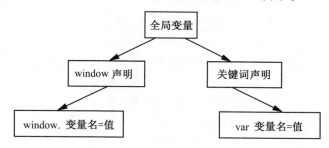

图 6-31　BOM 全局变量

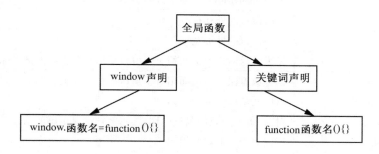

图 6-32　全局函数

【例 6-23】window 对象(全局对象)示例。

```
1  <body>
2    <script>
3      var a="我是全局变量";              //声明全局变量
```

```
4          alert(a);
5          window.b="我也是全局变量";//声明全局变量
6          alert(b);
7          window.sayName=function(){ //声明全局函数
8              document.write(this.b+"方法");//在 window 下找 b
9          }
10         sayName(); //调用函数
11     </script>
12 </body>
```

2) window 对象的属性

顶层 window 对象是所有其他子对象的父对象,它出现在每一个页面中,并且可以在单个 JavaScript 应用程序中被多次使用。

为了便于读者学习,本节将 window 对象中的属性以表格的形式进行详细说明,如表 6-8 所示。

表 6-8　window 对象的属性

属性	说明
closed	返回窗口是否已被关闭
defaultStatus	设置或返回窗口状态栏的默认文本
document	对 document 对象的引用,表示窗口中的文档
history	对 history 对象的引用,表示窗口的浏览历史
innerheight	返回窗口的文档显示区的高度
innerwidth	返回窗口的文档显示区的宽度
location	客户端显示屏的信息
name	设置或返回窗口的名称
navigator	对 location 对象的引用,表示在浏览器窗口的地址栏中输入的 URL
opener	返回对创建此窗口的窗口的引用
outerheight	返回窗口的外部高度
outerwidth	返回窗口的外部宽度
pageXOffset	设置或返回当前页面相对于窗口显示区左上角的 x 坐标
pageYOffset	设置或返回当前页面相对于窗口显示区左上角的 y 坐标
parent	返回父窗口
screen	对 location 对象的只读引用,表示客户端显示屏的信息
self	返回对当前窗口的引用
status	设置窗口状态栏的文本
top	返回最顶层的父辈窗口
window	等价于 self 属性包含了对窗口自身的引用
screenLeft/screenX	只读整数,声明了窗口的左上角在屏幕上的 x 坐标
screenTop/screenY	只读整数,声明了窗口的左上角在屏幕上的 y 坐标

3）window 对象的方法

除了属性之外,window 对象还拥有很多方法。window 对象的常用方法以及说明如表 6-9 所示。

表 6-9　window 对象的常用方法

属性	说明
alert( )	弹出一个警告对话框
prompt( )	弹出一个提示对话框
confirm( )	在确认对话框中显示指定的字符串
open( )	打开新浏览暑对话框并且显示由 URL 或名字引用的文档,并设置创建对话框的属性
close( )	关闭被引用的对话框
setTimeout(code, millisec)	设置一个延时器,使 code 中的代码在 time 毫秒后自动执行一次。该方法返回延时器的 ID,即 timeID
setInterval(code, millisec)	设置一个定时器,使 code 中的代码每间隔 time 毫秒就周期性自动执行一次。该方法返回定时器的 ID,即 timeID
clearTimeout(id_of_ settimeout)	取消由 setTimeout( )方法设置的 timeout
clearInterval(id_of_ clearinterval)	取消由 setInterval( )方法设置的 timeout
focus( )	获得焦点
blur( )	失去焦点
moveBy( )	根据给定的坐标的位移量移动窗口
moveTo( )	将窗口移动到指定位置
resizeBy(x,y)	按照给定的位移量重新调整窗口的大小
resizeTo(x,y)	将窗口设置为指定的大小
scrollBy(x,y)	按照给定的位移量滚动到窗口的内容
scrollTo (x,y)	将窗口的内容滚动到指定的坐标位置

（1）警告对话框

- 语法:window. alert（"content"）。
- 功能:显示带有一段消息和一个确认按钮的警告对话框。

注意　　警告对话框是由当前运行的页面弹出的, 在对该对话框进行处理之前不能对当前页面进行操作,其后面的代码也不会被执行。 只有将警告对话框进行处理（如单击"确定"按钮或者关闭对话框）后, 才可以对当前页面进行操作,后面的代码也才能继续执行。

提示　　也可以利用 alert( )方法对代码进行调试。 当弄不清楚某段代码执行到哪里, 或者不知道当前变量的取值情况时,可以利用该方法显示有用的调试信息。

（2）询问回答对话框

- 语法：window. confirm("message")。
- 功能：显示一个带有指定消息和 OK 及取消按钮的对话框。
- 返回值(布尔值)：如果用户点击"确定"按钮，则 confirm( ) 返回 true；如果用户点击取消按钮，则 confirm( ) 返回 false。

（3）提示对话框

- 语法：window. prompt("text,defaultText")。
- 参数说明：

  √ text：要在对话框中显示的纯文本(而不是 HTML 格式的文本)；

  √ defaultText：默认的输入文本；

  √ 返回值：如果用户单击提示框的取消按钮，则返回 null；如果用户单击"确定"按钮，则返回输入字段当前显示的文本。

【例 6-24】输入对话框示例。

```
1   <body>
2     <input type = "button"  value = "delete" >
3     <script>
4       var btn = document. getElementsByTagName( "input" )[0];
5       btn. onclick = function( ) {
6         var message = window. prompt( 'The content of button will change to...,'');
7         if( message! = "" ) {
8           btn. value = message; }
9       }
10    </script>
11  </body>
```

（4）窗口打开与关闭

①打开窗口

- 语法：window. open(pageURL,name,parameters)
- 功能：打开一个新的浏览器窗口或查找一个已命名的窗口
- 参数说明：

  √ pageURL：子窗口路径；

  √ name：子窗口句柄(name 声明了新窗口的名称，方便后期通过 name 对子窗口进行引用)；

  √ parameters：窗口参数(各参数用逗号分隔)。

在使用 open( )方法时，需要注意以下几点：

1. 通常在浏览器窗口中，总有一个文档是打开的，因而不需要为输出建立一个新文档。
2. 在完成对 Web 文档的写操作后，要使用或调用 close( )方法来实现对输出流的关闭。
3. 在使用 open( )方法打开一个新窗口时，可为文档指定一个有效的文档类型，如 text/HTML、text/gif、text/xim 和 text/plugin 等。

②关闭窗口
- 语法：window. close( )。
- 功能：关闭当前窗口。

如果窗口不是由其他窗口打开的，在 Netscape 中这个属性返回 null；在 IE 中返回"未定义"（undefined）。 undefined 在一定程度上等于 null。 需要说明的是，undefined 不是 JavaScript 常数，如果读者企图使用 undefined，那就真的返回"未定义"了。

【例 6-25】打开、关闭页面示例。

```
1   <body>
2     <input type = " button"  value = " close"  id = " close" >
3     <input type = " button"  value = " open"  id = " open" >
4     <script type = " text/javascript" >
5       var btn1 = document. getElementById( " open" ) ;
6       var btn2 = document. getElementById( " close" ) ;
7       btn1. onclick = function( ) {
8          window. open( "http://www. ieidjtu. edu. cn/" ) ;
9       }
10      btn2. onclick = function( ) {
11         window. close( ) ;
12      }
13    </script>
14  </body>
```

（5）定时器

JavaScript 是单线程语言，单线程就是所执行的代码必须按照顺序。在浏览网页的过程中，我们经常可以看到这样的动画，在轮播效果中，图片每隔几秒就切换一次；在在线时钟中，秒针每隔一秒转一次。上面说到的这些动画特效中，其实就用到了定时器。

定时器是指每隔一段时间就执行一次代码。在 JavaScript 中，对于定时器的实现，可以分别使用 setTimeout( )［clearTimeout( )］和 setInterval( )［clearInterval( )］两组方法实现。

①setTimeout( )和 clearTimeout( )

在 JavaScript 中，我们可以使用 setTimeout( )方法来"一次性"地调用函数，并且可以使用 clearTimeout( )来取消执行 setTimeout( )。

- 超时调用
  - √ 语法:setTimeout(code,millisec)。
  - √ 功能:在指定的毫秒数后调用函数或计算表达式。
  - √ 参数说明:
    code:要调用的函数或要执行的 JavaScript 代码串;
    millisec:在执行代码前需等待的毫秒数。
    setTimeou()只执行 code 一次。如果要多次调用,可以让 code 自身再次调用 set-Timeout()。
- 清除超时调用
  - √ 语法:clearTimeout(id_ of_ settimeout)。
  - √ 功能:取消由 setTimeout()方法设置的 timeout。
  - √ 参数说明:
    id_ of_ settimeout:由 setTimeout()返回的 ID 值,该值标识要取消的延迟执行代码块。
    SetTimeout 方法返回一个 ID 值,通过它取消超时调用。

【例 6-26】定时器示例。

```
1   <body>
2      <input type = "button" value = "点击删除">
3      <script type = "text/javascript">
4          var btn = document. getElementsByTagName("input")[0];
5          btn. onclick = function(){
6            setTimeout(function(){
7                var result = window. confirm("Sure to delete?");
8                if(result){
9                btn. style. display = "none";}
10          },1000);
11        }
12     </script>
13   </body>
```

②setInterval()和 clearInterval()

在 JavaScript 中,我们可以使用 setinteval()方法来重复地调用函数,并且可以使用 clear-Interval 来取消执行 setinterval()。

- 间歇调用
  - √ 语法:setInterval(code,millisec)。
  - √ 功能:每隔指定的时间执行一次代码。
  - √ 参数说明:
    code:要调用的函数或要执行的代码串;
    millisec:周期性执行或调用 code 之间的时间间隔,以毫秒计。
- 清除间歇调用

　　∨ 语法：clearInterval（id_ of_ setinterval）

　　∨ 功能：取消由 setInterval( )方法设置的 interval。

　　∨ 参数说明：

　　　id_of_ setinterval：由 setInterval( )返回的 ID 值。

【例 6-27】闪烁的文字示例。

```
1   <head>
2   <meta http-equiv = "Content-Type" content = "text/html; charset = gb2312"/>
3   <title>window 间歇调用-闪烁的文字示例</title>
4   <style type = "text/css">
5          div{ width:200px; height:200px; line-height:200px;
6             border:2px solid gray; text-align:center; color:red;}
7   </style>
8   </head>
9   <body>
10     <h3>产品特价 </h3>
11     <div id = "text"> </div>
12     <script type = "text/javascript">
13       var timer = 0;
14       var oDiv = document. getElementById( "text");
15       setInterval( function( ) {
16           if( timer = = 0) {
17             timer = 1;
18             oDiv. innerHTML = " ☆ ☆ ☆SALE ☆ ☆ ☆";
19           } else if( timer = = 1) {
20             timer = 0;
21             oDiv. innerHTML = " ★ ★ ★SALE ★ ★ ★";}
22       } ,500);
23     </script>
24   </body>
```

3. location 对象

　　location 对象提供了与当前窗门中加载的文档有关的信息，还提供了一些导航的功能，它既是 window 对象的属性，也是 document 对象的属性。

　　在 JavaScript 中，我们可以使用 window 对象下的 location 子对象来操作当前窗口的 URL。URL 是指页面地址。对于 location 对象，我们只需要掌握以下属性即可，如表 6-10 所示。

1）location 对象的属性

表 6-10　location 对象的属性

属性	说明
location. href	返回当前加载页面的完整 URL（location. href 与 window. location. href 等价）
location. hash	返回 URL 中的 hash（#号后跟零或多个字符），如果不包含则返回空字符串
location. host	返回服务器名称和端口号（如果有）
location. hostname	返回不带端口号的服务器名称
location. pathname	返回 URL 中的目录和/或文件名
location. port	返回 URL 中指定的端口号,如果没有,返回空字符串
location. protocol	返回页面使用的协议
location. search	返回 URL 的查询字符串,这个字符串以问号开头

（1）window. location. href

在 JavaScript 中,我们可以使用 location 对象的 href 属性来获取或设置当前页面的地址。

- 语法：window. location. href

- 功能：window. location. href 可以直接简写为 location. href,不过我们一般都习惯加上 window 前缀。

【例 6-28】location. href 示例。

```
1    <head>
2      <meta http-equiv="Content-Type" content="text/html; charset=gb2312"/>
3      <title> location. href 示例</title>
4      <style>
5        . box1{height:400px;background:#ccc;}
6        . box2{height:600px;background:#666;}
7      </style>
8    </head>
9    <body>
10     <input type="button" value="open" id="open"/>
11     <script type="text/javascript">
12         var button=document. getElementById("open");
13         button. onclick=function(){
14           var result=confirm("是否确定打开页面?");
15           if(result==true){
16               window. location. href="http://www. dlust. edu. cn/";}
17           }
18     </script>
19   </body>
```

（2）window. location. search

在 JavaScript 中,我们可以使用 location 对象的 search 属性来获取和设置当前页面地址

"？"后面的内容。

- 语法：window. location. search。
- 功能：地址"？"后面这些内容，也叫作"querystring"（查询字符串），一般用于数据库查询，而且是大量用到。

（3）window. location. hash

在 JavaScript 中，我们可以使用 location 对象的 hash 属性来获取和设置当前页面地址"#"后面的内容。"#"一般用于锚点链接。

- 语法：window. location. hash

在实际开发中，windowlocation. href 用得还是比较少，我们了解一下即可。

2）location 对象方法

（1）location. replace( )

- 语法：location. replace(url)。
- 功能：重新定向 URL。
- 说明：replace( ) 方法不会在历史记录中生成一个新的记录。当使用该方法时，新的 URL 将覆盖历史记录中的当前记录。

（2）location. reload( )

- 语法：location. reload( )。
- 功能：重新加载当前显示的页面。
- 说明：location. reload( )有可能从缓存中加载，location. reload(true)从服务器重新加载。

如果该方法没有规定参数，或者参数是 false，它就会用 HTTP 头来检测服务器上的文档是否已改变。如果文档已改变，reload( ) 会再次下载该文档。如果文档未改变，则该方法将从缓存中装载文档。这与用户单击浏览器的刷新按钮的效果是完全一样的。

如果把该方法的参数设置为 true，那么无论文档的最后修改日期是什么，它都会绕过缓存，从服务器上重新下载该文档。这与用户在单击浏览器的刷新按钮时按住 Shift 键的效果是完全一样的。

【例 6-29】location 对象方法示例。

```
1   <body>
2       <input type="button" value="operation" id="ck">
3       <script type="text/javascript">
4           var button=document. getElementById("ck");
5           button. onclick=function(){
6           var result=confirm("Web refrsh?");
7               if(result==true){
8                   location. reload(true);
9               }else{
10                  location. replace("http://www. dlust. edu. cn/");}
11              }
12      </script>
13  </body>
```

4. history 对象

history 对象保存了用户在浏览器中访问页面的历史记录，history 对象有 back 和 forward 两个方法，它可以跳转到当前页的上一页和下一页，可以用 length 属性查看客户端浏览器的历史列表中访问的网页个数。

（1）back()方法

- 语法：history.back()。
- 功能：回到历史记录的上一步。
- 说明：相当于使用了 history.go(-1)。

（2）forward()方法

- 语法：history.forward()。
- 功能：回到历史记录的下一步。
- 说明：相当于使用了 history.go(1)。

（3）go()方法

- 语法：history.go(-n)。
- 功能：回到历史记录的前 n 步。
- 语法：history.go(n)。
- 功能：回到历史记录的后 n 步。

【例 6-30】history 对象方法示例。

index1.html

```
1        <a href="index2.html">跳转到 index2.html</a>
```

index2.html

```
1    <body>
2        <a href="index3.html">跳转到 index3.html</a>
3        <p><input type="button" value="回退到 index1.html" id="btn"></p>
4        <script>
5          var btn=document.getElementById("btn");
6        //点击 btn 按钮时回到历史记录的上一步(模仿浏览器的后退按钮)
7          btn.onclick=function(){
8            history.back();
9          }
10   </body>
```

index3.html

```
1    <body>
2        <p><input type="button" value="back to index1.html" id="btn1"></p>
3        <p><input type="button" value="back to index2.html" id="btn2"></p>
4    <script>
5            var btn1=document.getElementById("btn1"),
```

```
6        btn2 = document. getElementById( "btn2" ) ;
7      btn1. onclick = function( ) {
8          history. back( ) ;
9        }
10      btn2. onclick = function( ) {
11         history. go( -2 ) ;
12       }
13     </script>
14   </body>
```

5. screen 对象

screen 对象包含有关客户端显示屏幕的信息, 目前没有应用于 screen 对象的公开标准, 不过所有浏览器都支持该对象 screen 对象主要的属性, 如表 6-11 所示。

表 6-11　screen 对象的属性

属性	说明
availHeight	返回显示屏幕的高度(除 Window 任务栏之外)
availWidth	返回显示屏幕的宽度(除 Window 任务栏之外)
width	返回显示器屏幕的宽度
height	返回显示器屏幕的高度

【例 6-31】screen 对象属性示例。

```
1    <body>
2      <input type = " button"  value = "pageWidth"/>
3      <input type = " button"  value = "pageHeight"/>
4      <input type = " button"  value = "windowWidth"/>
5      <input type = " button"  value = "windowHeight"/>
6      <script>
7        var btn1 = document. getElementsByTagName( "input" ) [ 0 ],
8          btn2 = document. getElementsByTagName( "input" ) [ 1 ],
9          btn3 = document. getElementsByTagName( "input" ) [ 2 ],
10         btn4 = document. getElementsByTagName( "input" ) [ 3 ];
11       console. log( btn1 );
12       console. log( btn2 );
13       console. log( btn3 );
14       console. log( btn4 );
15       function clickBtn1( ) {
16         alert( "pageWidth:" +screen. availWidth ) ; }
17       function clickBtn2( ) {
18         alert( "pageHeight:" +screen. availHeight ) ; }
```

```
19        function clickBtn3( ) {
20          alert( "windowWidth :" +window. innerWidth) ; }
21        function clickBtn4( ) {
22          alert( "windowHeight :" +window. innerHeight) ; }
23        btn1. onclick = clickBtn1 ;
24        btn2. onclick = clickBtn2 ;
25        btn3. onclick = clickBtn3 ;
26        btn4. onclick = clickBtn4 ;
27      </script>
28    </body>
```

【例 6-31】部分实现效果如图 6-33 所示。

图 6-33　screen 对象 pageWidth 属性

6. navigator 对象

navigator 对象是指浏览器对象，包含浏览器的信息。navigator 对象常用的属性如表 6-12 所示。

表 6-12　navigator 对象的属性

属性	说明
userAgent	返回由客户端发送给服务器的 user-agent 头部的值
userLanguage	返回用户设置的操作系统的语言
appCodeName	返回浏览器的引擎名称，如返回 "Chrome"
appMinorVersion	返回浏览器的次级版本
appName	返回浏览器的名称
appVersion	返回浏览器的平台和版本信息
browserLanguage	返回浏览器的语言
cookieEnabled	返回指明浏览器中是否启用 cookie 的布尔值
cpuClass	返回浏览器系统的 CPU 等级
onLine	返回指定系统是否处于脱机模式的布尔值
platform	返回运行浏览器的操作系统平台
systemLanguage	返回操作系统使用的默认语言

（1）navigator 对象的 userAgent 属性

● userAgent：用来识别浏览器名称、版本、引擎以及操作系统等信息的内容。

注意　indexOf（）方法返回某个指定的字符串值在字符串中首次出现的位置，如果没有出现过，返回−1。

【例 6-32】screen 对象属性 userAgent 示例。

```
1    <body>
2        <input type="button" value="browser information" id="browser"/>
3        <script type="text/javascript">
4            var btn=document.getElementById("browser");
5            btn.onclick=function(){
6                function getBrowser(){
7                    var explorer = navigator.userAgent.toLowerCase(),browser;
8                    if(explorer.indexOf("msie")>-1){
9                        browser = "IE";
10                   }else if(explorer.indexOf("chrome")>-1){
11                       browser = "Chrome";
12                   }else if(explorer.indexOf("opera")>-1){
13                       browser = "Opera";
14                   }else if(explorer.indexOf("safari")>-1){
15                       browser = "Safari";}
16                   return browser;
17               }
18               var browser = getBrowser();
19               alert("your recemt browser:"+browser);
20           }
21       </script>
22   </body>
```

【例 6-32】实现效果如图 6-34 所示。

图 6-34　点击按钮弹出浏览器信息

【案例 6-4】设置时间提醒器

● 案例描述

本案例要求每隔 5 秒在页面上弹出实时时间的提醒对话框。

● 案例分析

①根据案例描述要求,实际上是要设置一个定时器,可以通过 Window 对象的 setInterval ( )方法来实现定时器的作用。

②自定义一个 showTime( )函数来显示当前时间。

③获得当前时间,可以通过内置对象 Date 来得到。

④再定义一个停止显示时间的函数,函数体主要执行 Window 对象的 clearInterval( )方法来清除定时器。

● 实现代码

```
1   <head>
2     <meta http-equiv = "Content-Type" content = "text/html; charset = gb2312"/>
3     <title>案例 6-4 设置时间提醒器</title>
4     <script type = "text/javascript">
5         function showTime( ){//在浏览器状态栏中显示时间
6             var now = new Date( ); //当前时间
7             alert("当前时间是:"+now. toLocaleTimeString( ));}
8   /* toLocaleTimeString( )方法可根据本地时间把 Date 对象的时间部分转换为字符串,
    并返回结果。*/
9         var timerId = window. setInterval("showTime( )",5000);
10        function stopShowTime( ){        //停止显示时间
11            window. clearInterval(timerId); //取消定时器
12            alert("已取消定时器");}
13    </script>
14  </head>
15  <body>
16      <p><a href = "javascript:"stopShowTime( )">取消定时器</a></p>
17  </body>
```

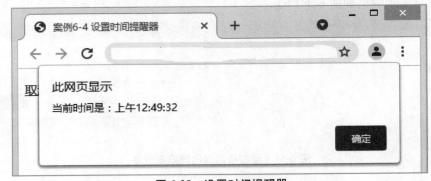

图 6-35 设置时间提醒器

单元小结

本章首先讲解了如何利用 DOM 的方式在 JavaScript 中操作 HTML 和 CSS 样式,以及根据开发需求能够通过文档节点的方式添加、移动或删除指定的元素。然后讲解了 BOM 的构成,以及其各属性的作用,并分别讲解了 window 对象、location 对象、history 对象、navigator 对象和 screen 对象的常用属性和方法,最后通过案例重点讲解了定时器的应用。通过本章的学习,学生能够应用 DOM 和 BOM 完成 Web 开发中常见功能的开发。

第7章

JavaScript事件处理

学习目标

通过本章学习，学生应掌握事件及事件处理的基本概念，掌握事件绑定的几种方式，掌握事件对象的概念及应用，掌握常用事件，即鼠标事件、键盘事件、页面事件和表单事件的应用，并通过对具体的实例的学习，为后面知识的学习打下坚实的基础。

核心要点

- 事件及事件处理的概念
- 事件绑定的几种方式
- 常用事件的应用

一、单元概述

本章的主要内容是事件(event)的基础知识。学生通过本章的学习,对网页的事件及事件处理的基本概念有一个宏观了解,并且能够理解事件,掌握常用的事件处理的基本操作。

本章通过理论教学、案例教学等方法,循序渐进地向学生介绍事件的定义及其分类等基本知识,介绍事件处理的步骤和使用方法,并通过案例演示事件的基本操作方法。

二、教学重点与难点

重点:
理解事件及事件处理的相关概念、掌握事件绑定的几种方式。

难点:
掌握常用事件,即鼠标事件、键盘事件、页面事件和表单事件的应用操作。

解决方案:
在课程讲授时要注意多采用案例教学法进行相关案例的演示,带领学生进行第一个事件处理的编写,让学生养成勤思考、勤动手的好习惯。

【本章知识】

本章主要介绍事件处理的使用方法。JavaScript 使我们有能力创建动态页面,而事件是动态页面的核心,也是把页面中所有元素粘在一起的胶水。当我们与浏览器中显示的页面进行某些类型的交互时,事件就发生了。因而理解和掌握 JavaScript 中的事件及事件处理过程,对于掌握 JavaScript 是至关重要的一个环节。通过本章的学习,能够培养学生使用事件处理用户与浏览器的交互的能力,从而能够制作出具有良好交互的网页,为以后各章的学习打下基础。

(一)事件的概念

在 JavaScript 中,事件是指在页面上与用户进行交互时发生的操作,主要包括用户动作和用户状态的变化。事件一般是由用户对页面的一些“小动作”引起的,例如,当用户单击一个超链接或按钮时就会触发单击事件,浏览器会根据用户的动作进行相关的事件处理操作。当浏览器载入一个页面时,会触发一个载入(load)事件;当调整窗口大小的时候,会触发一个改变窗口大小(resize)的事件,这就是相关的用户状态发生变化引发的事件。

1. 认识事件和事件处理

在之前的学习中,我们接触过鼠标点击事件(即 onclick),那么事件究竟是什么呢? 举个例子,当我们点击一个按钮时,会弹出一个对话框,其中“点击”就是一个事件,“弹出对话框”就是我们在点击这个事件后发生的动作。

在 JavaScript 中,一个事件应该包括三部分:
- 事件主角:是按钮还是 div 元素或是其他?
- 事件类型:是点击还是移动或是其他?
- 事件过程:这个事件都发生了些什么?

(1)事件的命名规则

在 JavaScript 中,事件的命名都是描述性的,比较容易理解,如单击(click)、提交(submit)、按下鼠标(mousedown)等。常用的事件名称如表 7-1 所示。

表 7-1　JavaScript 中常用的事件名称

事件	说明
load	文档载入事件
resize	改变窗口大小事件
click	单击事件
dblclick	双击事件
mousedown	鼠标按下事件
mouseover	鼠标经过事件
mouseup	鼠标按钮弹起事件
keydown	键盘按键按下事件
keyup	键盘按键弹起事件
change	元素内容改变事件
submit	表单提交事件
focus	获得焦点事件
blur	失去焦点事件
copy	复制事件
cut	剪切事件
paste	粘贴事件
drag	某个对象被拖动时触发事件
dragend	当鼠标拖动结束时触发事件
dragstart	当某对象将被拖动时触发事件

（2）事件处理

在 JavaScript 中,事件处理可以分为三个步骤,即触发事件、启动事件处理程序和事件处理程序对相关事件进行处理并返回处理结果。在事件处理中,必须通过指定的事件对象来启动事件处理程序,才能完成对相应事件的操作。事件处理程序可以使用任何 JavaScript 代码来完成,但是一般使用自定义函数来对事件进行处理。

在事件处理中,程序代码的执行顺序并不是按照代码的顺序从上而下地执行的,而是根据事件触发的需要来执行的。当触发一个事件,该事件的处理程序就会被启动执行,不管这段程序代码在程序中的什么位置。在 JavaScript 中,由于事件是用户交互产生的,所以其触发的顺序是无法预测的,其执行程序的路径都是不同的。

（3）事件分类

JavaScript 事件大致可以分为以下五类。

①鼠标事件

鼠标事件是指用户进行单击或移动鼠标操作而产生的事件,主要包括单击(click)事件、双击(dblclick)事件、鼠标按下(mousedown)事件、鼠标按钮弹起(mouseup)事件、鼠标经过

（mouseover）事件、鼠标移动（mousemove）事件、鼠标移开（mouseout）事件。

②页面事件

页面事件是指因页面状态的变化而产生的事件，主要包括文档载入（load）和文档卸载（unload）事件、改变窗口大小（resize）事件、文档装载错误（error）事件等。

③表单事件

表单事件是指与表单相关的事件，是 JavaScript 中最常用的事件，包括表单提交（submit）事件、表单重置（reset）事件、表单元素内容改变（change）事件、文本选中（select）事件、获得焦点（focus）事件、失去焦点（blur）事件等。

④键盘事件

键盘事件是指用户在键盘敲击、输入时触发的事件，包括按键（keypress）事件、按下键（keydown）事件、弹起键（keyup）事件等。

⑤编辑事件

编辑事件是在浏览器中的内容被修改或移动时所执行的相关事件，主要是对浏览器中被选择的内容进行复制（copy）、剪切（cut）、粘贴（paste）时的触发事件，以及在用鼠标拖动对象时所触发的一系列事件（drag、dragend、dragstart）的集合。

2. 事件绑定

事件绑定是指将 HTML 文档的元素事件属性与事件执行脚本（主要是指函数）相关联，使得当事件发生时就会触发该事件关联函数的执行。在 JavaScript 中，事件的绑定有两种方式：一种是 HTML 事件绑定；另一种是 DOM 0 级事件绑定。

（1）事件的属性

事件绑定是通过事件的属性进行绑定的，事件的属性是指在事件名称前加上前缀"on"，在 JavaScript 中，事件属性名称就是"on"+"事件名称"。如 click 是单击事件名称，onclick 就是对应的事件属性名，也可以将事件属性名简称为事件名。

（2）HTML 事件绑定

HTML 事件绑定是指将事件执行脚本（函数）直接作为 HTML 元素的事件属性值。语法如下：

```
<tag 事件属性名 ="执行脚本"></tag>
```

例如，为 button 标签指定一个单击 onclick 事件。

```
<button name ="buttonName"　onclick ="alert（'Hello JavaScript！'）"/> 欢迎</button>
```

当用户单击这个按钮时，会触发 onclick 单击事件，执行事件执行脚本 alert0 语句，在页面上弹出一个对话框"Hello JavaScript！"。

关于 this 指向：在事件触发的函数中，this 是对该 DOM 对象的引用，具体应用方法见【案例 7-1】。

注意

（3）DOM 0 级事件绑定

在 JavaScript 中，事件也是对象的组成部分，也可以通过点"."运算符来调用事件。DOM 0 级事件绑定就是指将事件处理函数赋值给 HTML 元素对象的事件属性。语法如下：

元素对象.事件属性=函数对象

使用元素对象的事件属性来对事件处理函数对象的引用,不能将函数对象用引号括起来,因为它不是字符串。具体应用案例见【案例 7-2】。

【案例 7-1】单击页面上两个按钮,显示不同的问候语

• 案例描述

本案例要求在页面上设置两个按钮,分别显示"我是女士""我是男士"字样,当用户单击不同按钮时,会分别给出提示"欢迎您,女士请到二楼接待室""欢迎您,男士请到一楼接待室"的对话框。

• 案例分析

①根据案例描述要求,可定义两个按钮,使用 alert( ) 函数和自定义函数作为其 onclick 事件属性的属性值。

②分别在两个事件属性的处理函数 alert( ) 和自定义函数中添加参数字符串"欢迎您,女士请到二楼接待室!""欢迎您,男士请到一楼接待室!"。

③分别将 alert( ) 和自定义函数作为事件属性值输出。

• 实现代码

```
1   <body>
2     <p>
3       <button name = "button1"  onclick = "alert( ´欢迎您,男士请到一楼接待室! ´)" >
          我是男士
4       </button>
5     </p>
6   <p><button name = "button2"  onclick = "clickFn( this, ´green´)" >我是女士</button>
      </p>
7   <script type = "text/javascript" >
8     function clickFn( btn, bgColor) {
9         alert("欢迎您,女士请到二楼接待室!" );
10        btn. style. backgroundColor = bgColor; }
11  </script>
12  </body>
```

• 实现效果

代码执行后,会出现"我是男士""我是女士"两个选项按钮,当单击其中一个按钮时(如"我是男士"),会弹出"欢迎您,男士请到一楼接待室!"的对话框,效果如图 7-1 所示。

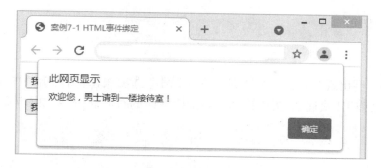

图 7-1　使用 HTML 事件绑定显示问候语

【案例 7-2】使用 DOM 0 级事件绑定显示问候语

- 案例描述

本案例要求通过 DOM 0 级事件绑定的形式实现【案例 7-2】，即在页面上设置两个按钮，分别显示"我是女士""我是男士"字样，当用户单击不同按钮时，会分别给出提示"欢迎您，女士请到二楼接待室！""欢迎您，男士请到一楼接待室！"的对话框。

- 案例分析

①根据案例描述要求，在页面上定义两个按钮，并设置不同的 id，方便使用 id 获取元素对象。

②分别自定义两个函数 welcome_girl( ) 和 welcome_boy( ) 来处理关于欢迎女士和欢迎男士的欢迎词，"欢迎您，女士请到二楼接待室！""欢迎您，男士请到一楼接待室！"。

③使用 document. getElementById( ) 获得元素对象，并将定义的函数对象赋值给获得的元素。

- 实现代码

```
1    <body>
2      <p> <button name="button1" id="button1">我是男士</button> </p>
3      <p> <button name="button2" id="button2">我是女士</button></p>
4      <script type="text/javascript">
5        var btn1=document. getElementById("button1");
6        var btn2=document. getElementById("button2");
7        function welcome_boy( ) {
8            alert("欢迎您，男士请到二楼接待室！");
9            btn1. style. backgroundColor="blue";
10           }
11        function welcome_girl( ) {
12            alert("欢迎您，女士请到二楼接待室！");
13            btn2. style. backgroundColor="red";
14           }
15        btn1. onclick=welcome_boy;
16        btn2. onclick=welcome_girl;
```

| 17 | </script> |
| 18 | </body> |

● 实现效果

代码执行后,会出现"我是男士""我是女士"两个选项按钮,当单击其中一个按钮时(如"我是男士"),会弹出"欢迎您,男士请到一楼接待室!"的对话框,效果如图7-2所示。

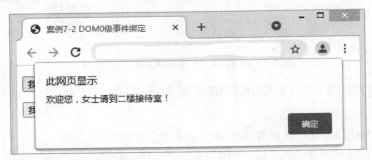

图 7-2　使用 DOM 0 级事件绑定显示问候语

注 意　　　不建议使用 HTML 事件的原因:首先多元素绑定相同事件时,效率低;其次不建议在 HTML 元素中写 JavaScript 脚本。

(二)处理鼠标事件

从这一节开始,我们正式开始实操 JavaScript 中的各种事件。事件操作是 JavaScript 核心之一,也是本书的重中之重,因为,JavaScript 本身就是一门基于事件的编程语言。

1. 鼠标事件

鼠标事件是指用户操作鼠标而触发的事件,主要分为两类。

(1)鼠标点击事件

鼠标点击事件包括 onclick(单击)、ondblclick(双击)、onmousedown(鼠标按下)和 onmouseup(鼠标按钮弹起)事件。鼠标单击事件时有一个单击顺序,例如在单击对象时,会触发 onclick 事件。在 onclick 事件触发前,会先发生 onmousedown 事件,然后发生 onmouseup 事件。与此类似,在双击事件 ondblclick 事件触发前,会依次触发 onmousedown、onmouseup、onclick、onmouseup 事件。

①鼠标单击

单击事件 onclick,我们之前接触过非常多了,例如点击某个按钮弹出一个提示框。这里要特别注意一点,单击事件不只是按钮才有,任何元素都可以为它添加单击事件。

②鼠标移入和鼠标移出

当用户将鼠标移入到某个元素上面时,就会触发 onmouseover 事件。如果将鼠标移出某个元素时,就会触发 onmoseout 事件。onmouseover 和 onmouseout 分别用于控制鼠标"移入"和"移出"这两种状态。例如在下拉菜单导航中,鼠标移入会显示二级导航,鼠标移出会收起二级导航。

③鼠标按下和鼠标松开

当用户按下鼠标时,会触发 onmousedown 事件。当用户松开鼠标时,则会触发 onmouseup 事件。onmousedown 表示鼠标按下的一瞬间所触发的事件,而 onmouseup 表示鼠标松开的一瞬间所触发的事件。

(2)鼠标移动事件

鼠标移动事件包括 onmouseover(鼠标经过)、onmousemove(鼠标移动)、onmouseout(鼠标移开)事件。

> **注意**　在实际开发中,onmousedown、onmouseup 和 onmousemove 这三个经常是配合来实现拖拽、抛掷等效果的,不过这些效果非常复杂,我们在 JavaScript 进阶阶段再详细介绍。

【案例 7-3】鼠标移入和移出时在页面显示不同的图形

● 案例描述

在页面上鼠标移入和移出时,分别显示不同的图片。

● 案例分析

①要实现在鼠标移入和移出时在页面上显示不同的图片有多种方法。最常用的方法是在页面上输入一张转入图片,当输出经过时显示另一张图片,即分别触发 onmouseout 和 onmouseover 鼠标事件。

②分别编写 mouseovet() 和 mouseout() 函数,实现不同函数链接不同的图片。

③在页面 HTML 文档的 <img> 标签中分别绑定这两个自定义函数。

● 实现代码

```
1   <body>
2       <img id = "image1" name = "image1" src = "image/1.jpg"/>
3       <script type = "text/javascript">
4           var btn = document.getElementById("image1");
5           function mouseOver() {
6               btn.src = "image/2.jpg";
7           }
8           function mouseOut() {
9               btn.src = "image/1.jpg";
10          }
11          btn.onmouseover = mouseOver;
12          btn.onmouseout = mouseOut;
13      </script>
14  </body>
```

● 实现效果

代码执行后,在页面中首先出现一张图片,当鼠标经过时会显示另外一张图片。效果如图 7-3 和图 7-4 所示。

图 7-3　鼠标移出显示示例

图 7-4　鼠标移入显示示例

(三)处理页面事件

1. 页面加载与卸载事件

加载事件(onload)是在网页加载完成后触发相应的事件处理程序,它可以在页面加载完成后,对页面中的表格样式、字体、背景颜色进行设置。卸载事件(unload)是在卸载网页时触发相应的事件处理程序。卸载网页指的是关闭当前页,或从当前页跳转到其他网页。该事件通常被用于在关闭当前页面或跳转其他网页时,弹出询问对话框。

(1)<body>元素绑定 onload 事件

<body>元素绑定 onload 事件后,当浏览器中当前 HTML 文档装载完成就会触发 onload 事件,页面中的脚本就可以访问页面中的任意元素。根据 onload 元素的这种特性,可以将需要在页面载入后立即执行的脚本放在 onload 事件处理函数中,脚本的执行不受 onload 事件处理函数的定义位置和访问的元素在页面中的先后顺序影响。具体应用如例 7-1 所示。

【例 7-1】将 onload 事件绑定到<body>元素示例。

```
1    <script type = " text/javascript" >
2      function welcome( ) {
3        alert("您好! 欢迎您,在这里绑定<body>的函数");}
4      function start( ) {
5        var welcome_load = document. getElementById( "btn" ) ;
```

```
6         welcome_load. onclick＝welcome；}//绑定函数
7     </script>
8   </head>
9   <body onload＝"start( )">
10      <p><button id＝"btn"  name＝"btn">欢迎光临</button> </p>
11    </body>
```

实现效果如图 7-5 所示。

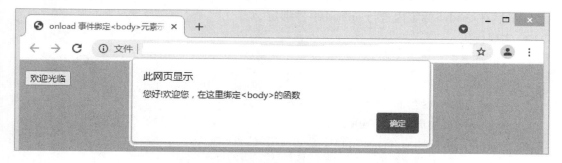

图 7-5　onload 事件绑定到<body>元素示例

<body>元素的 onload 事件绑定了 start( )函数,该函数包含了需要在页面载入完成后立即执行的语句,从而使该文档的所有脚本集中到一个处于<head>标签对之间的<script>块中。

（2）<window>元素绑定 onload 事件

对于可以绑定到<body>元素的一些页面事件（如 onload、onunload、onresize 和 onerror 等）也可以绑定到 window 对象,效果基本相同。具体应用如例 7-2 所示。

【例 7-2】将 onload 事件绑定到 window 示例。

```
1    <script type＝"text/javascript">
2       function welcome( ){
3         alert("您好! 欢迎您,在这里绑定 window 的函数");
4       }
5       window. onload＝welcome;
6    </script>
```

实现效果如图 7-6 所示。

图 7-6　onload 事件绑定到 window 示例

【案例 7-4】网页加载时对图片进行缩小设置

● 案例描述

在页面上加载图片时,图片太大会影响图片加载的速度,经常会在页面加载图片时对图片进行缩小设置,以提高加载速度和节省带宽。本案例要求在加载图片时对图片进行缩小设置。

● 案例分析

①根据案例描述,首先通过图片 id 得到图片元素;

②然后将图片元素的宽度进行减小(缩小图片);

③最后在<body>标签内进行 onload 事件绑定。

● 实现代码

```
1    <html>
2    <head>
3    <meta charset="utf-8">
4    <title>网页加载图片</title>
5    <script type="text/javascript">
6      function blow(){
7        var img1=document.getElementById("img1");
8        img1.width=img1.width-80;
9      }
10     function reduce(){
11         alert("迎下次光临本网页!");
12       }
13    </script>
14    </head>
15    <body onload="blow()">
16    <img id="img1" src="images/3.jpg"/>
17    </body>
18    </html>
```

● 实现效果

在上述代码中,首先通过 document.getElementById("imgl")得到图片元素 imgl;然后对 imgl 的 width 属性进行-80 像素处理,即缩小图片;最后通过绑定 onload 事件实现在加载时缩小图片。实现效果如图 7-7 所示。

图 7-7　网页加载时对图片进行缩小设置示例

2. 页面大小事件

页面的大小事件(onresize)是用户改变浏览器大小时触发事件处理程序,主要用于固定浏览器的大小。

【例 7-3】改变浏览器大小时弹出提示示例。

```
1    <html>
2      <head>
3          <meta http-equiv="Content-Type" content="text/html; charset=gb2312"/>
4      </head>
5      <body>
6      当改变浏览器大小时,弹出提示
7        <script type="text/javascript">
8          function size(){
9              alert("您改变了浏览器大小");
10         }
11         document.body.onresize=size;
12       </script>
13     </body>
14   </html>
```

当我们拖动改变浏览器的大小时,弹出提示,实现效果如图 7-8 所示。

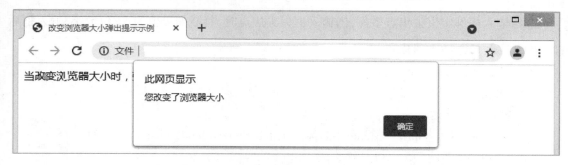

图 7-8　改变浏览器大小时弹出提示框

(四) 处理表单事件

表单事件实际上就是对元素获得或失去焦点的动作进行控制。可以利用表单事件来改变获得或失去焦点的元素样式,这里所指的元素可以是同一类型,也可以是多个不同类型的元素。

1. 获得焦点与失去焦点事件

获得焦点事件(onfocus)是指某个元素获得焦点时触发的事件处理程序。失去焦点事件(onblur)是指当前元素失去焦点时触发的事件处理程序。在一般情况下,这两个事件是同时使用的。例如当用户准备在文本框中输入内容时,它会获得光标,触发 onfocus 事件。当文本框失去光标时,就会触发 onblur 事件。

并不是所有的 HTML 元素都有焦点事件,具有"获取焦点"和"失去焦点"特点的元素只有两种。

- 表单元素(单选框、复选框、单行文本框、多行文本框、下拉列表)
- 超链接

判断一个元素是否具有焦点很简单,我们打开一个页面后按 Tab 键,能够选中的就是具有焦点特性的元素。在实际开发中,焦点事件(onfocus 和 onblur)一般用于单行文本框和多行文本框。

【案例 7-5】手机号码验证

- 案例描述

本实例中,用户选择页面中的文本框时(即输入框获得焦点),如果输入框值为空,提示"请输入正确的手机号码";用户输入完毕离开页面中的文本框时(即输入框失去焦点),如果输入内容为正确的 11 位手机号,则插入图片 ✅,如果输入内容为错误手机号,则插入图片 ❌。运行结果如图 7-9、图 7-10 和图 7-11 所示。

- 案例分析

①通过元素名获取 DOM 对象的方式,得到输入框对象以及放置提示文字的元素对象,并用变量进行接收。

②给输入框绑定获得焦点事件,当输入框获得焦点时,输入框后出现提示文字"请输入正确的手机号码"。

③给输入框绑定失去焦点事件,当输入框失去焦点时,判断如果值为 11 位数字,输入框后插入图片 ✅,反之插入图片 ❌。

- 实现代码

```
1    <html>
2    <head>
3      <meta http-equiv="Content-Type" content="text/html; charset=gb2312"/>
4      <title>案例 7-5 手机号码验证</title>
5      <style>
6        .box{ padding:50px; }
```

```
7        .left,.tip{ float:left; }
8        .left{ margin-right:10px; }
9        .tip{ display:none;font-size:14px; }
10      </style>
11      <script type="text/javascript">
12        window.onload=function(){
13          var phone=document.getElementById("phone"),
14              tip=document.getElementById("tip");
15          phone.onfocus=function(){
16            tip.style.display='block';      }
17          phone.onblur=function(){
18            var phoneVal=this.value;
19            if(phoneVal.length==11 && isNaN(phoneVal)==false){
20              tip.innerHTML='<img src="image/right.png">';
21            }else{
22                tip.innerHTML='<img src="image/error.png">';
23          } }      }
24      </script>
25    </head>
26    <body>
27      <div class="box">
28        <div class="left"><input type="text" id="phone"></div>
29        <div class="tip" id="tip">请输入正确的手机号码</div>
30      </div>
31    </body>
32    </html>
```

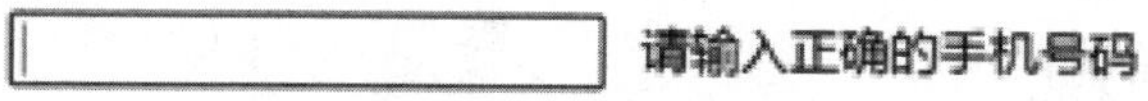

图 7-9　文本框获得焦点状态

图 7-10　文本框失去焦点状态(正确手机号码) 　　　　图 7-11　文本框失去焦点状态(错误手机号码)

2. 失去焦点修改事件

失去焦点修改事件(onchange)是当前元素失去焦点并且元素的内容发生改变时触发的事件处理程序。该事件一般在"具有多个选项的表单元素"中使用。

- 单选框选择某一项时触发
- 复选框选择某一项时触发

- 下拉列表选择某一项时触发

【案例 7-6】用下拉列表框改变页面背景颜色

- 案例描述

本实例中,用户选择下拉列表框中的颜色时,通过 onchange 事件改变页面背景颜色运行结果如图 7-12 所示。

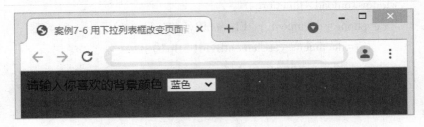

图 7-12   下拉列表框改变页面背景颜色

- 案例分析

①选择下拉列表中不同的选项,页面中的 div 就设置成不同的背景颜色,div 中的内容也发生变化。

例如:选择黄色选项,div 的背景颜色就变为黄色,文本内容就变为"我的背景颜色变成了 yellow 色"。

②当选择下拉列表中的"请选择"时,div 的背景颜色变成白色,文本变为"我没有发生任何变化"。

- 实现代码

```
1     <html>
2    <head>
3     <meta http-equiv="Content-Type" content="text/html; charset=gb2312"/>
4     <title>案例7-6 用下拉列表框改变页面背景颜色</title>
5     <script type="text/javascript">
6       window. onload=init;
7       function init( ) {
8          var menu=document. getElementById( "menu" );
9          menu. onchange=function( ) {
10          var bgcolor=this. value;    //var bgcolor=menu. value;
11          if( bgcolor=="" ) {
12           document. body. style. background="#fff";
13            } else {
14                 document. body. style. background=bgcolor; }
15        }
16     }
17     </script>
```

```
18   </head>
19   <body>
20     <div class="box">
21     请输入你喜欢的背景颜色
22   <select name=""  id="menu">
23       <option value="">请选择</option><option value="#f00">红色</option>
24       <option value="#0f0">绿色</option><option value="#00f">蓝色</option>
25       <option value="#ff0">黄色</option><option value="#ccc">灰色</option>
26     </select>
27     </div>
28   </body>
29   </html>
```

（五）处理键盘事件

1. 键盘事件

JavaScript 中,键盘事件包括 onkeypress、onkeydown、onkeyup 三个事件,它们的区别如下:
* onkeypress:键盘上某个键被按下时触发的事件,一般用于单键操作。
* onkeydown:键盘上某个键被按下时触发的事件,一般用于组合键操作。
* onkeyup:键盘上某个键被按下后松开触发的事件,一般用于组合键操作。

2. 键盘的键码值

键盘的键码值是指键盘上的按键都对应着一个数值,这个数值被称为 Unicode 键码值。在键盘事件处理程序中,可用 Event 对象的 keyCode 属性获得用户按下的键盘键的键码值。为了便于读者对键盘上的按键进行操作,下面以表格的形式给出其键码值。键盘上字母和数字键的键码值如表 7-2 所示。

表 7-2　键盘键对应的键码值

按键	键码值	按键	键码值	按键	键码值
BackSpace	8	\ |	220	0	48
Tab	9	] }	221	1	49
Clear	12	' "	222	2	50
Enter	13	A	65	3	51
Shift	16	B	66	4	52
Ctrl	17	C	67	5	53
Alt	18	D	68	6	54
CapsLock	20	E	69	7	55
Esc	27	F	70	8	56

续表

按键	键码值	按键	键码值	按键	键码值
空格	32	G	71	9	57
PageUp	33	H	72	*	106
PageDown	34	I	73	+	107
End	35	J	74	Enter	108
Hmoe	36	K	75	−	109
←	37	L	76	.	110
↑	38	M	77	/	111
→	39	N	78	F1	112
↓	40	O	79	F2	113
Insert	45	P	80	F3	114
Delete	46	Q	81	F4	115
NumLock	144	R	82	F5	116
;:	186	S	83	F6	117
=+	187	T	84	F7	118
,<	188	U	85	F8	119
−_	189	V	86	F9	120
.>	190	W	87	F10	121
/?	191	X	88	F11	122
`~	192	Y	89	F12	123
[{	219	Z	90		

注意 以上键码值只在文本框中完全有效。 如果在页面中使用（也就是在<body>标记中使用），则只有字母键、数字键和部分控制键可用，其字母键和数字键的键值与 ASCⅡ值相同。

【例 7-4】按 A 键对页面进行刷新示例。

```
1    <body>
2      <script type="text/javascript">
3        function refurbish(){
4           if(window.event.keyCode==97)    //当在键盘中按 A 键时
5                location.reload();}          //刷新当前页
6        document.onkeypress=refurbish;
7      </script>
8      <img id="image" name="image" src="image/4.jpg"/>
9    </body>
```

本案例利用键盘中的 A 键对页面进行刷新，效果类似于浏览器中单击"刷新"按钮，实现效果如图 7-13 所示。

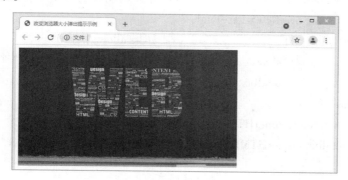

图 7-13　按 A 键对页面进行刷新示例

为了让读者能更好地使用键盘事件对网页的操作进行控制,下面利用 onkeyup 事件对网页文本框中的输入进行控制。

【案例 7-7】限制文本域文本的输入字数

- 案例描述

在文本域中输入文本,文本域的字数限制在 30 个字以内。每当用户输入一个字,就要提示用户还能输入多少个字,当用户输入的文本超出了 30 个字,要提示用户超出了多少字。

- 案例分析

①获取到文本域对象、字数变化元素、字数超过限制提示标签;

②自定义一个变量,接收可输入的总字数(30);

③给文本域绑定按键被松开时的事件,后跟匿名函数,以下步骤均在函数中;

④自定义变量,用于接收按键每松开一次获取一次文本域的值的长度;

⑤自定义变量,用于接收可输入的字体个数,b 标签中的文本内容设置为该变量;

⑥判断,如果可输入的字数小于 0,span 标签的内容要设置为"已超出多少字"。

- 实现代码

```
1    <body>
2        <p>
3            <b id="showcount">还可以输入</b>
4            <span  id="totalbox"><em id="count">30</em>/30 个字</span>
5        </p>
6        <textarea name="" id="text" cols="70" rows="4"></textarea>
7    <script type="text/javascript">
8            var text=document.getElementById("text");
9        var total=30;
10           var count=document.getElementById("count");
11           var showcount=document.getElementById("showcount");
12           var totalbox=document.getElementById("totalbox");
13       document.onkeyup=function(){            //绑定键盘事件
14           var len=text.value.length;  // 获取文本框值的长度
```

```
15              var allow=total-len;              // 计算可输入的剩余字符
16                  var overflow=len-total;
17          if(allow<0){                          // 如果 allow 小于 0
18                  showcount.innerHTML="已超过 "+overflow+"个字";
19                  totalbox.innerHTML='';
20          }else{
21              showcount.innerHTML='还可以再输入';
22              totalbox.innerHTML='<em id="count">'+allow+'</em>'+'个字/30';
23          }
24      }
25    </script>
26  </body>
```

本案例应用键盘事件 onkeyup 计算输入字数,实现效果如图 7-14、图 7-15 和图 7-16 所示。

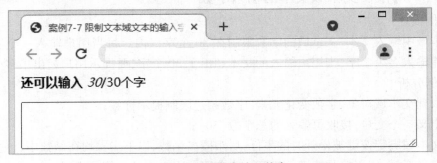

图 7-14　键盘未输入状态

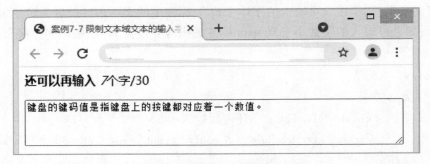

图 7-15　键盘输入字数未溢出状态

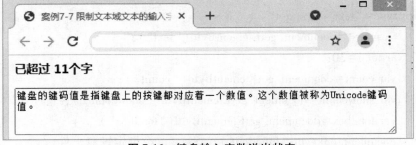

图 7-16　键盘输入字数溢出状态

【案例 7-8】按下不同按键时显示不同内容的对话框

- 案例描述

键盘上的按键都对应着不同的键码值,设计一个程序,当按下不同的按键时,页面上显示不同的内容的对话框,以测试不同按键的键码值。

- 案例分析

①不同的按键有不同的键码值,可以选取几个按键的键码进行测试,这里选择 A、B、F4、F5 键位进行测试。

②分别使用 event. keyCode 赋予不同的数字,然后根据不同数字输出不同的对话框内容,如"你按下 A 键"等。

③将自定义的函数绑定到键盘事件 onkeydown 上。

- 实现代码

```
1    <html>
2    <head>
3        <meta http-equiv = " Content-Type"  content = " text/html; charset = gb2312" />
4        <title>案例 7-8 按下不同按键时显示不同内容的对话框</title>
5        <script type = " text/javascript" >
6            function keyEvent( ) {
7                if( event. keyCode = = 65)
8                    alert("这是按下了 A 键!");
9                if( event. keyCode = = 66)
10                    alert("这是按下了 B 键!");
11                if( event. keyCode = = 115)
12                    alert("这是按下了 F4 键!");
13                if( event. keyCode = = 116)
14                    alert("这是按下了 F5 键!");
15            };
16            document. onkeydown = keyEvent;
17        </script>
18    </head>
19    <body>
20        分别按下键盘上的 A、B、F4、F5 键
21    </body>
22    </html>
```

在浏览器执行代码后,页面上出现"分别按下键盘上的 A、B、F4、F5 键"的字样,分别按下 A、B、F4、F5 后,会弹出不同内容的对话框。实现效果如图 7-17 所示。

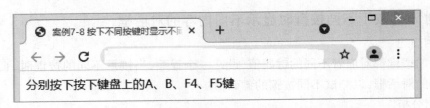

图 7-17   按下不同按键时显示不同内容的对话框示例

(六)处理编辑事件

编辑事件是指浏览器中的内容被修改或移动时执行的相关事件,主要是对浏览器中被选择的内容进行复制、剪切、粘贴时触发的事件,以及用鼠标拖动对象时所触发的一系列事件的集合。

1. 文本编辑事件

文本编辑事件是对浏览器中的内容进行复制、剪切、粘贴和选择时所触发的事件。

(1)复制事件

复制事件是在浏览器中复制被选中的部分或全部内容时触发的事件处理程序。复制事件包括 onbeforecopy 和 oncopy 两种:onbeforecopy 事件是将网页内容复制到剪贴板上时触发的事件处理程序,oncopy 事件是在网页中复制内容时触发的事件处理程序。

例如,不允许复制网页中的内容。代码如下:

```
1    <body oncopy = "return printNo( )">
2    </body>
3    <script type = "text/javascript">
4        function printNo( ) {
5            alert("该页面不允许复制");
6            return false;
7        }
8    </script>
```

> **注意**   如果在 onbeforecopy 和 oncopy 事件中调用的是自定义函数,那么必须在函数名的前面加 return 语句;否则,无法在函数中返回。

其实,要屏蔽网页中的复制功能,也可以直接在<body>标记的 onbeforecopy 或 oncopy 事件中用 JavaScript 语句来实现,代码如下:

```
<body oncopy = "return false"></body>
```

(2)剪切事件

剪切事件是在浏览器中剪切被选中的内容时触发的事件处理程序。剪切事件包括 onbeforecut 和 oncut 两个事件:onbeforecut 事件是当页面中的一部分或全部内容被剪切到系统剪贴板中时触发的事件处理程序,oncut 事件是当页面中被选择的内容被剪切时触发的事件处理程序。

【例 7-5】屏蔽在文本域中进行剪切示例。

代码如下：

```
1   <html>
2     <head>
3       <meta http-equiv="Content-Type" content="text/html; charset=gb2312"/>
4     </head>
5     <body oncut="return cutBan()">
6       <script type="text/javascript">
7         function cutBan(){
8           alert("该页面不允许剪切");
9           return false; }
10      </script>
11        <p>用 JavaScript 实现页面不能进行剪切操作</p>
12        <form name="form1" method="post" action="">
13          <textarea name="textarea" cols="50" rows="10" oncut="return false">
14            &lt;body oncopy="return cutBan()"&gt;
15            &lt;/body&gt;
16            &lt;script language="javascript"&gt;
17            function cutBan(){
18              alert("该页面不允许剪切");
19              return false; }
20            &lt;script&gt;
21          </textarea>
22        </form>
23    </body>
24  </html>
```

运行结果如图 7-18 所示。

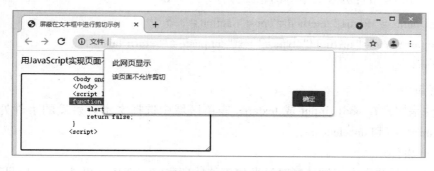

图 7-18　屏蔽在文本域中的剪切操作

在 textarea 控件中显示 JavaScript 代码时，不可以在<textarea> 和</textarea>标记中
显示任何标记（实际上就是"<" 和">"符号，这个标记可以用"&It" 和"&gt"代替）。

（3）粘贴事件

粘贴事件包括 onbeforepaste 和 onpaste 两种。

①onbeforepaste 事件

onbeforepaste 事件是将内容从系统剪贴板中粘贴到页面上时所触发的事件处理程序。可
以利用该事件避免浏览者填写信息时对验证信息进行粘贴,如密码文本框和确定密码文本框
中的信息。

例如,在向文本框粘贴文本时,利用 onbeforepaste 事件来清空剪贴板,使其无法向文本框
中粘贴数据。代码如下:

```
1   <form name="form1" method="post" action="">
2     <input name="textfield" type="text" onbeforepaste="return clearup()">
3   </form>
4   <script type="text/javascript">
5       function cutUp(){
6       window. clipboardData. setData("text","");
7   </script>
```

在 onbeforepaste 事件中，用 return 语句返回 true 或 false 是无效的。

②onpaste 事件

onpaste 事件是当内容被粘贴时触发的事件处理程序。在该事件中可以用 return 语句来
屏蔽粘贴操作。

例如,用 onpaste 事件屏蔽文本框的粘贴操作, 代码如下:

```
1   <form name="form1" method="post" action="">
2     <input name="textfield" type="text" onpaste="return false">
3   </form>
```

（4）选择事件

选择事件是用户在 body、input 或 textarea 表单区域中选择文本时触发的事件处理程序。
选择事件有 onselect 和 onselectstart。

①onselect 事件

onselect 事件是文本内容被选择时触发的事件处理程序。使用本事件时,用户只需在相应
文本中选择一个字符或是一个汉字 ,即可触发本事件,并不是用鼠标选择文本并松开鼠标时
触发本事件。

【例 7-6】显示选择的文本示例。

```
1    <body>
2       <form name = " form1"  method = " post"  action = " " >
3           <input name = " textfield"  type = " text"  onselect = " return selectText( )"  value = "
            hello！ Web. "/>
4       </form>
5       <script type = " text/javascript" >
6           function selectText( ) {
7           var txt = window. getSelection( ) ;
8             if( txt = = " hello！" ) {
9                   alert( " 你当前所选择的内容为:" +txt) ;
10                }
11              }
12      </script>
13    </body>
```

本实例通过 onselect 事件判断页面中选择的文本是否为"hello！",如果是则用提示框进行
显示。运行结果如图 7-19 所示。

图 7-19　显示选择的文本

②onselectstart 事件

onselectstart 事件是开始对文本内容进行选择时触发的事件处理程序。在该事件中可以
用 return 语句来屏蔽文本的选择操作。

例如,在页面中实现不能选择文本内容的操作,代码如下:

```
<body onselectstart = " return false" ></body>
```

【例 7-7】除指定文本外不能被选择示例。

```
1    <body onselectstart = " return Tselect( event. srcElement) " >
2       <form name = " form1"  method = " post"  action = " " >
3           <p>选择页面中的文本内容</p>
4           <p>
5               <input name = " textfield"  type = " text"  value = " hello！ Web. "/>
6           </p>
7       </form>
```

```
8        <script type="text/javascript">
9            function Tselect(obj){
10               if(obj.type! ="text")        //判断是否选择了文本内容
11                   return false;
12           }
13       </script>
14   </body>
```

本实例可屏蔽页面中除 text 类型以外的所有文本内容,使其都不能进行选择操作。运行结果如图 7-20 所示。

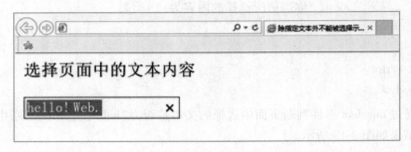

图 7-20　指定文本类型可以被选择

注意　在<body>标记中使用 onselectstart 事件后,该事件可针对当前页面中的所有元素,并不需要在<input>标记中再次添加。

提示　考虑到浏览器的兼容性,请在 IE 浏览器中运行例 6-7。

2. 对象拖动事件

在 JavaScript 中有两种方法可以实现拖放功能,即系统拖放和模拟拖放。微软为 IE 提供的拖放事件有两类:一类是拖放对象事件;另一类是放置目标事件。下面对这两类事件进行说明。

(1)拖放对象事件

拖放对象事件包含 ondrag、ondragend 和 ondragstart 事件。

- ondrag 事件是对象被拖动时触发的事件处理程序。
- ondragend 事件是鼠标拖动结束时触发的事件处理程序,也就是鼠标按钮被释放时触发的事件。
- ondragstart 事件是对象将被拖动时触发的事件处理程序,也就是当鼠标按下,开始移动鼠标时触发的事件。

例如,在图片被拖动时, 在窗口的标题栏中显示图片拖动的状态,也就是在将要拖动图片时,在标题栏中显示 dragstart;在拖动图片时,在标题栏中显示 drag;在拖动结束时,在标题栏中显示 dragend,代码如下:

```
1    <body>
2    <form name="form1" method="post" action="">
3        <input name="imageField" type="image" src="Temp.jpg" width="150" height
         ="120"
4        border="0" ondrag="drag(event)" ondragend="drag(event)" ondragstart=
         "drag(event)"/>
5    </form>
6    <script type="text/javascript">
7        functiondrag(Event){
8            document.title=Event.type;    //在窗口的标题栏中写入相应的事件类型名
9        }
10   </script>
11   </body>
```

注意

在对对象进行拖动时,一般要使用 ondragend 事件结束对象的拖动操作。

(2)放置目标事件

放置目标事件包含 ondragover、ondragenter、ondragleave 和 ondrop 事件。

- ondragover 事件是当某个被拖动的对象在另一对象容器范围内拖动时触发的事件处理程序。
- ondragenter 事件是当对象被鼠标拖动进入其容器范围内时触发的事件处理程序。
- ondragleave 事件是当鼠标拖动的对象离开其容器范围内时触发的事件处理程序。也就是说,当 dragover 停止触发,对象被拖出放置目标时,触发该事件。
- ondrop 事件是拖动过程中释放鼠标时触发的事件处理程序。也就是说,被拖动的对象在其他容器上松开鼠标时触发的是 drop 事件而不是 dragleave 事件。

【例 7-8】放置目标事件示例。

```
1    <body>
2    <table width="330" height="136" border="1">
3      <tr>
4        <td id="td1" align="center" width="165" height="136">
5            <input name="imageField" type="image" src="image/4.jpg" widht=
             "150" height="120" border="0"/>
6        </td>
7        <td id="td2" align="center" width="165" height="136"
8            ondragenter="DragObject(event)"
```

```
 9              ondragover = " DragObject( event ) "
10              ondragleave = " DragObject( event ) "
11              ondrop = " DragObject( event ) " >
12          </td>
13      </tr>
14    </table>
15    <script type = " text/javascript" >
16        function DragObject( Devent ) {
17            switch( Devent. type ) {
18                case " dragenter" : {
19                    document. title = "进入目标容器范围内";
20                    break; }
21                case " dragover" : {
22                    document. title = "在目标容器范围内进行拖动";
23                    break; }
24                case " dragleave" : {
25                    document. title = "对象离开目标容器";
26                    break; }
27                case " drop" : {
28                    document. title = "在目标容器中放下该对象";
29                    break; }
30            }
31        }
32    </script>
33  </body>
```

本实例中,通过对图片的拖曳操作,在窗口标题栏中显示 ondragover、ondragenter、ondragleave 和 ondrop 事件的相关描述。运行结果如图 7-21 所示。

图 7-21　放置目标事件示例

（七）事件进阶

1. 事件监听器

在 JavaScript 中，想要给元素添加一个事件，我们有两种方式：事件处理器和事件监听器。

（1）事件处理器

在前面的学习中，如果想要给元素添加一个事件，我们都是通过操作 HTML 属性的方式来实现，这种方式其实也叫作"事件处理器"，例如：

OBtn. onclick＝function( ) {……}

事件处理器的用法非常简单，代码写出来也很易读。不过这种添加事件的方式是有一定缺陷的，事件处理器没有办法为一个元素添加多个相同事件。例如对同一个按钮添加三次 onclick 事件，但 JavaScript 最终只会执行最后一次 onclick。

因此，如果想要为一个元素添加多个相同事件，则需要用到另外一种添加事件的方式，即事件监听器。

（2）事件监听器

①绑定事件

所谓事件监听器，指的是使用 addEventListener( ) 方法来为一个元素添加事件，我们又称之为"绑定事件"。语法如下：

obj. addEventListener(type, fn, false) ;

- obj 是一个 DOM 对象，指的是使用 getElementById( )、getElementsByTagName( ) 等方法获取到的元素节点。
- type 是一个字符串，指的是事件类型。例如单击事件用" click "、鼠标移入用" mouseover "。一定要注意，这个事件类型是不需要加上 on 前缀的。
- fn 是一个函数名或者一个匿名函数。
- false 表示在事件冒泡阶段调用。

提示　由于 IE8 及以下版本已经基本不被使用，所以对于 addEventListener( ) 的兼容性我们不需要考虑 IE。

【例 7-9】addEventListener( ) 绑定事件示例。

（1）实现代码

```
1   <head
2     <meta http-equiv=" Content-Type" content=" text/html; charset=gb2312"/>
3     <title>addEventListener( )绑定事件示例</title>
4   <script type=" text/javascript" >
5       window. onload=function( ) {
6           var oBtn=document. getElementById(" btn" ) ;
```

```
7                oBtn. addEventListener("click",alertMes,false);
8                function alertMes(){
9                    alert("JavaScript");
10                   }
11               }
12        </script>
13    </head>
14    <body>
15            <input id="btn" type="button" value="按钮"/>
16    </body>
```

运行结果如图 7-22 所示。

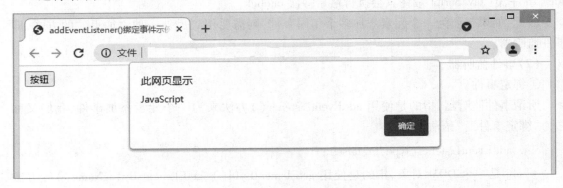

图 7-22　addEventListener( )绑定事件示例

（2）示例分析

```
    1   //使用函数名
2  oBtn. addEventListener("click",alertMes,false);
3          function alertMes(){
4              alert("JavaScript");
5          }
1  //使用匿名函数
2  oBtn. addEventListener("click", function (){
3              alert("JavaScript");
4          },false);
```

上面两段代码是等价的,一种是使用函数名,另一种是使用匿名函数。

【案例 7-9】使用事件监听器为同一个元素添加多个相同事件

- 案例描述

点击按钮后,浏览器会依次弹出三个对话框。

- 案例分析

①使用事件监听器方式可为同一个元素添加多个相同的事件,而这点是事件处理器做不

到的。

②一般情况下，如果想要为元素仅仅添加一个事件的话，事件监听器方式和事件处理器方式是等价的，即以下两条代码等价。

```
obj. addEventListener("click", function(){……},false);
obj. onclick = function(){……};
```

- 实现代码

```
1   <head>
2       <meta http-equiv="Content-Type" content="text/html; charset=gb2312"/>
3       <title>案例 7-9 使用事件监听器为同一个元素添加多个相同事件</title>
4   <script type="text/javascript">
5           window. onload = function(){
6               var oBtn = document. getElementById("btn");
7               oBtn. addEventListener("click",function(){
8                   alert("第 1 次");
9               },false);
10              oBtn. addEventListener("click",function(){
11                  alert("第 2 次");
12              },false);
13              oBtn. addEventListener("click",function(){
14                  alert("第 3 次");
15              },false)
16          }
17      </script>
18  </head>
19  <body>
20          <input id="btn" type="button" value="按钮"/>
21  </body>
```

在点击按钮后，浏览器会依次弹出三个对话框。第一个对话框弹出效果如图 7-23 所示。

图 7-23　使用事件监听器为同一个元素添加多个相同事件

②解绑事件

在 JavaScript 中,我们可以使用 removeEventListener( )方法为元素解绑(或解除)某个事件。解绑事件与绑定事件是相反的操作。语法如下:

    obj. removeEventListener(type, fn, false) ;

 提 示　对于 removeEventListener( )方法来说,fn 必须是一个函数名,而不能是一个匿名函数。

【例 7-10】解除事件监听器添加的事件示例。

(1)实现代码

```
1   <html>
2   <head lang = "en">
3     <meta http-equiv = "Content-Type"  content = "text/html; charset = gb2312"/>
4     <title>解除事件监听器添加的事件示例</title>
5   <script type = "text/javascript">
6         window. onload = function( ) {
7           var oDiv = document. getElementById( "content") ,
8               oBtn = document. getElementById( "btn") ;
9         //为 div 添加事件
10          oDiv. addEventListener( "click", changeColor, false) ;
11         //点击按钮后,为 div 解除事件
12          oBtn. addEventListener( "click", function( ) {
13             oDiv. removeEventListener( "click", changeColor, false) ;
14          }, false) ;
15          function changeColor( ) {
16             this. style. color = "hotpink" ;
17          }
18        }
19   </script>
20   </head>
21   <body>
22          <p id = "content">Web 前端开发技术</p>
23          <input id = "btn" type = "button" value = "解除"/>
24   </body>
25   </html>
```

当我们点击"解除"按钮后,再点击 p 元素,就发现 p 元素的点击事件无效了。运行结果如图 7-24 所示。

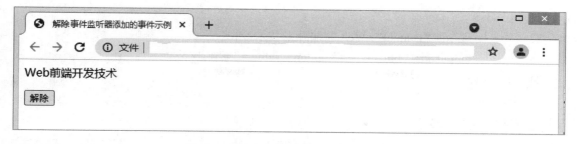

图 7-24　解除事件监听器添加的事件示例

（2）示例分析

①如果想要使用 removeEventListener( )方法来解除一个事件,那么当初使用 addEventListener( )添加事件的时候,就一定要用定义函数的形式。

②removeEventListener( )跟 addEventListener( )的语法形式一致。

```
obj. addEventListener("click", fn,false);
obj. removeEventListener("click", fn,false);
```

实际上,removeEventListener( )只可以解除"事件监听器"添加的事件,它是不可以解除"事件处理器"添加的事件的。如果想要解除"事件处理器"添加的事件,我们可以使用"obj.事件名=null;"来实现,如例 7-11 所示。

【例 7-11】解除事件处理器添加的事件示例。

```
1    <html>
2    <head lang="en">
3        <meta http-equiv="Content-Type" content="text/html; charset=gb2312"/>
4        <title>解除事件处理器添加的事件示例</title>
5    <script type="text/javascript">
6            window. onload=function( ) {
7                var oDiv=document. getElementById("content"),
8                    oBtn=document. getElementById("btn");
9            //为 div 添加事件
10               oDiv. onclick=changeColor;
11           //点击按钮后,为 div 解除事件
12               oBtn. addEventListener("click",function( ) {
13                   oDiv. onclick=null;
14               },false);
15               function changeColor( ) {
16                   this. style. color="hotpink";
17               }
18           }
19       </script>
20    </head>
```

```
21   <body>
22        <p id="content">Web 前端开发技术</p>
23        <input id="btn" type="button" value="解除"/>
24   </body>
25   </html>
```

运行结果如图 7-25 所示。

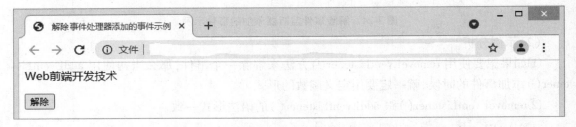

图 7-25   解除事件处理器添加的事件示例

解除事件都有什么用呢？其实大多数情况没必要去解除事件,但是不少情况下是必须要解除事件的,如案例 7-10 所示。

【案例 7-10】限制事件只能执行一次

- 案例描述

限制按钮智能执行依次点击事件。

- 案例分析

①在点击事件函数的最后解除事件。

②在实际开发中,像拖拽效果这种效果,在执行 onmouseup 事件中就必须要解除 onmouse-move 事件,如果没有解除就会存在 bug。

- 实现代码

```
1   <html>
2   <head lang="en">
3     <meta http-equiv="Content-Type" content="text/html; charset=gb2312"/>
4     <title>案例 7-10 限制事件只能执行一次</title>
5   <script type="text/javascript">
6        window. onload=function( ) {
7             var oBtn=document. getElementById("btn");
8             oBtn. addEventListener("click",alertMes,false);
9             function alertMes( ) {
10                 alert("很棒噢~");
11                 oBtn. removeEventListener("click",alertMes,false);}
12        }
13     </script>
```

```
14    </head>
15    <body>
16        <input id="btn" type="button" value="弹出"/>
17    </body>
18    </html>
```

点击按钮仅能执行弹出对话框,运行结果如图 7-26 所示。

图 7-26　限制事件只能执行一次

2. event 对象

当一个事件发生的时候,这个事件有关的详细信息都会临时保存到一个指定的地方,这个地方就是 event 对象。每一个事件,都有个对应的 event 对象。例如,我们知道飞机都有黑匣子,每次飞机出事(一个事件)后,就可以从黑匣子(event 对象)中获取详细的信息。

在 JavaScript 事件对象中,event 对象代表事件的状态,如发生事件的元素名称、键盘按键的状态、鼠标的位置、鼠标按钮的状态等。使用 event 对象的 type 属性可以返回当前 event 对象表示的事件名称。只有当事件发生时 event 对象才有效,只能在事件处理程序中访问 event 对象。event 对象的主要属性如表 7-3 所示。

表 7-3　event 对象的主要属性

属性	说明
type	返回事件名称,如单击事件名 click
srcElement	返回产生事件的元素对象。如当单击按钮产生 click 事件时,该事件的 srcElement 属性就是对于这个按钮对象的引用
cancelBubble	表示是否取消当前事件向上冒泡、传递给上一层的元素对象。默认为 false, 允许冒泡;否则为 true,禁止该事件冒泡
returnValue	指定事件的返回值,默认为 true。若设置为 false,则取消该事件的默认处理动作
keyCode	指示键盘事件的按键的 Unicode 键码值
altKey	指示 Alt 键的状态,当 Alt 键按下时为 true
ctrlKey	指示 Ctrl 键的状态,当 Ctrl 键按下时为 true
repeat	指示 Keydown 事件是否正在重复,并且只适用于 Keydown 事件
button	指示哪一个鼠标按键被按下(IE8 以前的版本,1:左键被按下;2:右键被按下;4:中键被按下;IE8 以后的版本,0:左键被按下;2:右键被按下;1:中键被按下)

续表

属性	说明
x,y	指示鼠标相对于页面的 x,y 坐标,即水平和垂直位置,单位为像素
client,clientY	指示鼠标指针相对于窗口浏览区的 x,y 坐标
screen,screenY	指示鼠标指针相对于电脑屏幕的 x,y 坐标
offsetX,offsetY	指示鼠标指针相对于触发事件的元素的 x,y 坐标
fromElement	用于 mouseover 和 mouseout 事件,指示鼠标指针从哪个元素移来
toElement	用于 mouseover 和 mouseout 事件,指示鼠标指针移向哪个元素

3. 事件流

在 JavaScript 中,事件流指的是 DOM 事件流。当一个事件发生时,不仅产生事件的元素响应,其他元素也可以响应。由于 DOM 模型是一个树型结构,其中的 HTML 元素上产生一个事件时,该事件会在 DOM 树中元素节点和根节点之间按照特定的顺序传播,路径所经过的节点都会收到该事件,这个过程就是 DOM 的事件流。按照传播方向的不同,DOM 事件流有两种方式:冒泡事件和捕获事件。

(1)冒泡事件

在 JavaScript 中,默认使用冒泡事件。当事件在某一元素上触发时,事件将沿着各个节点的父节点自下而上穿过各个 DOM 节点,就像冒泡一样,所以这种方式称为冒泡事件方式。在冒泡的过程中,在任何时候都可以终止事件的冒泡。如果不终止冒泡,事件流会沿着 DOM 节点一直向上直至 DOM 的根节点。

(2)捕获事件

与冒泡事件相反,在捕获事件中,事件的传播将从 DOM 树的根节点开始,而不是从触发事件的目标元素开始。事件是从目标元素的所有祖先元素依次向下传递。在这个过程中事件会从 DOM 树的根元素到事件目标元素之间各个继承之间的元素所捕获。捕获事件流的传播过程如图 7-27 所示。

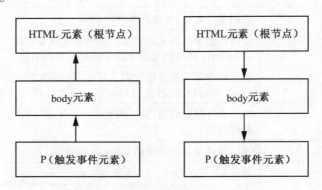

图 7-27　冒泡事件和捕捉事件示意图

(3)事件传导的三个阶段

在 W3C 定义的事件模型中,事件传导可以分为下面 3 个阶段。

①事件捕捉阶段:事件将沿着 DOM 树向下传递,经过目标节点的每一个祖先节点,直到目标节点。例如,若用户单击了一个超链接,则该单击事件将从 document 节点传送到 HTML

元素、body 元素以及包含该链接的 p 元素。目标节点就是触发事件的 DOM 节点。例如,如果用户单击一个超链接,那么该超链接就是目标节点。

②目标阶段:在此阶段中,事件传导到目标节点。浏览器在查找到已经指定给目标事件的事件监听器之后,就会运行该事件监听器。

③冒泡阶段:事件将沿着 DOM 树向上传送,再逐次访问目标元素的祖先节点直到 document 节点。该过程中的每一步,浏览器都将检测那些不是捕捉事件监听器的事件监听器并执行。

【案例 7-11】显示触发事件名称

● 案例描述

本案例要求当鼠标在页面上单击时,会出现一个对话框显示单击鼠标的事件名称。

● 案例分析

①根据案例描述要求,在页面上显示事件名称,可用 event. type 来实现捕捉到的事件名称。

②定义一个函数,在函数中用对话框实现显示事件的名称。

③在页面上使用 HTML 事件绑定的方法调用定义的函数。

● 实现代码

```
1   <html>
2   <head lang="en">
3     <meta http-equiv="Content-Type" content="text/html; charset=gb2312"/>
4     <title>案例 7-11 显示触发事件名称</title>
5   <script type="text/javascript">
6     function showEventName() {    //在对话中显示事件名称
7     alert(window. event. type); }
8   </script>
9   </head>
10  <body>
11     <p   onmousedown="showEventName()">单击鼠标左键,测试一下事件名称</p>
12  </body>
13  </html>
```

● 实现效果

代码执行后,当在页面单击鼠标左键时,会弹出含有"mousedown"的对话框,效果如图 7-28 所示。

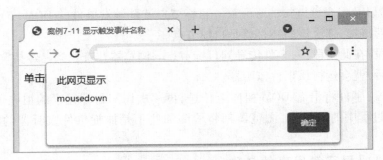

图 7-28　显示触发事件名称示例

【案例 7-12】阻止事件的默认行为

● 案例描述

本案例要求通过事件处理,当按下 Shift 键时取消单击超链接将显示超链接的页面的功能。

● 案例分析

①在 JavaScript 中,事件都有一个默认动作,例如单击超链接会转到要链接的页面,单击右键会出现右键快捷菜单等。如果要阻止事件的默认动作,可以采用如下两种方法。

②根据以上分析,定义一个函数,在函数中用实现当事件 srcElement 属性是"a"并且是事件 shiftKey 时,将 returnValue 赋值为 true。

③在页面上使用 HTML 事件绑定的方法调用定义的函数。

● 实现代码

```
1   <html>
2   <head lang="en">
3    <meta http-equiv="Content-Type" content="text/html; charset=gb2312"/>
4    <title>案例 7-12 阻止事件的默认行为</title>
5    <script type="text/javascript">
6        function preventLink(){
7          if(event.srcElement.tagName.toUpperCase()=="A" && event.shiftKey){
8            event.returnValue = false;//取消事件的默认处理动作}
9        }
10    </script>
11  </head>
12  <body onclick="return preventLink()">
13    <p><a href="http://www.dlust.edu.cn/">大连科技学院主页</a></p>
14  </body>
15  </html>
```

上述代码实现时,页面上有一个超链接"大连科技学院主页",当单击时会显示主页,但是当按住 Shift 键时,就没有反应。在<body>元素中绑定了 onclick 事件,使用 srcElement.tagName.toUpperCase()判断是否是超链接符号"a",利用 event.shiftKey 判断是否按下 Shift 键,然后通过给 returnValue 赋值 false 来达到阻止事件行为的目的,效果如图 7-29 所示。

图 7-29　阻止事件的默认行为

单元小结

在 JavaScript 中,事件及事件处理是 JavaScript 的核心技术之一,通过事件驱动编程可以解决用户与页面进行交互的问题,是动态网页编程必不可少的。JavaScript 是基于对象(object-based)的语言,其最基本的特征就是采用事件驱动。它可以使图形界面环境下的一切操作变得简单化。

本章主要讲解事件与事件处理的相关内容。通过本章的学习,读者可以了解事件与事件处理的概念,并能掌握鼠标、键盘、页面、表单等事件的处理技术,从而实现各种程序效果。

第 8 章

JavaScript表单编程

一、单元概述

本章的主要内容是表单的基础知识。学生通过本章学习,对网页的表单及表单元素的基本概念有一个宏观了解,并且能够理解表单及表单元素,掌握获取表单对象、获取表单元素对象及操作表单的基本方法。

本章通过理论教学、案例教学等方法,循序渐进地向学生介绍表单的定义及表单操作等基本知识,介绍常用的表单元素及操作表单的方法,并通过案例演示表单的基本操作方法。

二、教学重点与难点

重点:

理解表单及表单对象的基本概念,掌握访问表单和表单控件的方法,灵活运用处理表单按钮、文本框、单选框、复选和列表框。

难点:

掌握提交表单和验证表单,键盘事件的键盘按键的识别。

解决方案:

在课程讲授时要注意多采用案例教学法进行相关案例的演示,分别从表单事件、表单对象入手,掌握表单和表单对象的属性和方法,访问表单和操作表单的方法,具备使用鼠标事件和键盘事件解决问题的能力。

【本章知识】

本章主要运用案例教学法,通过对访问表单、表单控件以及验证表单和获取表单向服务器提交的数据和对数据进行验证。深入理解表单事件的操作方法,实现掌握表单事件和表单控件提交的数据。通过实例的方法加强对表单事件的理解,达到能够独立熟练运用表单事件解决实际问题的能力。

通过本章学习,学生能够掌握表单事件和使用方法,掌握利用表单事件来获取表单向服务器提交的数据和对数据进行初步的验证,具备处理访问表单和表单控件的能力,具备处理提交表单和验证表单的能力,具备处理表单按钮、文本框、单选框、复选和列表框的能力,具备信息搜集能力,具备团结合作、互帮互助的能力。从而能够制作出具有良好交互的网页,为以后各章的学习打下基础。

(一)HTML 表单概述

本节介绍如何定义 HTML 表单和表单元素。表单中可以包括标签(静态文本)、单行文本框、滚动文本框、复选框、单选按钮、下拉菜单(组合框)和按钮等元素。

1.定义表单

可以使用<form>标签定义表单,<form>标签常用的属性如下。

(1)id:表单 ID,用来标记一个表单。

(2)name:表单名。

(3)action:指定处理表单提交数据的服务器端脚本文件。脚本文件可以是 ASP 文件、

ASP. NET 文件或 PHP 文件,它部署在 Web 服务器上,用于接收和处理用户通过表单提交的数据。

(4)method:指定表单信息传递到服务器的方式,有效值为 GET 或 POST。两种提交方式的区别如下。

① GET 提交:提交的数据会附加在 URL 之后(就是把数据放置在 HTTP 协议头中),以问号(?)分割 URL 和传输数据,多个参数之间使用 & 连接。例如:

login. action? name=hyddd&password=idontkonw&verify=%4%BD%A0%E5

如果数据是英文字母/数字,则原样发送;如果是空格,则转换为+;如果是中文/其他字符,则直接把字符串用 BASE64 加密,得出类似"%4%BD%A0%E5"的字符串,其中%XX 中的 XX 为该符号以十六进制表示的 ASCⅡ码。

② POST 提交:把提交的数据放置在 HTTP 包的包体中。因此,GET 提交的数据会在地址栏中显示出来,而 POST 提交不会改变地址栏的内容。

使用 GET 方法的效率较高,但传递的信息量仅为 2KB,而 POST 方法没有此限制,所以通常使用 PSOT 方法。

【例 8-1】定义表单 form1,提交数据的方式为 POST,处理表单提交数据的脚本文件为 checkpwd. h,代码如下:

```
<form id="form1" name="form1" method="post" action="checkpwd. html">
    ......
</form>
```

在 action 属性中指定处理脚本文件时,可以指定文件在 Web 服务器上的路径。可以使用绝对路径和相对路径两种方式指定脚本文件的位置。绝对路径指从网站根目录(\)到脚本文件的完整路径,例如"\checkpwd. html"或者"\php\checkpwd. html";绝对路径也可以是一个完整的 URL,例如"http://www. host. com/checkpwd. html"。

相对路径是从表单的网页文件到脚本文件的路径。如果网页文件和脚本文件在同一目录下,则 action 属性中不需指定路径,也可以使用". \ShowInfo. html"指定处理脚本文件,"."表示当前路径。还有一个特殊的相对路径,即"..",它表示上级路径。如果脚本文件 checkpwd. html 在网页文件的上级目录中,则可以使用".. \ checkpwd. html"指定脚本文件。

【例 8-1】只定义了一个空表单,表单中不包含任何元素,因此不能用于输入数据。本章后面将介绍如何定义和使用表单控件。

2. 文本框

文本框是用于输入单行文本的表单控件。通常用来填写用户名以及简单的回答。使用 <input>标签定义单行文本框,实现如下:

```
<input type="text" name="username" value=""/>
```

文本框的常用属性如表 8-1 所示。

表 8-1　文本框的常用属性及说明

属性	说明
name	表单对象的名称,用来标记一个文本框
value	文本框的初始值,用来设置首次加载时文本框中显示的值
size	用来设置文本框最多可以显示的字符数
maxlength	用来设置文本框允许输入的最大字符数
readonly	用来设置文本框是否可编辑
type	用来设置文本框的类型,默认为 text 类型 text:默认值,普通文本框 password:密码文本框 hidden:隐藏文本框,用于记录和提交不希望用户看到的数据 file:用于选择文件的文本框

注 意　　使用<input>标签不仅可以定义文本框,通过设置 type 属性,还可以定义复选框、列表框和按钮等控件,具体情况将在本章后面介绍。

【例 8-2】定义一个表单 form1,其中包含各种类型的文本框,代码如下:

```
1   <html>
2   <body>
3   <form id="form1"  name="form1"  method="post"  action="ShowInfo. html">
4   用户名:<input name="txtUserName"  type="text"  value=""/>    <br>
5   密码:<input name="txtUserPass"  type="password"/> <br>
6   文件:<input name="upfile"  type="file"/><BR>
7   隐藏文本框:<input name="flag"  type="hidden"  vslue="1"/>
8   </form>
9   </body>
10  </html>
```

浏览此网页的结果如图 8-1 所示。

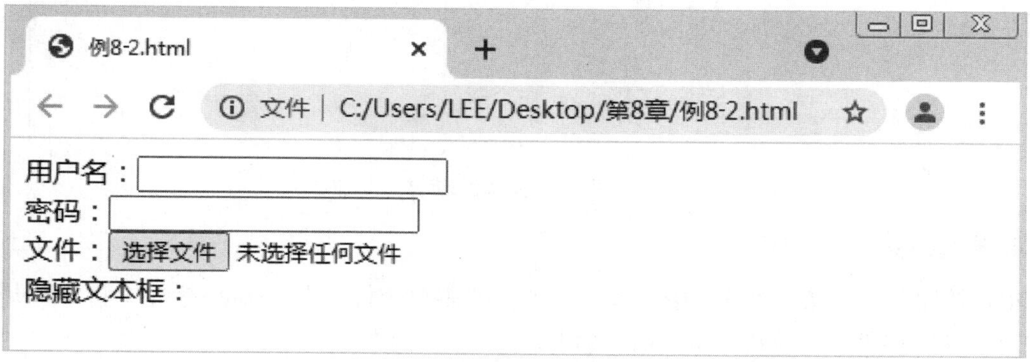

图 8-1　各种类型的文本框

可以看到,类型为 text 的普通文本框可以正常显示用户输入的文本;类型为 password 的密码文本框将用户输入的文本显示为 * ;类型为 file 的文件文本框显示为一个"选择文件"按钮和一个显示文件名的文本框(不同浏览器的显示风格可能会不同);类型为 hidden 的隐藏文本框则不会显示在页面中(通常使用隐藏文本框保存编辑记录的编号信息)。

3. 文本区域

文本区域是用于输入多行文本的表单控件。可以使用<textarea>标签定义文本区域,例如:

```
<textarea name="details"> </textarea>
```

<textarea>标签的常用属性如表 8-2 所示。

表 8-2   <textarea>标签的常用属性及说明

属性	说明
cols	设置文本区域的字符宽度值
disabled	当此文本区域首次加载时禁用此文本区域
name	用来标记一个文本区域
readonly	指示用户无法修改文本区域内的内容
rows	设置文本区域允许输入的最大行数

【例 8-3】定义一个表单 form1,其中包含一个 5 行 45 列的文本区域,代码如下:

```
1    <form id="form1" name="form1" method="post" action="ShowInfo.html">
2    <textarea name="details" cols="45" rows="5">
3        文本区域
4    </textarea>
5    </form>
```

浏览此网页的结果如图 8-2 所示。

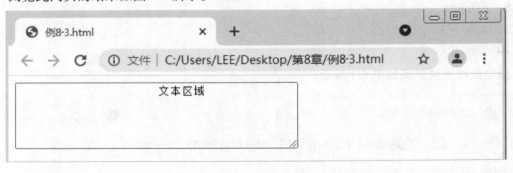

图 8-2   文本区域

4. 单选按钮

单选按钮是用于从多个选项中选择一个项目的表单控件。在<input>标签中将 type 属性设置为"radio"即可定义单选按钮。语法如下:

```
<input type="radio" value="female" name="gender" checked> 女
<input type="radio" value="male" name="gender"> 男
```

单选按钮的常用属性如表 8-3 所示。

表 8-3　单选按钮的常用属性及说明

属性	说明
name	标记按钮的名称,属于同一组单选框的 name 属性必须一致
value	用来设置单选按钮的初始值
checked	用来设置单选按钮的初始选择状态,否则为未选

【例 8-4】定义一个表单 form1,其中包含 2 个用于选择性别的单选按钮,默认选中"男",代码如下:

```
1  <form id="form1" name="form1" method="post" action="ShowInfo.html">
2    <input name="radioSex1" type="radio" id="radioSex1" checked>男</input>
3    <input name="radioSex2" type="radio" id="radioSex2"/>女</input>
4  </form>
```

浏览此网页的结果如图 8-3 所示。

图 8-3　单选按钮

5. 复选框

复选框是用于选择或取消某个项目的表单控件。在 <input> 标签中将 type 属性设置为 "checkbox" 即可定义复选框。语法如下:

```
<input type="checkbox" value="swimming" name="m1" checked>游泳
<input type="checkbox" value="song" name="m2" checked>唱歌
<input type="checkbox" value="dance" name="m3">跳舞
```

复选框的常用属性如表 8-4 所示。

表 8-4　复选框的常用属性及说明

属性	说明
name	用来标记一个复选框
value	用来设置复选框的初始值
checked	用来设置复选框的初始选择状态,否则为未选

【例 8-5】定义一个表单 form1,其中包含 3 个用于选择兴趣爱好的复选框,代码如下:

```
1    <form id="form1" name="form1" method="post" action="ShowInfo. php">
2        <input type="checkbox" name="C1" id="C1">文艺</input>
3        <input type="checkbox" name="C2" id="C2">体育</input>
4        <input type="checkbox" name="C3" id="C3">电脑</input>
5    </form>
```

浏览此网页的结果如图 8-4 所示。

图 8-4　复选框

6. 组合框

组合框也称为列表或者菜单,是用于从多个选项中选择某个项目的表单控件。可以使用 <select>标签定义组合框。语法如下:

```
<select name="name" size="3" multiple>
    <option value="beijing" selected>北京</option>
    <option value="shanghai">上海</option>
    <option value="tianjin" selected>天津</option>
</select>
```

列表或菜单的常用属性如表 8-5 所示。

表 8-5　列表或菜单的常用属性及说明

属性		说明
selected	name	标记组合框的名称
	size	用来设置能同时显示的列表选项个数(默认为 1),取值大于或等于 1,可选属性
	checked	用来设置复选框的初始状态,否则为未选
	multiple	设置列表中的项目可多选,可选属性
option	value	设置选项值,该值将被提交到服务器端处理,必选属性
	selected	设置默认选项,如果使用了 multiple,则可对多个列表选项进行此属性的设置,可选属性

【例 8-6】定义一个表单 form1,其中包含一个用于选择所在城市的组合框,组合框中有北京、上海、天津和重庆 4 个选项,默认选中"北京",代码如下:

```
1   <form id = " form1 "  name = " form1 "  method = " post "  action = " ShowInfo. html " >
2   <select name = " city "  id = " city " >
3       <option  value = " 北京 " >北京</option>
4       <option  value = " 上海 " selected>上海</option>
5       <option  value = " 天津 " >天津</option>
6       <option  value = " 重庆 " >重庆</option>
7   </select>
8   </form>
```

浏览此网页的结果如图 8-5 所示。

图 8-5　所在城市的组合框

7. 按钮

　　HTML 支持 3 种类型的按钮,即提交按钮(submit)、重置按钮(reset)和普通按钮(button)。单击提交按钮,浏览器会将表单中的数据提交到 Web 服务器,由服务器端的脚本语言处理提交的表单数据,此过程不在本书讨论的范围内,读者可以参考相关资料理解;单击重置按钮,浏览器会将表单中的所有控件的值设置为初始值;单击普通按钮的动作则由用户指定。

　　可以使用<input>标签定义按钮,通过 type 属性指定按钮的类型,type = " submit" 表示定义提交按钮,type = " reset" 表示定义重置按钮,type = " button" 表示定义普通按钮。按钮的常用属性如表 8-6 所示。

表 8-6　按钮的常用属性及说明

属性	说明
name	用来标记一个按钮
value	定义按钮显示的字符串
type	定义按钮类型
onclick	用来指定单击普通按钮时的动作

　　【例 8-7】定义一个表单 form1,其中包含 3 个按钮,1 个提交按钮、1 个重置按钮和 1 个普通按钮"hello",代码如下:

```
1    <form id="form1" name="form1" method="post" action="ShowInfo.php">
2        <input type="submit" name="submit" id="submit" value="提交"/>
3        <input type="reset" name="reset" id="reset" value="重置"/>
4        <input type="button" name="hello" onclick="alert('hello')" value="hello"/>
5    </form>
```

浏览此网页,单击"hello"按钮会弹出如图 8-6 所示的对话框。

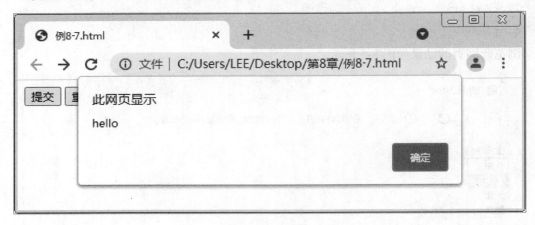

图 8-6　运行结果

也可以使用<button>标签定义按钮。<button>标签的常用属性如表 8-7 所示。

表 8-7　<button>标签的常用属性及说明

属性	说明
autofocus	HTLM5 的新增属性,指定在页面加载时是否让按钮获得焦点
disabled	禁用按钮
name	指定按钮的名称
value	定义按钮显示的字符串
type	定义按钮类型。Type="submit"表示定义提交按钮,type="reset"表示定义重置按钮,type="button"表示定义普通按钮
onclick	用于指定单击普通按钮时的动作

【例 8-7】中的按钮也可以用下面的代码来实现:

```
1    <form id="form1" name="form1" method="post" action="ShowInfo.php">
2        <button type="submit" name="submit" id="submit">提交</button>
3        <button type="reset" name="reset" id="reset">重置</button>
4        <button type="button" name=" " onclick="alert('hello')"/>hello</button>
5    </form>
```

浏览此网页如图 8-7 所示的对话框。

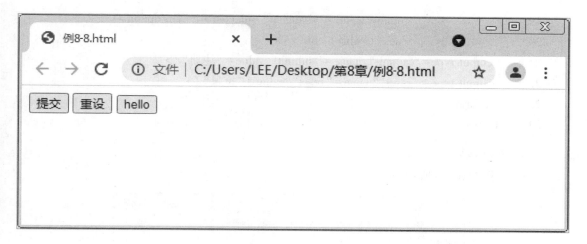

图 8-7　运行效果

【案例 8-1】创建会员注册表单

- 案例描述

使用表单中的控件文本框、单选框、复选框、列表和按钮来实现一个会员注册的页面。

（1）案例分析

- 根据案例描述要求，首先创建一个表单；
- 在表单中添加各种控件。

（2）实现代码

```
1   <html>
2   <head>
3       <meta charset="utf-8">
4       <title>会员注册页面</title>
5     </head>
6   <body>
7       <form id="formid" name="myForm" method="post" action="check.php">
8         用户名:<input type="text" name="username" value=""/><br/><br/>
9         密码:<input type="password" name="password1" value=""/><br/><br/>
10        确认密码:<input type="password" name="password2" value=""/><br/><br/>
11        性别:<input type="radio" name="radioSex" id="boy" checked/>男
12        <input type="radio" name="radioSex" id="girl"/>女<br/><br/>
13        爱好:　<input type="checkbox" value="rock" name="m1" checked>摇滚乐
14        <input type="checkbox" value="jazz" name="m2" checked >爵士乐
15        <input type="checkbox" value="pop" name="m3" >流行乐<br/><br/>
16        工作地点:<select name="name" size="3" multiple>
17                <option value="beijing" selected>北京</option>
18                <option value="tianjin" >天津</option>
```

| 19 | \<option value="shanghai" selected>上海\</option> |

```
19                      <option value="shanghai" selected>上海</option>
20                  </select><br/><br/>
21      <input type="submit" name="submit" value="注册"/>
22      <input type="reset" name="reset" value="重量"/>
23      </form>
24  </html>
```

（3）实现效果

运行效果如图 8-8 所示。

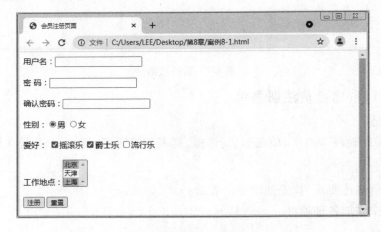

图 8-8　运行效果图

（二）使用 JavaScript 访问和操作表单元素

在 JavaScript 中可以使用 DOM 对象来对表单元素进行操作,包括获取表单对象和访问表单元素等。

1. 获取表单对象

本小节介绍在 JavaScript 中获取表单对应的 DOM 对象的方法,使用该 DOM 对象可以对表单进行操作。

- 使用 document. getElementById( )方法获取表单对象

使用 document. getElementById( )方法可以根据指定的 id 属性值得到对应的 DOM 对象,语法如下:

```
var myForm= document. getElementById("myFormId");//myFormId 为表单的 id
var userName = document. getElementById("userId");//userId 为表单中控件的 id
```

【例 8-8】使用 document. getElementById( )方法获取表单对象的例子。

```
1   <html>
2   <head>
3   <script type="text/javascript">
4       function getName()
```

```
5          {
6               var x = document. getElementById( "myibput" )
7               alert( x. value )
8          }
9      </script>
10  </head>
11  <body>
12  <form id = "formid"  name = "myform"  method = "post"  action = "ShowInfo. html">
13      <button type = "button"  name = " "  onclick = "getName( )"/>获取表单名</button>
14  </form>
15  </body>
16  </html>
```

实现效果如图 8-9 所示。

图 8-9　运行效果图

网页中定义了一个表单(id = "formid", name = "myform"),其中包含一个按钮。单击该按钮,可以调用 getName( ) 函数。getName( ) 函数调用 document. getElementById( ) 方法获取表单对象 x,然后弹出一个对话框显示表单名(x. name)。

● 使用 document. getElementsByName( ) 方法获取表单对象

首先,我们需要给表单或者表单元素定义一个 name 属性,然后使用 document. getElementsByName( ) 方法来根据指定的 name 属性值得到对应的 DOM 对象,语法如下:

//myForm 为表单的 name 属性
var myForm = document. getElementsByName("myForm")[0];
//userName 为表单中控件的 name 属性
var userName = document. getElementsByName("userName")[0];

【例 8-9】使用 document. getElementsByName( ) 方法获取表单对象的例子。

```
1  <html>
2  <head>
3      <script type = "text/javascript">
4          function getID( )
5          {
```

```
6              var x = document. getElementsByName("myform")
7              alert(x[0. id)
8          }
9      </script>
10     </head>
11     <body>
12     <form id = "formid" name = "myform" method = "post" action = "ShowInfo. php" >
13         <button type = "button" name = "" onclick = "getID()"/>获取表单</button>
14     </form>
15     </body>
16     </html>
```

实现效果如图 8-10 所示。

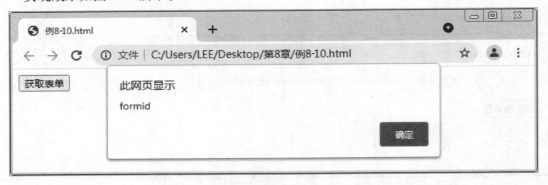

图 8-10　运行效果图

网页中定义了一个表单(id = "formid", name = "myform"),其中包含一个按钮。单击该按钮,可以调用 getID() 函数。getID() 函数调用 document. getElementsByName() 方法获取表单数组 x,然后弹出一个对话框显示数组中第一个表单的 ID(x[0]. id)。

【案例 8-2】随机生成指定位数的验证码

• 案例描述

在文本框中输入需要产生的验证码位数,点击"生成",产生验证码。

（1）案例分析

根据案例描述要求,若要获取文本框中的数字,那么就需要获取表单对象,首先要定义其name 属性。

在页面上使用调用 document. getElementsByName() 方法获取文本框的数值,接下来应判断这个数值是否合法,合法的话产生验证码。

（2）实现代码

```
1    <html>
2      <head>
3        <meta charset = "UTF-8" >
4            <title>随机生成指定位数的验证码</title>
```

```
5    </head>
6    <body>
7        <form name = "myform" >
8            请输入要产生的验证码的位数：
9            <input type = "text" name = "num" id = "num" >
10           <br><br>
11           <input type = "button" value = "生成" onclick = "make( )" >
12             
13           <input type = "button" value = "刷新" onclick = "refresh( )" >
14           <br><br>
15           <div name = "result" ></div>
16       </form>
17       <script type = "text/javascript" >
18           var num = document. getElementsByName( "num" )[0];
19           var result = document. getElementsByName( "result" )[0];
20           function rad( num )//生成随机数
21           {
22               var result = "" ;
23               for( i = 0; i<parseInt( num ); i++ )
24               {
25                   result = result+( parseInt( Math. random( ) * 10 ) ). toString( );
26               }
27               return result;
28           }
29           function make( )//显示
30           {
31               if( check( num. value ) )
32                   result. innerHTML = "产生的验证码是:" +rad( num. value );
33               else
34                   result. innerHTML = "重新输入合法的数字";
35           }
36           function refresh( )//清空
37           {
38               num. value = "" ;
39           }
40           function check( num )//判断是否是数字
41           {
42               if( isNaN( num ) )
```

```
43    {
44        alert("您输入的是非数字,请输入数字");
45        return false;
46    }
47    if( num<0)
48    {
49        alert("您输入的数字要求是大于等于0,请重新输入");
50        return false;
51    }
52    return true;
53}
54        </script>
55        </body>
56    </html>
```

在上述代码中,使用调用 document. getElementsByName( )方法获得文本框的输入位数。

（3）实现效果

实现效果如图 8-11 和图 8-12 所示。

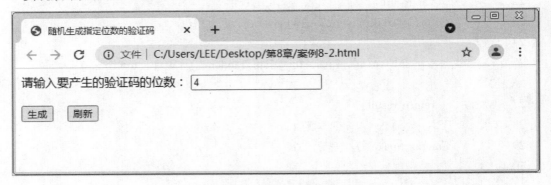

图 8-11　输入验证码的位数

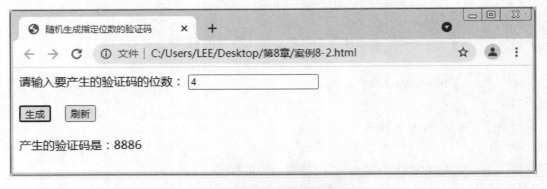

图 8-12　产生指定位数的验证码

● 使用 document. getElementsByTagName( )方法获取表单对象

使用 document. getElementsByTagName( )方法可以返回指定标签名的对象的集合,语法如下:

```
objs = document. getElementsByTagName(tagname)
```

objs 返回标签名等于 tagname 的对象数组。

【例 8-10】使用 document. getElementsByTagName( )方法获取表单对象的例子。

```
1   <html>
2   <head>
3   <script type = "text/javascript">
4       function getID( )
5       {
6           var x = document. getElementsByTagName("form")
7           alert(x[0]. id)
8       }
9   </script>
10  </head>
11  <body>
12  <form id = "formid"  name = "myform"  method = "post"  action = "ShowInfo. html">
13      <button type = "button"  name = ""  onclick = "getID( )"/>获取表单</button>
14  </form>
15  </body>
16  </html>
```

网页中定义一个表单(id = "formid",name = "myform"),其中包含一个按钮。单击该按钮,可以调用 getID( )函数。getID( )函数调用 document. getElementsByTagName( )方法获取表单数组 x,然后弹出一个对话框显示数组中第一个表单的 ID(x[0]. id)。

● 使用 document. forms 数组获取表单对象

document. forms 数组中包含页面中所有的表单对象,可以通过下面的方法获得一个指定的表单对象:

```
obj = document. forms[表单序号]
obj = document. forms[表单名称]
```

【例 8-11】使用 document. forms 数组获取表单对象的例子。

```
1   <html>
2   <head>
3   <script type = "text/javascript">
4       function getID( )
5       {
6           var x = document. forms[0]
7           alert(x. id)
```

```
8        }
9    </script>
10   </head>
11   <body>
12   <form id="formid" name="myform" method="post" action="ShowInfo.html">
13       <button type="button" name="" onclick="getID()"/>获取表单</button>
14   </form>
15   </body>
16   </html>
```

2. 获取表单元素对象

本小节介绍在 JavaScript 中获取表单元素对应的 DOM 对象的方法,使用该 DOM 对象可以对表单元素进行操作。

首先也可以使用 document. getElementById() 方法、document. getElementsByName() 方法和 document. getElementsByTagName() 方法获取表单元素对象。除此之外,还可以使用下面的方法获取表单元素对象:

(1)使用表单的 elements 数组属性获取表单元素对象

表单元素对象的 elements 属性是包含表单中所有元素的数组。元素在数组中出现的顺序和它们在表单的 HTML 源代码中出现的顺序相同。

每个元素都有一个 type 属性,其值代表元素的类型;也可以通过 value 属性返回表单元素的值。

可以使用序号从 elements 数组中获取表单元素对象。例如:

```
1    var oForm = document.forms[0];//获取表单对象
2    var oFirstField = oForm.elements[0];//使用索引值 0 获取第一个表单元素
```

也可以使用表单元素的名称从 elements 数组中获取表单元素对象。例如:

```
var oTextbos1 = oForm.elements["textbox1"];
```

【例 8-12】使用 elements 数组属性获取表单元素对象的例子。

```
1    <html>
2    <body>
3    <form id="myForm">
4    Firstname:<input id="fname" type="text" value="Mickey"/>
5    Lastname:<input id="lname" type="text" value="Mouse"/>
6    <input id="sub" type="button" value="Submit"/>
7    </form>
8    <p>Get the value of all the elements in the form:<br/>
9    <script type="text/javascript">
10       var x=document.getElementById("myForm");
11       for(var i=0;i<x.length;i++)
```

```
12          {
13              document. write( x. elements[ i]. value) ;
14              document. write( " <br/>" ) ;
15              document. write( x. elements[ i]. type) ;
16              document. write( " <br/>" ) ;
17          }
18      </script>
19  </p>
20  </body>
21  </html>
```

程序依次输出表单元素的类型和值。浏览【例 8-12】的结果如图 8-13 所示。

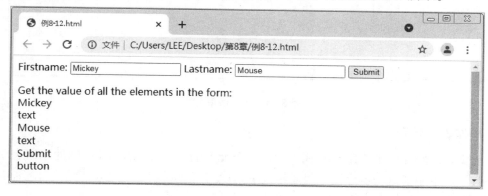

图 8-13　运行效果图

（2）以表单元素名作为表单对象的属性获取表单元素对象

可以把表单元素的 name 属性当作表单的属性来访问该元素。例如，可以通过下面的代码访问表单元素 fname：

```
var oForm = document. forms[ 0] ;          //获取表单对象
var oFirstField = oForm. fname;            //使用表单元素 fname 对应的元素
```

【例 8-13】把表单元素的 name 属性当作表单的属性来访问该元素的例子。

```
1   <html>
2   <body>
3   <form id = " myForm" >
4       Firstname：<input id = " fname"  type = " text"  value = " Mickey"/>
5       Lastname：<input id = " lname"  type = " text"  value = " Mouse"/>
6       <input id = " sub"  type = " button"  value = " Submit"/>
7   </form>
8   <p>Get the value of fname：<br/>
9       <script type = " text/javascript" >
10          var x = document. getElementById( " myForm" ) ;
```

```
11        document. write( x. fname. value) ;
12    </script>
13    </p>
14  </body>
15  </html>
```

浏览【例 8-13】的结果如图 8-14 所示。

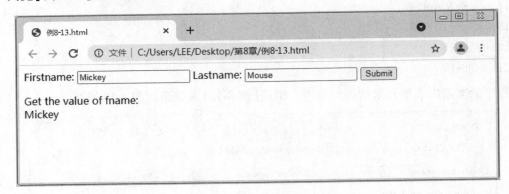

图 8-14　运行效果图

3. 操作表单元素

在前文中已经介绍了使用 type 属性返回表单元素的类型和使用 value 属性返回表单元素的值的方法。本小节进一步介绍如何操作表单元素。

（1）禁用和启用表单元素

每个表单元素都具有 disabled 属性，将该属性设置为 true，即可禁用该表单元素；将 disabled 属性设置为 false，又可以启用该表单元素。

【例 8-14】禁用和启用表单元素的例子。

```
1   <html>
2   <body>
3   <form id = "myForm" >
4       Firstname：<input id = "fname" type = "text" value = "Mickey"/>
5       <input type = "button" value = "禁用" onclick = "disable( )"/>
6         <input type = "button" value = "启用" onclick = "enable( )"/>
7   </form>
8   <script type = "text/javascript" >
9       //单击"禁用"按钮会调用 disabled( )函数,代码如下:
10      function disable( )
11      {
12          var x = document. getElementById( "myForm") ;
13      x. fname. disabled = true;
14      }
```

```
15          //单击"启用"按钮会调用 enable()函数,代码如下:
16   function enable()
17      {
18          var x = document. getElementById("myForm");
19          x. fname. disabled = false;
20      }
21   </script>
22 </body>
23 </html>
```

网页中定义了一个 id="fname"的文本框和"禁用""启用"2 个按钮。浏览【例 8-14】的结果如图 8-15 所示。

图 8-15　运行效果图

(2)获得和失去焦点

可以使用表单元素对象的 blur()方法,使当前表单元素失去焦点;也可以使用表单元素对象的 focus()方法,使当前表单元素获得焦点。

【例 8-15】获得和失去表单元素获得焦点的例子。

```
1  <html>
2  <body>
3  <form id="myForm">
4      Firstname:<input id="fname" type="text" value="Mickey"/>
5      <input type="button" value="获得焦点" onclick="myfocus()"/>
6          <input type="button" value="失去焦点" onclick="myblur()"/>
7  </form>
8  <script type="text/javascript">
9      //单击"获得焦点"按钮会调用 myfocus()函数,代码如下:
10     function myfocus()
11         {
12             var x = document. getElementById("myForm");
```

```
13           x. fname. focus ( ) ;
14           }
15           //单击"失去焦点"按钮会调用 myblur ( )函数
16    function myblur ( )
17        {
18           var x = document. getElementById ( "myForm" ) ;
19           x. fname.  blur ( ) ;
20        }
21    </script>
22  </body>
23  </html>
```

网页中定义了一个 id = "fname"的文本框和"获得焦点""失去焦点"2 个按钮。浏览【例 8-15】的结果如图 8-16 所示。

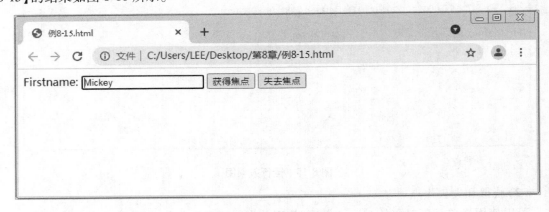

图 8-16   运行效果图

(三)操作表单

通过前面的学习,我们通过三种方式访问了表单对象,本节介绍在 JavaScript 中操作表单的方法,包括提交表单、重置表单和验证表单等。

1. 提交表单

提交表单是指将用户在表单中填写或选择的内容传送给服务器端的特定程序(action 属性指定),然后由该程序进行具体的处理。

将表单数据提交给服务器的方法有两种:第一种方法是单击表单中的"提交"按钮;第二种方法是调用表单对象的 submit( )方法。这两种方法基本相同,不同之处在于第一种方法是执行事件处理函数 onsubmit,并且可以阻止表单提交,第二种方法是将数据直接提交给服务器。

在这里我们使用方法一介绍表单的提交。语法如下:

<form id = "fm" method = "post" action = "" onsubmit = "return check( )">

【例 8-16】通过表单的 onsubmit 事件来实现表单提交,我们首先创建一个函数 check( )作

为测试函数,在表单的 onsubmit 事件中返回该函数。实现代码如下:

```
1    <html>
2    <head>
3        <meta charset="UTF-8">
4        <title>表单提交案例</title>
5        <script type="text/javascript">
6          function check(){
7            if(fm.tx.value=="")
8            {
9                alert("请输入您的名字");
10               fm.tx.focus();
11               return false;
12           }
13         }
14       </script>
15   </head>
16   <body>
17       <form id="fm" method="post" action=" " onsubmit="return check()">
18           请输入您的姓名:
19           <input type="text" name="tx" size="20"/>
20           <input type="submit" value="提交" id="btn"/>
21       </form>
22   </body>
23   </html>
```

具体的实现效果如图 8-17 所示。

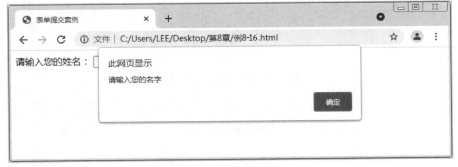

图 8-17　运行效果图

2. 重置表单

重置表单是指对用户在表单中填写或选择的内容进行重新设置,调用表单对象的 reset()
方法可以重置表单,语法如下:

```
formObject.reset()
```

使用 reset( )方法,可以通过普通按钮重置表单,也可以在程序满足一定条件时自动重置表单。

【例 8-17】调用表单对象的 reset( )方法重置表单的例子。

```
1   <html>
2   <head>
3       <script type="text/javascript">
4         function formReset()
5         {
6             document. getElementById("myForm"). reset()
7         }
8       </script>
9   </head>
10  <form id="myForm">
11      Name：<input type="text" size="20"><br/>
12      Age：<input type="text" size="20"><br/>
13      <br/>
14      <input type="button" onclick="formReset()" value="Reset">
15  </form>
16  </body>
17  </html>
```

实现效果如图 8-18、图 8-19 所示。

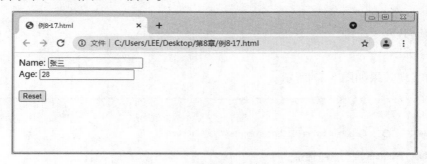

图 8-18　输入姓名和年龄

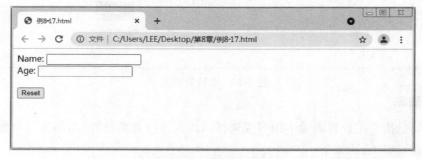

图 8-19　"重置"后

网页中定义了一个按钮,单击该按钮会调用自定义函数 formReset( )。在 formReset( )函数中,调用表单 myForm 的 reset( )方法重置表单。

3. 验证表单

验证表单是指在用户提交表单之前,需要对用户输入的数据进行检查,如果满足有效性要求,再提交表单。例如,在登录页面中,用户单击提交按钮时首先检查用户是否输入了用户名和密码,然后再将用户输入的数据提交到服务器。

验证表单分为服务器端表单验证和客户端表单验证。服务器端的表单验证是指在服务器端接收到用户提交数据后进行验证工作,而客户端表单验证是指在向服务器提交表单数据之前进行表单验证工作。我们验证的内容是在客户端进行验证,这样可以省却大量错误数据的传送,避免服务器做无用的工作。

在表单的 onsubmit 事件处理函数中进行表单验证,语法如下:

<form name = "myform"　method = "POST" action = "服务器端脚本" Onsubmit = "return 验证函数">

onsubmit 事件会在表单中的确认按钮被单击时发生。验证函数通常根据表单域的值返回 ture 或 false。如果返回 true,则表单被提交;否则,表单不会被提交。

【例 8-18】验证表单文本框提交内容的合法性

验证表单文本框中的内容是否为空。根据案例描述要求,我们设计了用户登录界面,当用户名或者密码为空后,提示用户输入。实现代码如下:

```
1   <html>
2   <head>
3       <meta charset = "UTF-8">
4       <title>验证表单文本框提交内容的合法性示例 </title>
5       <script type = "text/javascript">
6         function checkFields( )//是否为空
7         {
8           if ( fm. txtUserName. value = ="") {
9             alert("用户名不能为空");
10            fm. txtUserName. focus( );
11            return false;
12          }
13          if ( fm. txtPwd. value = ="") {
14            alert("密码不能为空");
15            fm. txtPwd. focus( );
16            return false;
17          }
18         return true;
19         }
20         function formReset( )
```

```
21        {
22          document. getElementByid ("myform"). reset ();
23        }
24    </script>
25  </head>
26  <body>
27    <form name = "fm"  id = "myform"  method = "get"  action = "login. php"  onsubmit = "return checkFields ()"  onreset = "formReset ()">
28        <p align = "center">用户名:
29          <input type = "text"  name = "txtUserName"  size = "20">
30        </p>
31        <p align = "center" 密码:
32          <input type = "password"  name = "txtPwd"  size = "20">
33        </p>
34        <p align = "center" ">
35          <input type = "submit"  value = "登录">
36          <input type = "reset"     value = "重置">
37        </p>
38    </form>
39  </body>
40  </html>
```

实现效果:我们在用户名处没有输入内容,验证有效性后,弹出提醒"用户名不能为空",具体的实现效果如图 8-20 和图 8-21 所示。

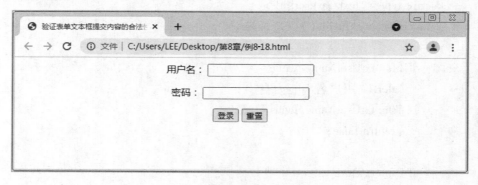

图 8-20　用户名处未输入内容

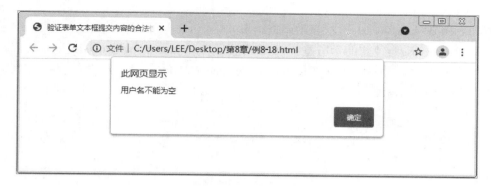

图 8-21　验证有效性后提示"不能为空"

【案例 8-3】在线调查问卷

- 案例描述

在日常生活中,经常遇到调查问卷的事情。本案例要求建立一个调查问卷,对学历和爱好进行调查,最后输出结果。

- 案例分析
- 根据案例描述要求,可设计一个表单,实现对问卷各个项目的列表。
- 创建函数,实现对选择结果的统计。
- 将统计结果,使用 alert( )对话框进行输出显示。
- 实现代码

```
1   <html>
2   <head>
3   <meta charset="utf-8">
4   <title>调查问卷案例-对学历和爱好的调查</title>
5   <script type="text/javascript">
6   function getEdu_level(edu_level){//学历调查项目
7       if(edu_level. selectedIndex>=0)
8         return edu_level. options[edu_level. selectedIndex]. text;
9       else
10          return "[没有选择]";
11  }
12  function getLikes(likes){//爱好调查项目
13      var i, result="";
14      for(i=0;i<likes. length;i++)
15      {
16        if(likes. options[i]. selected) result += "["+likes. options[i]. text+"]";
17      }
18      return result;
19  }
```

```
20    function showResult( ){//显示调查结果
21        var msg = "您的学历是:"+getEdu_level( document. myform. edu_level);
22        msg += " \n 您爱好:"+getLikes( document. myform. likes);
23        alert( msg);
24    }
25 </script>
26 </head>
27 <body>
28 <h2>调查问卷</h2>
29 <form name = "myform">
30 <p>
31 学历:<select name = "edu_level" >
32        <option value = "1" >小学</option>
33        <option value = "2" >中学</option>
34        <option selected = "selected" value = "3" >大学</option>
35        <option value = "4">大学以上</option>
36    </select>
37 爱好:<select name = "likes" size = "6" multiple = "multiple" >
38        <option value = "1">游泳</option>
39        <option value = "2">篮球</option>
40        <option value = "3">画画</option>
41        <option value = "4">登山</option>
42        <option value = "5">音乐</option>
43    </select>
44    <input type = "button" name = "Button1" value = "提交" onclick = "showResult
       ( )"/></p>
45 </form>
46 </body>
47 </html>
```

- 实现效果

我们在表单中选择自己的学历和爱好,然后单击"提交",具体的实现效果如图 8-22 和图 8-23 所示。

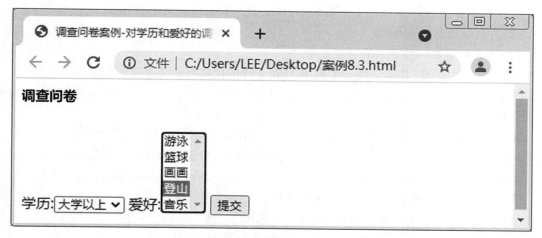

图 8-22 在线调查问卷

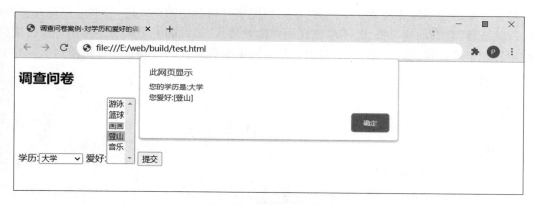

图 8-23 呈现选择结果

(四) 综合案例: 表单验证

1. 开发要求

要求定义一个雇员信息的增加页面, 例如页面名称为" emp_add. html", 而后在此页面中要提供有输入表单, 此表单定义要求如下:

①雇员编号:必须是 4 位数字, 按照正则进行验证;

②雇员姓名:不能为空;

③雇员职位:不能为空;

④雇员日期:按照"yyyy-mm-dd"的格式编写, 按照正则进行验证;

⑤基本工资:按照小数编写, 小数位数最多 2 位, 按照正则进行验证;

⑥佣金:按照小数编写, 小数位数最多 2 位, 按照正则进行验证。

2. 具体步骤

第一:定义表单

①将 form. css 文件拷贝到 css 目录之中;

②在 emp_add. html 页面之中编写表单,以及导入 form. css 文件的引用。

第二:页面动态效果

(1)为表格增加一些显示的过渡效果

①可以建立一个工具类文件 util. js,从而在文件中提供有表格改变的处理函数;

②既然现在是对 emp_add. html 文件进行处理,就应该准备 js/emp_add. js 文件;

③在 emp_add. html 文件中导入 util. js 与 emp_add. js 文件;

④动态设置显示的效果,增加 mouseover 和 mouseout 事件,在表格行元素中增加。

(2)考虑到代码的可重复使用性问题,建议将具体的验证交给 util. js 来完成。

①建立 validateEmpty( )、validateRegex( )、validateNumber( )、validateDate( );

②建立完一个函数之后一定要对这个函数的可用性进行测试;

③在 emp_add. js 文件里面动态绑定事件,使用的还是"onblur"事件。

(3)分别绑定完事件处理之后,下面针对表单进行事件的处理。

第三:使用日期选择组件

对于日期的控制需要注意一个问题:正则只能够针对日期的格式进行判断,但是无法对内容进行验证,而且日期这一操作,不应该让用户随意输入,最好的一个做法是由用户自己选择,即使用日期组件直接选取日期,这个可以直接去网上下载将代码复制过来即可使用。

3. 实现代码

emp_add. html

```
1   <html>
2   <head>
3       <meta charset="UTF-8">
4       <meta name="description" content="verfify form!">
5       <meta name="keywords" content="javascript,html,css">
6       <link rel="stylesheet" type="text/css" href="css/form. css">
7       <script type="text/javascript" src="js/util. js"></script>
8       <script type="text/javascript" src="js/emp_add. js"></script>
9       <script type="text/javascript" src="My97DatePicker/WdatePicker. js"></script>
10      <title>雇员管理程序</title>
11  </head>
12  <body>
13      <form action="" id="empForm">
14          <table cellpadding="1" cellspacing="1" border="1" bgcolor="F2F2F2"
        width="100%">
15              <tr id="empTr">
16                  <td colspan="3">增加雇员信息</td>
17              </tr>
18              <tr id="empTr">
19                  <td width="10%">雇员编号:</td>
```

```
20              <td width = "60%"><input type = "text" name = "empNo" id = "emp-
No" class = "init"></td>
21                  <td width = "30%"><span id = "empNoSpan"></span></td>
22          </tr>
23          <tr id = "empTr">
24              <td width = "10%">雇员姓名:</td>
25              <td width = "60%"><input type = "text" name = "empName" id = "
empName" class = "init"></td>
26                  <td width = "30%"><span id = "empNameSpan"></span></td>
27          </tr>
28          <tr id = "empTr">
29              <td width = "10%">雇员职位:</td>
30              <td width = "60%"><input type = "text" name = "empJob" id = "emp-
Job" class = "init"></td>
31                  <td width = "30%"><span id = "empJobSpan"></span></td>
32          </tr>
33          <tr id = "empTr">
34              <td width = "10%">雇员日期:</td>
35              <td width = "60%"><input type = "text"    onClick = "WdatePicker
()" name = "empDate" id = "empDate" class = "init" readonly = "readonly"></td>
36                  <td width = "30%"><span id = "empDateSpan"></span></td>
37          </tr>
38          <tr id = "empTr">
39              <td width = "10%">基本工资:</td>
40              <td width = "60%"><input type = "text" name = "empSal" id = "emp-
Sal" class = "init"></td>
41                  <td width = "30%"><span id = "empSalSpan"></span></td>
42          </tr>
43          <tr id = "empTr">
44              <td width = "10%">佣金:</td>
45              <td width = "60%"><input type = "text" name = "empCom" id = "
empCom" class = "init"></td>
46                  <td width = "30%"><span id = "empComSpan"></span></td>
47          </tr>
48          <tr id = "empTr">
49              <td colspan = "3">
50                  <input type = "submit" value = "增加">
51                  <input type = "reset" value = "重置">                        </td>
```

```
52            </tr>
53          </table>
54        </form>
55    </body>
56  </html>>
```

form. css

```
1   /*成功*/
2   . success{
3       background:#f5f5f5;
4       font-weight:bold;
5       color:#000000;
6       border:solid 1px #009900;/*边框为绿色*/
7   }
8   /*失败*/
9   . failure{
10      background:#f5f5f5;
11      font-weight:bold;
12      color:#000000;
13      border:solid 1px #990000;/*边框为红色*/
14  }
15  /*初始化*/
16  . init{
17      background:#f5f5f5;
18      font-weight:bold;
19      color:#000000;
20  }
```

emp_add. js

```
1   window. onload = function( ){
2   //1、为表格的行增加动态效果
3       var trObj = eleAll("empTr");
4       for ( var i = 0; i < trObj. length; i++) {
5           bindEvent("mouseover",trObj[i],function( ){
6               changeColor(this,'FFFFFF');
7           });
8           bindEvent("mouseout",trObj[i],function( ){
9               changeColor(this,'F2F2F2');
10          });
11      }
```

```
12          //2、设置验证事件
13          bindEvent("blur",ele("empNo"),function(){
14              validateEmpNo();
15          });
16          bindEvent("blur",ele("empName"),function(){
17              validateEmpName();
18          });
19          bindEvent("blur",ele("empJob"),function(){
20              validateEmpJob();
21          });
22          bindEvent("blur",ele("empDate"),function(){
23              validateEmpDate();
24          });
25          bindEvent("blur",ele("empSal"),function(){
26              validateEmpSal();
27          });
28          bindEvent("blur",ele("empCom"),function(){
29              validateEmpCom();
30          });
31          //3、处理表单的绑定
32          bindEvent("submit",ele("empForm"),function(e){
33              if(validateForm()){
34                  this.submit();//提交表单
35              }else{
36                  if(e && e.preventDefault){//现在是在 W3C 标准下执行
37                      e.preventDefault();//阻止浏览器的执行
38                  }else{//专门针对于 IE 浏览器的处理
39                      window.event.returValue = false;
40                  }
41              }
42          });
43      }
44  //验证雇员编号
45  function validateEmpNo(){
46      return validateRegex("empNo",/^\d{4}$/);
47  }
48  //验证雇员姓名
49  function validateEmpName(){
```

```
50        return validateEmpty("empName");
51    }
52    //验证雇员职位
53    function validateEmpJob(){
54        return validateEmpty("empJob");
55    }
56    //验证雇佣日期
57    function validateEmpDate(){
58        return validateDate("empDate");
59    }
60    //验证基本工资
61    function validateEmpSal(){
62        return validateSal("empSal");
63    }
64    //验证佣金
65    function validateEmpCom(){
66        return validateCom("empCom");
67    }
68    //表单事件
69    function validateForm(){
70        return validateEmpNo() && validateEmpName() && validateEmpJob() && vali-
          dateEmpDate() && validateEmpSal() && validateEmpCom();
71    }
```

util. js

```
1    //改变颜色
2    function changeColor(obj,color) {
3        if (obj ! = undefined) {
4            obj.bgColor = color;
5        };
6    }
7    //获取 HTML 元素
8    function ele(eleID) {
9        return document.getElementById(eleID);
10   }
11   function eleAll(eleID) {
12       return document.all(eleID);
13   }
14   //为 HTML 元素动态绑定事件
```

```javascript
15    function bindEvent(eventType,obj,fun) {
16        obj.addEventListener(eventType,fun,false);
17    }
18    //建立 validateNumber()方法进行数字验证
19    function validateNumber(eleID) {
20        return validateRegex(eleID,/^\d+(。\d+)? $/);
21    }
22    //建立 validateDate()方法进、进行日期验证
23    function validateDate(eleID) {
24        return validateRegex(eleID,/^\d{4}-\d{2}-\d{2} $/);
25    }
26    //建立 validateSal()方法基本工资验证
27    function validateSal(eleID) {
28        return validateRegex(eleID,/^\d{1,5}(。\d{1,2})? $/);
29    }
30    //建立 validateCom()方法基本佣金验证
31    function validateCom(eleID) {
32        return validateRegex(eleID,/^\d{1,5}(。\d{1,2})? $/);
33    }
34    //建立 validateEmpty()方法验证数据是否为空
35    function validateEmpty(eleID) {
36        var obj = ele(eleID);//取得指定名称的对象
37        if (obj ! = null) {
38            if (obj.value == "") {   //数据验证出错
39                setFailureStyle(obj);
40                return false;
41            }else{   //数据验证成功
42                setSuccessStyle(obj);
43                return true;
44            }
45        }
46        return false;
47    }
48    //建立 validateRegex()方法进行正则的验证
49    function validateRegex(eleID,regex) {
50        var obj = ele(eleID);//取得指定名称的对象
51        if (validateEmpty(eleID)) {   //有数据
52            if (! regex.test(obj.value)) {//没有通过
```

```
53              setFailureStyle( obj) ;
54              return false;
55          } else {//数据验证成功
56              setSuccessStyle( obj) ;
57              return true;
58          }
59      }
60  }
61  //设置成功时的样式与信息提示
62  function setSuccessStyle( obj) {
63      if ( obj ! = null) {
64          obj. className = "success";
65          var spanObj = ele( obj. id + "Span") ;
66          if ( spanObj ! = null) {//给出了提示元素位置
67              spanObj. innerHTML = " <font color = ´green´>√</font>" ;
68          }
69      }
70  }
71  //设置失败时的样式与信息提示
72  function setFailureStyle( obj) {
73      if ( obj ! = null) {
74          obj. className = "failure";
75          var spanObj = ele( obj. id + "Span") ;
76          if ( spanObj ! = null) {//给出了提示元素位置
77              spanObj. innerHTML = " <font color = ´red´>×</font>" ;
78          }
79      }
80  }
```

4. 实现效果

当表单默认时,程序实现效果如图 8-24 所示。

当表单信息全为空时,验证不通过,程序实现效果如图 8-25 所示。

当表单信息任意一个为空时,验证不通过,程序实现效果如图 8-26 所示。

当表单信息都不为空且符合格式时,验证全通过,程序实现效果如图 8-27 所示。

当选取日期时,程序实现效果如图 8-28 所示。

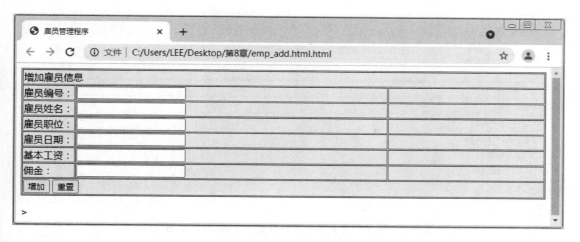

图 8-24　表单默认时

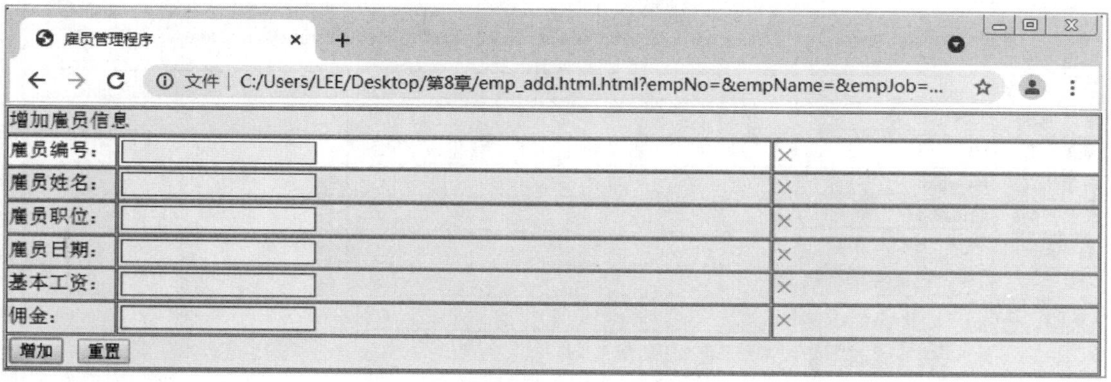

图 8-25　表单信息全为空时,验证不通过

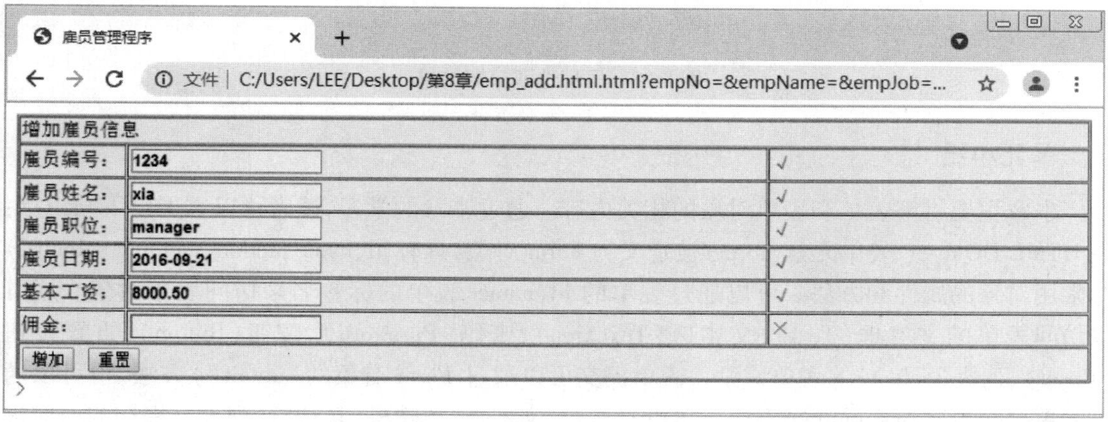

图 8-26　表单信息任意一个为空时,验证不通过

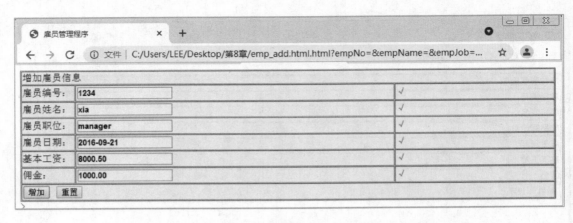

图 8-27   表单信息都不为空且符合格式时,验证全通过

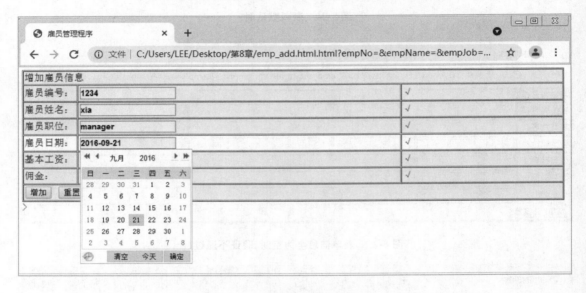

图 8-28   呈现选取日期结果

单元小结

本章主要讲解表单和表单对象的相关内容。通过本章的学习,读者可以掌握以下知识点:在 HTML DOM 中,表单元素(form)被定义为 Form 对象,具有 id、name、action、method、submit( )等常用对象的属性和方法。可以通过表单的 id、name、表单的标签名来访问表单对象。用可以访问表单的文本框(Text)、文本区(TextArea)、密码(Password)、按钮(Button)、重置按钮(Reset)、列表(Select)等表单元素。表单提交可以通过 Form 对象的 submit( )方法,也可以通过表单提交事件 onsubmit 来提交。可以对按钮、文本框、单选框、复选框、列表框提交的内容进行验证,以确保提交数据的正确性和合理性。

高级应用篇

第9章

JavaScript 脚本库jQuery

学习目标

通过本章学习，学生应熟悉 jQuery 技术，掌握 jQuery 的下载与配置，系统地掌握 jQuery 常用选择器的使用，系统地掌握使用 jQuery 控制页面的方法，熟悉表单编程，掌握 jQuery 的事件处理，熟悉常用的几种 jQuery 动画效果，了解 jQuery 插件的使用，并通过案例演示事件的基本操作方法。

核心要点

- jQuery 下载与配置
- jQuery 选择器
- jQuery 控制页面
- jQuery 表单编程
- jQuery 事件与事件对象
- jQuery 动画
- jQuery 插件

一、单元概述

jQuery 是一个快速、小巧，功能丰富的 JavaScript 库。使用一句话来形容：write less，do more，它通过易于使用的 API 在大量浏览器中运行，使得 HTML 文档遍历和操作、事件处理、动画和 Ajax 变得更加简单。jQuery 是目前使用最广泛的 JavaScript 函数库。据统计，全世界排名前 100 万的网站，有 90%使用 jQuery，例如，中国网络电视台、CCTV、京东网上商城和人民网等许多网站都应用了 jQuery，远远超过其他库。微软公司甚至把 jQuery 作为他们的官方库。

本章通过理论教学、案例教学等方法，循序渐进地向学生介绍 jQuery 下载配置、选择器、控制页面、表单编程、事件处理、jQuery 动画、jQuery 插件、综合案例等内容。

二、教学重点与难点

重点：

系统地掌握 jQuery 选择器，熟悉元素与文档节点的操作，掌握事件处理与动画的实现。

难点：

在实际应用场景中如何灵活运用 jQuery 强大的选择器进行页面交互。

解决方案：

在讲授课程时要注意多采用案例教学法进行相关案例的演示，元素类型可以通过类比方式加深记忆，带领学生通过本章案例实战环节巩固本章知识，让学生养成勤思考、勤动手的好习惯。

【本章知识】

随着近年互联网的快速发展，陆续涌现了一批优秀的 JS 脚本库，例如 ExtUs、prototype、Dojo 等。这些脚本库让开发人员从复杂烦琐的 JavaScript 中解脱出来，将开发的重点从实现细节转向功能需求上，提高了项目开发的效率。其中，jQuery 是继 prototype 之后又一个优秀的 JavaScript 脚本库。本章将对 jQuery 的特点，以及 jQuery 常用技术进行介绍。

(一) jQuery 快速入门

1. jQuery 的定义

jQuery 是一套简洁、快速、灵活的 JavaScript 脚本库，是由 John Resig 于 2006 年创建的。jQuery 简化了 JavaScript 代码。JavaScript 脚本库类似于 Java 的类库，其将一些工具方法或对象方法封装在类库中，方便用户使用。jQuery 由于其简便易用，为大量的开发人员所青睐。

注 意

框架和库有什么区别？

库是代码的集合，供程序员调用，直白来说，库为我们提供了很多封装好的函数。框架是为了解决一个或者一类问题而设计的。框架为我们提供了一整套的服务，经常会制定很多规则或者约束，一个框架会调用很多库；总的来说库更加灵活，而框架使用起来更加方便。

脚本库能够帮助我们完成编码逻辑,实现业务功能。使用 jQuery 将极大提高编写 JavaScript 代码的效率,让写出来的代码更加简洁、更加健壮。同时,网络上丰富的 jQuery 插件也让开发人员的工作变得更为轻松,让项目的开发效率有了质的提升。过去只有 Flash 才能实现的动画效果,如今 jQuery 也可以实现,而且丝毫不逊色于 Flash,让开发人员感受到了 Web 2.0 时代的魅力。

2. jQuery 特点

提示　　jQuery 除了为开发人员提供了灵活的开发环境外, 还是开源的, 在其背后有许多强大的社区和程序爱好者的支持。

jQuery 不仅适合网页设计师、开发者以及编程爱好者使用, 也适用于商业开发。

jQuery 是一个简洁快速的 JavaScript 脚本库。它能让用户在网页上简单地操作文档、处理事件、运行动画效果或者添加异步交互。jQuery 的设计会改变用户写 JavaScript 代码的方式,提高其编程效率。jQuery 的主要特点如下:

(1)代码精致小巧

jQuery 是个轻量级的 JavaScript 脚本库,其代码非常小巧。最新版本的 jQuery 库文件压缩之后只有 20 KB 左右。在网络盛行的今天,提高网站用户的体验性显得尤为重要,小巧的 jQuery 完全可以做到这一点。

(2)强大的功能函数

过去,如果没有良好的基础,是很难写出复杂的 JavaScript 代码的,而且 JavaScript 是不可编译的语言,在复杂的程序结构中调试错误是一件非常痛苦的事情,大大降低了开发效率。使用 jQuery 的功能函数,能够帮助开发人员快速地实现各种功能,而且会让代码优雅简洁、结构清晰。

(3)跨浏览器

关于 JavaScript 代码的浏览器兼容问题,一直是 Web 开发人员的噩梦。经常会有一个页面在 IE 浏览器下运行正常,但在 Firefox 下却莫名其妙地出现问题。往往开发人员要在一个功能上针对不同的浏览器编写不同的脚本代码,这对于 Web 开发人员来讲是一件非常痛苦的事情。jQuery 将 Web 开发人员从这个噩梦中解脱出来。jQuery 具有良好的兼容性,兼容各大主流浏览器,支持的浏览器包括 IE 6.0+、Firefox 1.5+、Safari 2.0+、Opera 9.0+。

①链式的语法风格

jQuery 可以对元素的一组操作进行统一的处理,不需要重新获取对象。也就是说,可以基于一个对象进行一组操作,这种方式精简了代码量,减小了页面体积,有助于浏览器快速加载页面,提高用户的体验性。

②插件丰富

除了 jQuery 本身带有的一些特效外,还可以通过插件实现更多的功能,如表单验证、拖放效果、Tab 导航条、表格排序、树形菜单以及图像特效等。网上的 jQuery 插件很多,可以直接下载使用,而且插件将 JS 代码和 HTML 代码完全分离,便于维护。

3. 下载 jQuery

如果要在自己的网站中应用 jQuery 库,需下载并配置它。jQuery 是一个开源的脚本库,我们可以从它的官方网站(https://jquery.com/)中下载。下面介绍具体的下载步骤:

第一步,在浏览器的地址栏中输入 https://jquery.com/,并按下 Enter 键,进入 jQuery 官方网站的首页,如图 9-1 所示。

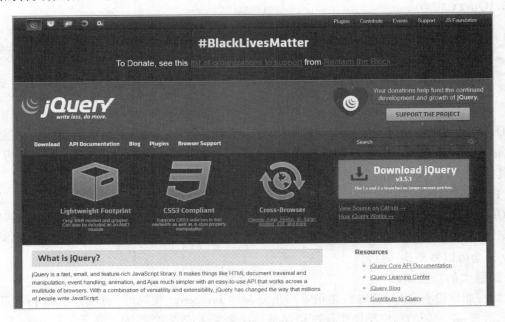

图 9-1　jQuery 官方网站首页

第二步,在 jQuery 官方网站首页中,可以下载最近版本的 jQuery 库,点击"Download jQuery",进入图 9-2 所示界面,选择"Download the compressed, production jQuery 3.5.1"链接下载。

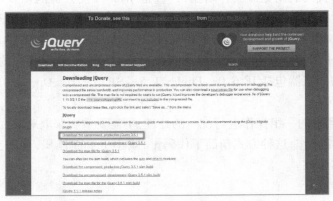

图 9-2　jQuery 官方网站下载界面

第三步,将 jQuery 库下载到本地计算机上。下载后的文件名为 jqury-3.5.1.min.js。此时下载的文件为压缩后的版本(主要用于项目与产品)。如果想下载完整的未压缩的版本,可以在图 9-2 中选择"Download the uncompressed, development jQuery 3.5.1"链接,下载后的文件名为 jquery-3.5.1.js.

提示　jQuery 中压缩版和未压缩版有什么区别？
　　未压缩版的注释和代码都一目了然。而压缩版省略了注释，删除了所有的空格和换行，并把所有的代码整理成了一行。同时将一些长的变量名用简单的 a、b、c、d 代替。
　　我们平常使用的时候，一般用的是未压缩版的，因为可以很方便地看到jQuery 的源码，而在上线的时候，会将其替换为压缩版。

4. 配置 jQuery

jQuery 下载到本地计算机后,还需要在项目中配置 jQuery 库,将下载后的 jquery-3.5.1.min.js 文件放置到项目的指定文件夹中,通常放置在 lib 文件夹中,然后在需要应用 jQuery 的页面中使用下面语句,将其引用到文件中。

```
<script language="javascript" src="lib/jquery-3.5.1.min.js"></script>
```

或者

```
<script src="lib/jquery-3.5.1.min.js" type="text/javascript"></script>
```

注意　引用 jQuery 的<script>标记,必须放在所有的自定义脚本文件的<script>之前,否则在自定义的脚本代码中应用不到 jQuery 脚本库。

(二) jQuery 选择器

1. jQuery 的工厂函数

在介绍 jQuery 的选择器之前,我们先来介绍一下 jQuery 的工厂函数"$"。jQuery 提供一个全局函数 jQuery,系统中为它起了一个别名, $ 等价于 jQuery,通过 jQuery 函数来获取 DOM 元素,通过 jQuery 或 $ 获取的是一个 DOM,但是并非原生 DOM,是在原生 DOM 上做的一个封装,我们称之为 jQuery 对象。在 jQuery 对象下原生的方法无法使用。jQuery 对象包含很多部分,其中第 0 个对象为原生 DOM,如果想要获得原生 DOM,通过索引值 0 取。相反也可以将一个原生 DOM 转换成一个 jQuery 对象。直接将原生 DOM 放在 $ 后面,就变成 jQuery 对象了, jQuery 对象比原生 DOM 增加了很多方法,比如:CSS 方法。也可以将一段 html 代码转成 jQuery 对象。在 jQuery 中,无论我们使用哪种类型的选择器,都需要从一个"$"符号和一对"()"开始。在"()"中通常使用字符串参数,参数中可以包含任何 CSS 选择器表达式。下面介绍几种比较常见的用法。

(1)在参数中使用标记名

$("div"):用于获取文档中全部的<div>。

(2)在参数中使用 id

$("#username"):用于获取文档中 id 属性值为 username 的一个元素。

(3)在参数中使用 CSS 类名

$(".btn_grey"):用于获取文档中使用 CSS 类名为 btn_grey 的所有元素。

2. jQuery 的基础选择器

提
示

如何理解 jQuery 的工厂函数？
1. 它是一个函数；
2. 它用来创建对象；
3. 它像工厂一样，"生产" 出来的函数都是 "标准件"（拥有同样的属性）。

　　基本选择器在实际应用中比较广泛。建议重点掌握 jQuery 的基本选择器，它是其他类型选择器的基础。基本选择器是 jQuery 选择器中最为重要的部分。jQuery 基本选择器包括 id 选择器、元素选择器、类名选择器、复合选择器和通配符选择器。下面进行详细介绍。

　　（1）id 选择器(#id)

　　id 选择器(#id) 顾名思义，就是利用 DOM 元素的 id 属性值来筛选匹配的元素，并以 jQuery 包装集的形式返给对象。这就像一个学校中每个学生都有自己的学号一样，学生的姓名是可以重复的，但是学号却是不可以重复的，根据学生的学号就可以获取指定学生的信息。

　　id 选择器的使用方法如下：

```
$ ("#id")
```

　　其中，id 为要查询元素的 id 属性值。例如，要查询 id 属性值为 user 的元素，可以使用下面的 jQuery 代码：

```
$ ("#user")
```

注　意

　　如果页面中出现了两个相同的 id 属性值，程序运行时页面会报出 JS 运行错误的对话框，所以在页面中设置 id 属性值时要确保该属性值在页面中是唯一的。

　　【例 9-1】使用 ID 选择器选取 HTML 元素的简单实例，代码如下：

```
2   <html>
3   <head>
4   <title>例 9-1</title>
5   <script language="javascript" src="lib/jquery-3.5.1.min.js"></script>
6   <script type="text/javascript">
7   $(document).ready(function(){
8       $("#button1").click(function(){
9           alert("hello");});
10      });
11  </script>
12  </head>
13  <body>
14      <button id="button1">单击我</button>
15  </body>
```

16　　</html>

提
示

　　$(document).ready()方法，当页面元素载入就绪的时候，就会自动执行程序，自动为按钮绑定单击事件。

　　网页中定义了一个 id 为 button1 的按钮,并使用 $("#button1").click()方法定义单击该按钮的处理函数,指定单击该按钮时弹出一个 hello 对话框。.click()方法用于指定单击 HTML 元素的处理函数。关于 jQuery 事件处理的具体情况将在 9.5 节中介绍。

　　(2)元素选择器(element)

　　元素选择器是根据元素名称匹配相应的元素。通俗地讲,元素选择器指向的是 DOM 元素的标记名。也就是说,元素选择器是根据元素的标记名来选择的。可以把元素的标记名理解成学生的姓名。在一个学校中可能有多个姓名为"刘伟"的学生,但是姓名为"吴语"的学生也许只有一个。所以通过元素选择器匹配到的元素可能有多个,也可能是一个。多数情况下,元素选择器匹配的是一组元素。

　　元素选择器的使用方法如下:

　　$("element");

　　其中,element 为要查询元素的标记名。例如,要查询全部 div 元素,可以使用下面的 jQuery 代码:

1　　$("div");

【例 9-2】使用元素选择器选取 HTML 元素的简单实例,代码如下:

```
2    <html>
3    <head>
4    <title>例 9-2</title>
5    <script language="javascript" src="lib/jquery-3.5.1.min.js"></script>
6    <script type="text/javascript">
7    $(document).ready(function(){
8        $("p").click(function(){
9            $(this).hide();});
10    });
11    </script>
12    </head>
13    <body>
14        <p>点击我,我就会消失</p>
15    </body>
16    </html>
```

　　(3)类名选择器(.class)

　　类名选择器是通过元素拥有的 CSS 类名称查找匹配的 DOM 元素。在一个页面中,一个元素可以有多个 CSS 类，一个 CSS 类又可以匹配多个元素。如果某元素有一个匹配的类的名称，就可以被类名选择器选取到。

类名选择器比较容易理解。可以把 CSS 类名理解为课程名称，元素理解成学生，学生可以选择多门课程，而一门课程又可以被多名学生所选择。CSS 类与元素的关系既可以是多对多的关系，也可以是一对多或多对一的关系。简单地说，类名选择器就是以元素具有的 CSS 类名称查找匹配的元素。

类名选择器使用方法如下：

```
$ (".class")
```

【例 9-3】使用类名选择器选取设置了 CSS 类的 div 标记。

```
1   <html>
2   <head>
3   <title>例 9-3</title>
4   <script language="javascript" src="lib/jquery-3.5.1.min.js"></script>
5   <script type="text/javascript">
6   $(document).ready(function(){
7               var myClass=$(".myClass");
8               myClass.css("background-color","#cccccc");
9               myClass.css("color","#FFF");
10                              });
11  </script>
12  </head>
13  <body>
14    <div class="myClass">注意观察我的样子</div>
15    <div>我的样式是默认的</div>
16  </body>
17  </html>
```

在上面的代码中，只为其中一个 div 标记设置了 CSS 类名称，但是由于程序中并没有名称为 myClass 的 CSS 类，所以这个类是没有任何样式属性的。类名选择器将返回一个名为 my-Class 的 jQuery 对象，利用 css 方法可以为对应的 div 元素设定 CSS 属性值，这里将元素的背景颜色设置为浅灰色，文字颜色设置为白色。

（4）复合选择器（selector1，selector2，selectorN）

复合选择器将多个选择器（可以是 ID 选择器、元素选择器或是类名选择器）组合在一起，两个选择器之间以逗号","分隔。只要符合其中的任何一个筛选条件，就会被匹配，返回的是一个集合形式的 jQuery 包装集。利用 jQuery 索引器可以取得集合中的 jQuery 对象。

注意　　多种匹配条件的选择器 $("#td1,#td2,p") 并不是匹配同时满足这几个选择器的匹配条件的元素，而是将每个选择器匹配的元素合并后一起返回。

例如,要查询文档中全部的<span>标记和使用 CSS 类 myClass 的<div>标记,可以使用下面的 jQuery 代码:

$("span,div. myClass");

【例 9-4】在页面添加 3 种不同元素并统一设置 class="default"样式。使用复合选择器筛选<div>元素和 id 属性值为 span 的元素,并为它们添加新的样式。

```
1   <html>
2   <head>
3   <title>例 9-4</title>
4   <style type="text/css">. change{background:yellow;}</style>
5   <script language="javascript" src="lib/jquery-3.5.1. min. js"></script>
6   <script type="text/javascript">
7   $(document). ready(function(){
8                    $("input[type=button]"). click(function(){
9                                    $("div,#span"). addClass("change")});
10                                   });
11  </script>
12  </head>
13  <body>
14      <p class="default">p 元素</p>
15      <div class="default">div 元素</div>
16      <spanclass="default" id="span">ID 为 span 的元素</span>
17      <input type="button" value="为 div 元素和 ID 为 span 的元素换肤"/>
18  </body>
19  </html>
```

(5)通配符选择器(*)

所谓的通配符,就是指符号" * ",它代表着页面上的每一个元素。也就是说,如果使用 $(" * "),将取得页面上所有的 DOM 元素集合的 jQuery 包装集。

3. jQuery 的层次选择器

HTML 元素是有层次的,有些 HTML 元素包含在其他 HTML 元素中。例如表单中可以包含各种用于输入数据的 HTML 控件元素。

(1)ancestor descendant(祖先 后代)选择器

ancestor descendant 选择器可以选取指定祖先元素的所有指定类型的后代元素。例如,使用 $("form input")可以选取表单中所有 input 元素。

【例 9-5】使用 ancestor descendant 选择器选取表单中所有 input 元素的简单实例,代码如下:

```
1   <html>
2   <head>
3   <title>例 9-5</title>
4   <script language="javascript" src="lib/jquery-3.5.1.min.js"></script>
5   <script type="text/javascript">
6    $(document).ready(function(){
7                       $("form input").css("border","2px dotted green");
8                                               });
9   </script>
10  <style type="text/css">form{border:2px red solid;}</style>
11  </head>
12  <body>
13      <form action="">
14      用户名:<input name="username" type="text" value=""/><br/>
15      密码:<input name="pwd" type="password" value=""/>
16      </form>
17      表单外的文本框:<input name="else" type="text"/>
18  </body>
19  </html>
```

网页中定义了一个表单,表单中包含 2 个 input 元素,在表单外也定义了 1 个 input 元素。在 jQuery 程序中使用 $("form input")选择器选取表单中所有的 input 元素,然后调用 css()方法设置选取的 input 元素的 CSS 样式,为选取的 input 元素加一个绿色的点线(dotted)边框。为了区分表单内外的 input 元素,网页中使用 CSS 样式为表单加了一个红色的边框。浏览【例 9-5】的结果如图 9-3 所示。

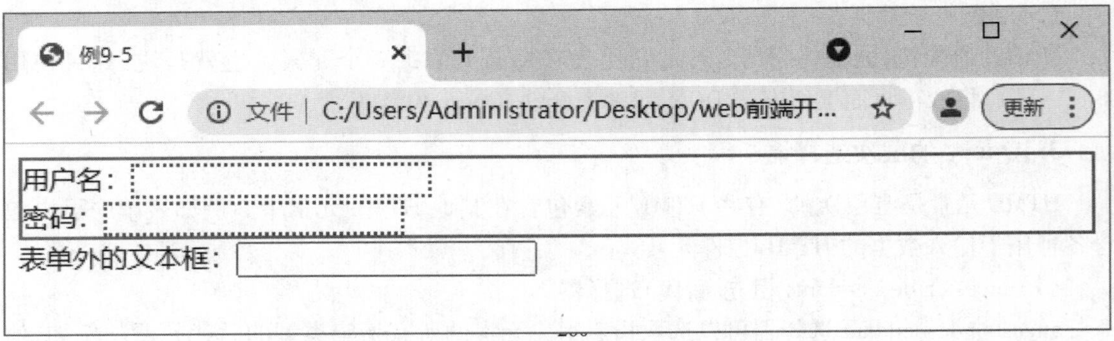

图 9-3 【例 9-5】浏览效果

(2)parent>child(父>子)选择器

parent>child 选择器可以选取指定父元素的指定子元素,子元素必须包含在父元素中。例如使用 $("form>input")可以选取表单中的所有 input 子元素。

【例 9-6】使用 parent>child 选择器选取 span 元素中所有元素的简单实例,代码如下:

```
1    <html>
2    <head>
3    <title>例 9-6</title>
4    <script language="javascript" src="lib/jquery-3.5.1.min.js"></script>
5    <script type="text/javascript">
6     $(document).ready(function(){ $("#main > *").css("border","3px double
     red");});
7    </script>
8    <style type="text/css">
9    body{font-size:14px;}
10   span#main{display:bolck;background:yellow;height:110px;}
11   button{display:block;float:left;margin:2px;font-size:14px;}
12   div{width:90px;height:90px;margin:5px;float:left; background:#bbf;font-weight:
     bold;}
13   div.mini{width:30px;height:30px;background:green;} </style>
14   </head>
15   <body>
16     <span id="main">
17       <div></div>
18         <button>Child</button>
19         <div class="mini"></div>
20         <div>
21           <div class="mini"></div>
22           <div class="mini"></div>
23         </div>
24         <div><button>Grand</button></div>
25         <div><span>A Span<em>in</em> child</span></div>
26         <span>A span in main</span>
27     </span>
28   </body>
29   </html>
```

网页中定义了 1 个 id 为 main 的 span 元素,span 元素中包含 5 个 div 元素、1 个按钮和 1 个 span 元素。在 div 元素中也定义了按钮和 span 元素。在 jQuery 程序中使用 $("#main> *")选择器选取 span 元素 main 中的所有元素,然后调用 css()方法设置选取元素的 CSS 样式,为选取的子元素加一个边框。浏览【例 9-6】的结果如图 9-4 所示。可以看到,div 元素中定义的按钮和 span 元素并没有红色边框,因为它们不是 span 元素 main 中的子元素。

从【例 9-6】的结果中可以看到,使用 parent>child(父>子)选择器只选择了 id 为 main 的 span 元素的直接子元素,虽然有的子元素还包含子元素(后代元素),但后代元素并没有被

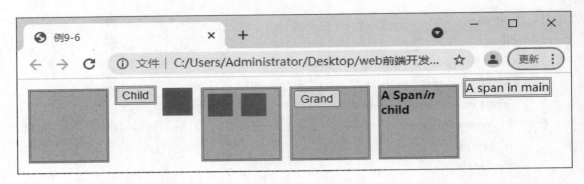

图 9-4　【例 9-6】浏览效果

选择。

【例 9-7】使用 ancestor descendant(祖先 后代)选择器改造【例 9-6】,比较 parent>child(父>子)选择器与 ancestor descendant(祖先 后代)选择器的区别。将【例 9-6】第 7 行代码修改为:

```
1    $("#main * ").css("border","3px double red");
```

【例 9-7】代码运行效果如图 9-5 所示,可以看到 id 为 main 的 span 元素的所有后代元素都被选择了。

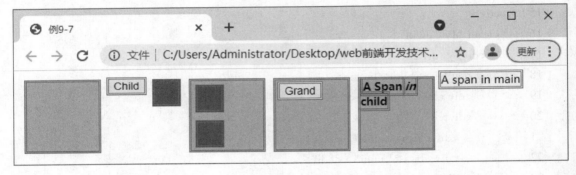

图 9-5　【例 9-7】浏览效果

(3)prev+next(前+后)选择器

prev+next 选择器可以选取紧接在指定的 prev 元素后面的 next 元素。例如,使用 $("label+input")可以选取所有紧接在 label 元素后面的 input 元素。

【例 9-8】使用 prev+next 选择器的简单实例,代码如下:

```
1    <html>
2    <head>
3    <title>例 9-8</title>
4    <script language="javascript" src="lib/jquery-3.5.1.min.js"></script>
5    </head>
6    <body>
7      <form>
8      <label>Name:</label>
9         <input name="name"/>
```

```
10      <fieldset>
11        <label>Newletters:</label>
12        <input name="newsletter"/>
13      </fieldset>
14    </form>
15    <input name="none"/>
16  <script> $("label+input").css("border","2px dotted green")</script>
17  </body>
18  </html>
```

网页中定义了 3 个 input 元素,其中 2 个紧接在 label 元素后面。在 jQuery 程序中使用 $("label+input")选取所有紧接在 label 元素后面的 input 元素,然后调用 css()方法设置选取的元素 CSS 样式,为选取的元素加一个绿色的点线(dotted)边框。浏览【例 9-8】的结果如图 9-6 所示。

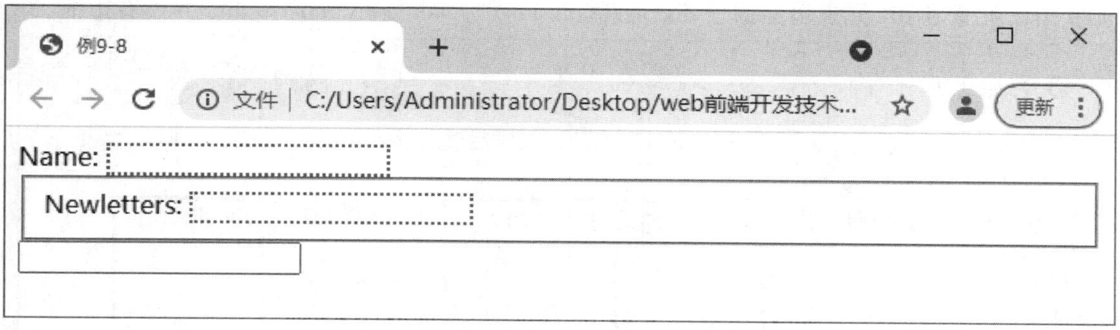

图 9-6　【例 9-8】浏览效果

(4)pre~siblings(前~兄弟)选择器

pre~siblings 选择器可以选取指定的 prev 元素后面根据 siblings 过滤的元素。例如,使用 $("#prev~div")可以选取所有紧接在 id 为 prev 的元素后面的 div 元素。

【例 9-9】使用 pre~siblings 选择器的简单实例,代码如下:

```
1    <html>
2    <head>
3    <title>例 9-9</title>
4    <script language="javascript" src="lib/jquery-3.5.1.min.js"></script>
5    <style>
6    div,span{display:block;width:80px;height:80px;margin:5px;background:yellow;float:left;font-size:14px;}
7    div#small{width:60px;height:25px;font-size:12px;background:lightred;}
8    </style>
9    </head>
10   <body>
```

```
11    <div>div(doesn't match since before #pre)</div>
12    <span id="prev">span#prev</span>
13    <div>div sibling</div>
14    <div>div sibling<div id="small">div inner</div></div>
15    <span>div sibling</span>
16    <div>div sibling</div>
17    <script>$("#prev~div").css("border","3px groove blue")</script>
18    </body>
19    </html>
```

网页中定义了1个id为prev的span元素,span元素前面定义了1个div元素,span元素后面定义了3个div元素和1个span元素。在后面的1个div元素中又定义了1个div子元素。在jQuery程序中使用$("#prev~div")选择器选取span元素prev后面的所有div元素,然后调用css()方法设置所选取元素的CSS样式,为选取的div元素加一个蓝色的边框,而后面的span元素和div元素里面的子div元素<div id="small">div inner</div>并没有边框。

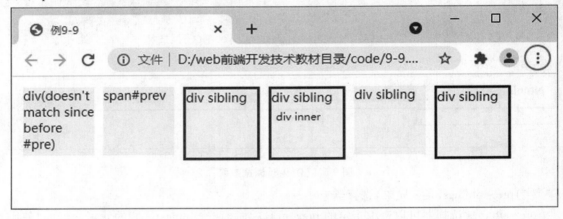

图9-7 【例9-9】浏览效果

4. jQuery 的基本过滤器

基本过滤器是指以冒号开头,通常用于实现简单过滤效果的过滤器。例如,匹配找到的第1个元素等。jQuery提供的基本过滤器如表9-1所示。

表9-1 jQuery 基本过滤器

过滤器	说明	示例
:first	匹配找到的第一个元素,它是与选择器结合使用的	$("tr:first")//匹配表格的第1行
:last	匹配找到的最后一个元素,它是与选择器结合使用的	$("tr:last")//匹配表格的最后1行
:even	匹配所有索引值为偶数的元素,索引值从0开始计数	$("tr:even")//匹配索引值为偶数的行
:odd	匹配所有索引值为奇数的元素,索引值从0开始计数	$("tr:odd")//匹配索引值为奇数的行

续表

过滤器	说明	示例
:eq(selector)	匹配一个给定索引值的元素	$("tr:eq(1)")//匹配表格第 2 行
:gt(index)	匹配所有大于给定索引值的元素	$("tr:gt(0)")//匹配表格除了第 1 行以外的所有行
:lt(index)	匹配所有小于给定索引值的元素	$("tr:lt(2)")//匹配表格前 2 行
:header	匹配如 h1,h2,h3 之类的标题元素	$(":header")//匹配全部的标题元素
:not(selector)	去除所有与给定选择器匹配的元素	$("input:not(:checked)")//匹配没有被选中的 input 元素
:animated	匹配所有正在执行动画效果的元素	$(":animated")//匹配所有正在执行的动画

【例 9-10】使用基础过滤器的简单示例,代码如下:

```
1   <html>
2   <head><title>例 9-10</title>
3   <script language="javascript" src="lib/jquery-3.5.1. min. js"></script>
4   </head>
5   <body>
6     <table>
7       <tr><td>第 1 行</td></tr>
8       <tr><td>第 2 行</td></tr>
9       <tr><td>第 3 行</td></tr>
10      <tr><td>第 4 行</td></tr>
11      <tr><td>第 5 行</td></tr>
12      <tr><td>第 6 行</td></tr>
13    </table>
14  <script> $(document). ready(function() {
15                          $("tr:first"). css("font-style","italic");
16                          $("tr:last"). css("background","red");
17                          $("tr:even"). css("font-weight","bold");
18                          $("tr:odd"). css("text-decoration","underline");
19                          $("tr:eq(3)"). css("background","yellow");
20                          $("tr:gt(0)"). css("color","blue");
21                          $("tr:lt(2)"). css("font-family","华文彩云");
22                          });
23  </script>
24  </body>
```

</html>网页中定义了一个包含 6 行的表格,在 jQuery 程序中使用 $("tr:first")选择器选取表格的第 1 行,然后调用 css()方法设置选取的元素的 CSS 样式,设置第 1 行表格使用斜体字。使用 $("tr:last")选择表格最后 1 行,然后调用 css()方法设置选取的元素的 CSS 样式,

设置最后 1 行表格添加红色背景。第 17 行代码使用 $("tr:even")$ 匹配索引值为偶数的元素（索引值从 0 开始计数的），也就是选择了表格对应行索引的 0、2、4 行，就是表格的第 1、3、5 行（用户习惯从 1 计数），设置对应表格文本加粗。第 18 行代码使用 $("tr:odd")$ 匹配索引值为奇数的元素（索引值从 0 开始计数的），也就是选择了表格对应行索引的 1、3、5 行，就是表格的第 2、4、6 行，设置对应表格文本下划线效果。代码第 19 行使用 $("tr:eq(3)")$ 选取了表格对应第 4 行，对其设置了黄色背景色。代码第 20 行 $("tr:gt(0)")$ 匹配表格第 1 行后面的所有行，并对其设置文本颜色为蓝色。代码第 21 行 $("tr:lt(2)")$ 过滤出表格前 2 行，对其设置了字体为华文彩云字体。浏览器【例 9-10】的结果如图 9-8 所示。

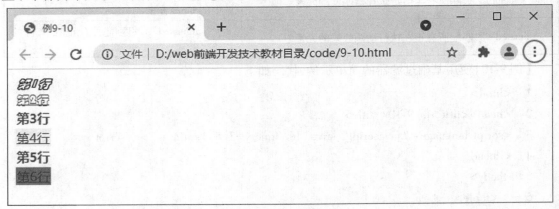

图 9-8 【例 9-10】浏览效果

【例 9-11】使用 :header 过滤器的简单示例，代码如下：

```
1    <html " >
2    <head>
3    <title>例 9-11</title>
4    <script language = "javascript" src = "lib/jquery-3.5.1.min.js"></script>
5    <script> $ ( document ). ready( function( ) {
6                    $ (":header"). css( {background: 'yellow', color: 'blue'} );
7                        } );</script>
8    </head>
9    <body>
10       <h1>标题 1</h1>
11       <p>内容 1</p>
12       <h2>标题 2</h2>
13       <p>内容 2</p>
14   </body>
15   </html>
```

在 jQuery 程序中使用 $(":header")$ 过滤器选取所有标题元素，然后调用 css( ) 方法设置选取的元素的 CSS 样式，浏览【例 9-11】的效果如图 9-9 所示。

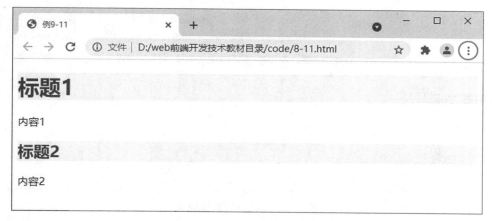

图 9-9　【例 9-11】浏览效果

提
示
使用：animated 过滤器可以匹配所有正执行动画效果的元素，关于使用 jQuery 实现动画的方法将在后续章节中介绍。

【例 9-12】使用：not 过滤器的简单示例，代码如下：

```
1   <html>
2   <head>
3   <title>例 9-12</title>
4   <script language="javascript" src="lib/jquery-3.5.1.min.js"></script>
5   <script> $(document).ready(function(){
6                                  $("p:not(.a)").css({"color":"red"})
7                                  });</script>
8   </head>
9   <body>
10  <p class="a">我是类名为 a 的段落</p>
11  <p class="b">我是类名为 b 的段落</p>
12  <p class="c">我是类名为 c 的段落</p>
13  </body>
14  </html>
```

【例 9-12】运行效果如图 9-10 所示，除了 class 等于 a 的 p 元素外，其他的 p 的文字颜色就变成了红色。

提
示
：not 过滤器通常使用的格式为：$("selector1:not(selector2)")，如果我们要获取 selector1 的元素，但可能不需要全部该怎么办？ 可以通过：not() 方法来过滤。

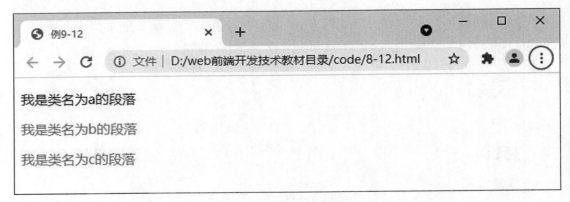

图 9-10 【例 9-12】浏览效果

5. jQuery 的可见性过滤器

元素的可见状态有两种,分别是隐藏状态和显示状态。可见性过滤器就是利用元素的可见状态匹配元素的。因此,可见性过滤器也有两种:一种是匹配所有可见元素的 visible 过滤器;另一种是匹配所有不可见元素的:hidden 过滤器。

提
示
　　在应用 hidden 过滤器时,display 属性是 none 以及 input 元素的 type 属性为 hidden 的元素都会被匹配到。

表 9-2　jQuery 可见性过滤器

过滤器	说明	示例
:visible	匹配所有可见元素	$("input:visible")//匹配全部显示的 input 元素
:hidden	匹配所有不可见元素	$("input:hidden")//匹配隐藏的 input 元素

【例 9-13】使用可见性过滤器的简单示例,代码如下:

```
1   <html>
2   <head>
3   <title>例 9-13</title>
4   <script language = "javascript"  src = "lib/jquery-3.5.1.min.js"></script>
5   <script>
6       $("document").ready(function() {
7       var visibleVal = $("input:visible").val();        //取得显示的 input 的值
8       var hiddenVal1 = $("input:hidden:eq(0)").val();   //取得隐藏的 input 的值
9       var hiddenVal2 = $("input:hidden:eq(1)").val();   //取得隐藏的 input 的值
10      alert(visibleVal+"\n\r"+hiddenVal1+"\n\r"+hiddenVal2);   //弹出取得的信息
11      });</script>
12  </head>
13  <body>
```

```
14   <input type="text" value="显示的 input 元素">
15   <input type="text" value="我是不显示的 input 元素" style="display:none">
16   <input type="hidden" value="我是隐藏域">
17   </body>
18   </html>
```

第 7 行代码 $("input:visible").val()$ 取得显示的 input 的值,第 8 行代码 $("input:hidden:eq(0)").val()$ 取得隐藏的 input 的值,包含第 15 行设置了 style 属性:display 为 none 的 input 元素,还包含第 16 行设置 type="hidden" 的 input 元素。运行【例 9-13】的效果如图 9-11 所示。

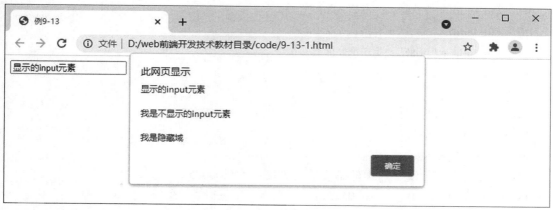

图 9-11　【例 9-13】浏览效果

6. jQuery 的内容选择器

内容过滤器顾名思义就是根据内容进行选择的一种选择器。内容过滤器就是通过 DOM 元素包含的文本内容以及是否含有匹配的元素进行筛选。内容过滤器共包括:contains(text)、:empty、:has(selector)、和:parent 四种,如表 9-3 所示。

表 9-3　jQuery 内容过滤器

过滤器	说明	示例
contains(text)	匹配包含给定文本的元素	$("li:contains('DOM')")$//匹配含有"DOM"文本内容的 li 元素
:empty	匹配所有不包含子元素或者文本的空元素	$("td:empty")$//匹配不包含子元素或者文本的单元格
:has(selector)	匹配含有选择器所匹配元素的元素	$("td:has(p)")$//匹配表格的单元格中含有<p>标记的单元格
:parent	匹配含有子元素或者文本的元素	$("td:parent")$//匹配不为空的单元格,即在该单元格中还包括子元素或者文本

【例 9-14】使用内容过滤器的简单示例,代码如下:

```
1    <html>
2    <head>
3    <title>例 9-14</title>
4    <script language = "javascript" src = "lib/jquery-3.5.1.min.js"></script>
5    <table width = "98%" border = "0" align = "center" cellpadding = "0" cellspacing = "1"
     bgcolor = "green">
6    <tr>
7    <td width = "11%" height = "27">编号</td>
8    <td width = "14%">祝福对象</td>
9    <td width = "12%">祝福者</td>
10   <td width = "33%">字条内容</td>
11   <td width = "30%">发送时间</td>
12   </tr>
13   <tr>
14   <td height = "27">1</td>
15   <td>琦琦</td>
16   <td>妈妈</td>
17   <td><a href = "#">愿你健康快乐的成长！</a></td>
18   <td>2021-07-05 13:06:06</td>
19   </tr>
20   <tr>
21   <td height = "27">1</td>
22   <td>wgh</td>
23   <td>爸爸</td>
24   <td><a href = "#">愿你健康快乐的成长！</a></td>
25   <td>2021-07-05 13:06:06</td>
26   </tr>
27   <tr>
28   <td height = "27">1</td>
29   <td>花花</td>
30   <td>wgh</td>
31   <td>愿你健康快乐的成长！</td>
32   <td>2021-07-05 13:06:06</td>
33   </tr>
34   <tr>
35   <td height = "27">1</td>
36   <td>科科</td>
37   <td>wgh</td>
```

```
38    <td></td>
39    <td>2021-07-05 13:06:06</td>
40    </tr>
41    </table>
42    <script type="text/javascript">
43      $(document).ready(function() {
44        $("td:parent").css("background-color","lightgreen");   //选择不为空的单元
                                                                        格,设置背景颜色
45        $("td:empty").html("暂无内容");        //为空的单元格添加默认内容
46        $("td:contains('wgh')").css("color","red");        //将含有文本 wgh 的单元格
                                                                    的文字颜色设置为红色
47        $("td:has('a')").css("font-size","30px");        //将包含 a 标记的单元格的文
                                                                    字字号设置为30px
48      });
49    </script>
```

运行【例 9-14】效果如图 9-12 所示。第 44 行代码 $("td:parent") 选择了不为空的单元格,将其背景颜色设置为 lightgreen,第 45 行代码 $("td:empty") 选择了内容为空的单元格,使用"暂无内容"文本对其进行填充。第 46 行代码 $("td:contains('wgh')") 选择了含有文本 wgh 的单元格,将其文字颜色设置为红色。第 47 行代码 $("td:has('a')") 选择了包含 a 标记的单元格,将其文字字号设置为30px。

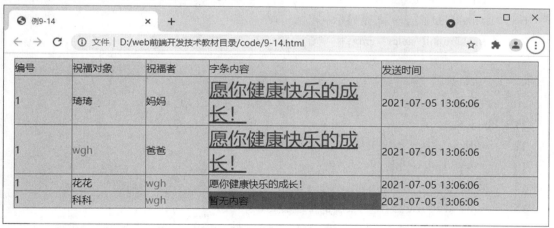

图 9-12　【例 9-14】浏览效果

7. jQuery 的属性选择器

属性选择器使我们可以基于属性来定位一个元素。可以只指定该元素的某个属性,这样所有使用该属性而不管它的值是什么,这个元素都将被定位,也可以更加明确并定位在这些属性上使用特定值的元素,这就是属性选择器展示它们的威力的地方。

表 9-4 jQuery 属性过滤器

过滤器	说明	示例
[attribute]	匹配包含给定属性的元素	$("div[id]")//查找所有含有 id 属性的 div 元素
[attribute＝value]	匹配给定属性是某个特定值的元素	$("input[name＝'newsletter']//查找所有 name 属性是 newletter 的 input 元素
[attribute！＝value]	匹配给定属性是不包含某个特定值的元素	$("input[name！＝'newsletter']//查找所有 name 属性不是 newletter 的 input 元素
[attribute^＝value]	匹配给定属性是某些值开始的元素	$("input[name^＝'news']//查找所有 name 属性值中以"news"开始的元素
[attribute＄＝value]	匹配给定属性是以某些值结尾的元素	$("input[name＄＝'letter']//查找所有 name 以"letter"结尾的 input 元素
[attribute＊＝value]	匹配给定属性是以包含某些值的元素	$("input[name＊＝'man']//查找所有 name 包含"man"的 input 元素
[selector1][selector2][selector3]	复合属性选择器，需要同时满足多个条件时使用	$("input[id][name＄＝'man']")//找到所有含有 id 属性,并且它的 name 属性是以 man 结尾的

【例 9-15】使用内容过滤器的简单示例,代码如下:

```
1    <html>
2    <head>
3    <title>例 9-15</title>
4    <script language="javascript" src="lib/jquery-3.5.1.min.js"></script>
5    <style type="text/css">
6      .highlight{   /＊高亮显示＊/
7      background-color: gray;
8      }
9    </style>
10   </head>
11   <body>
12     <div>
13       <p>Hello</p>
14     </div>
15     <div id="test">ID 为 test 的 DIV</div>
16     <input type="checkbox" id="s1" name="football" value="足球"/>足球
17     <input type="checkbox" name="volleyball" value="排球"/>排球
18     <input type="checkbox" id="s3" name="basketball" value="篮球"/>篮球
19     <input type="checkbox" id="s4" name="other" value="其他"/>其他
20   </body>
21   <script>
22   $("div[id]").addClass("highlight");//查找所有含有 ID 属性的 div 元素
```

23　$("input[name='basketball']").attr("checked",true);　//name 属性值为 basket-
ball 的 input 元素选中

24　$("input[name! ='basketball']").attr("checked",true);　//name 属性值不为
basketball 的 input 元素选中

25　//此选择器等价于:not([attr=value])要匹配含有特定属性但不等于特定值的元素,
请使用[attr]:not([attr=value])

26　$("input:not(input[name='basketball'])").attr("checked",true);

27　$("input[name^='foot']").attr("checked",true);　//查找所有 name 以 'foot' 开始
的 input 元素

28　$("input[name $ ='ball']").attr("checked",true);//查找所有 name 以 'ball' 结尾
的 input 元素

29　$("input[name * ='sket']").attr("checked",true);　//查找所有 name 包含 'sket'
的 input 元素

30　$("input[id][name $ ='ball']").attr("checked",true);　//找到所有含有 id 属
性,并且它的 name 属性是以 ball 结尾的

31　</script>

32　</html>

【例 9-15】的效果如图 9-13 所示。

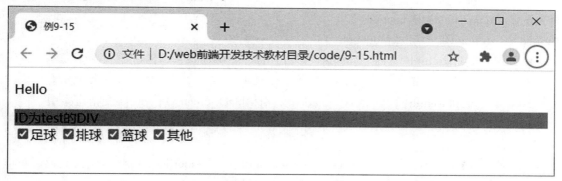

图 9-13　【例 9-15】浏览效果

8. jQuery 的子元素选择器

使用子元素过滤器可以根据元素的子元素对元素进行过滤。

(1):nth-child(index/even/odd/equation)

可以使用:nth-child()过滤器匹配指定父元素下的一定条件的索引值的子元素。例如,
$("ul li:nth-child(2)")可以匹配 ul 元素中的第 2 个 li 子元素,$("ul li:nth-child(even)")
可以匹配 ul 元素中的第偶数个 li 子元素,$("ul li:nth-child(odd)")可以匹配 ul 元素中第奇
数个 li 子元素。

(2):first-child

可以使用:first-child 过滤器匹配第 1 个子元素。

注 意　　　´:first´只匹配一个元素，而:first-child 将为每个父元素匹配第 1 个子元素。

（3）:last-child

匹配最后一个子元素。

注 意　　　´:last´只匹配一个元素，而此过滤器将为每个父元素匹配最后一个子元素。

（4）: only-child

如果某个元素是父元素中唯一的子元素，那将会被匹配。如果父元素中含有其他元素，那将不会被匹配。意思就是："只有一个子元素的才会被匹配。"

【例 9-16】使用子元素过滤器的简单示例，代码如下：

```
1    <html>
2    <head>
3    <title>例 9-16</title>
4    <script language="javascript" src="lib/jquery-3.5.1.min.js"></script>
5    <script type="text/javascript">
6    window. onload=function( ) {
7    $ (´#btnOk´). click(function( ) {
8    $ (´li:first-child´). css("border","2px dashed red");   //匹配第一个子元素
9    $ (´li:last-child´). css("border","2px dotted blue");//匹配最后一个子元素
10   $ ("li:nth-child(3)"). css("border","4px black green");   //匹配指定索引
11   $ ("li:only-child"). css("background","pink");//如果元素为父元素的唯一子元素
         则匹配
12   $ ("li:nth-child(even)"). css("text-decoration","underline");//匹配其父元素对应
         的第偶数个 li 子元素
13         });};
14   </script>
15   </head>
16   <body>
17      <ol>
18         <li>三国演义</li>
19         <li>西游记</li>
20         <li>水浒传</li>
21         <li>红楼梦</li>
22      </ol>
```

```
23      <ol>
24        <li>富强</li>
25        <li>民主</li>
26        <li>文明</li>
27        <li>法制</li>
28      </ol>
29      <ol>
30        <li>我是 ol 中唯一的 li</li>
31      </ol>
32    <hr/>
33    <input type="button" id='btnOk' value='确定' />
34 </body>
35 </html>
```

运行【例 9-16】，当点击"确定"按钮，效果如图 9-14 所示。

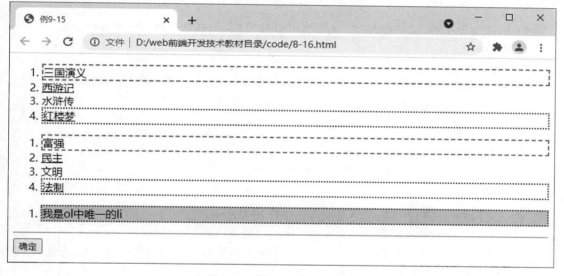

图 9-14　【例 9-16】浏览效果

（三）jQuery 控制页面

1. 对元素内容和值进行操作

jQuery 提供了对元素的内容和值进行操作的方法，其中元素的值是元素的一种属性，大部分元素的值都对应 value 属性。下面再来对元素的内容进行介绍。

元素的内容是指定义元素的起始标记和结束标记中间的内容，又可分为文本内容和 HT-ML 内容。

（1）对元素内容操作

由于元素内容又可分为文本内容和 HTML 内容，所以，对元素内容的操作也可以分为对文本内容操作和对 HTML 内容操作。

- 对文本内容操作

jQuery 提供了 text( ) 和 text(val) 两个方法用于对文本的操作,其中 text( ) 用于获取全部匹配元素的文本内容,text(val) 用于设置全部匹配元素的文本内容。

- 对 HTML 内容操作

jQuery 提供了 html( ) 和 html(val) 两个方法用于对 HTML 内容操作,其中 html( ) 用于获取第一个匹配元素的 HTML 内容,html(val) 用于设置全部匹配元素的 HTML 内容。

提示　　使用 text( ) 方法重新设置 div 元素的文本内容后, div 元素原来的内容将被设置的内容替换掉, 包括 HTML 内容。

【例 9-17】对元素内容进行操作的简单示例,代码如下:

```
1   <html>
2   <head>
3   <title>例 9-17</title>
4   <script language = " javascript"  src = " lib/jquery-3. 5. 1. min. js" ></script>
5   </head>
6   <body>
7     <div>
8         <span id = " clock" >当前时间:2021-1-1</span>
9     </div>
10    <div>   <span id = " home" >I Love BeiJing</span> </div>
11    <div>    <span>I Love home</span> </div>
12   <script>
13     $ ( " #clock" ). text( "设置匹配的文本内容" );
14     $ ( " div:nth-child( 2 ) " ). text( "我是后替换内容" );
15     $ ( " div:nth-child( 1 ) " ). html( " <span style = ´color:red´>通过 html( ) 方法设置的
          HTML 内容" );
16     $ ( " div:nth-child( 3 ) " ). text( " <span style = ´color:red´>通过 text( ) 方法设置的
          HTML 内容" );
17   </script>
18   </body>
19   </html>
```

【例 9-17】中第 13 行代码用于设置 id 属性值为 clock 元素的文本内容,第 14 行代码 $ (" div:nth-child(2) ")选取了页面中第二个 div 元素,将其内容<span id = " home" >I Love Beijing</span>替换为"我是后替换内容"。第 15 行代码选取了页面中第一个 div 元素,将内容设置为<span style = ´color:red´>通过 html( )方法设置的 HTML 内容,第 16 行代码选择页面中第三个 div 元素,使用 text( )方法设置 HTML 内容。运行【例 9-17】的结果如图 9-15 所示。

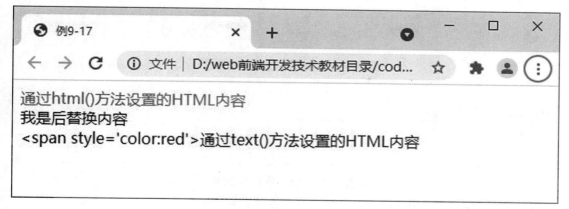

图 9-15 【例 9-17】浏览效果

 提 示　　可以看出在应用 text( )设置文本内容时,即使内容中也包含 HTML 代码,也将被认为是普通文本,并不能作为 HTML 代码被浏览器解析,而应用 html( )设置的 HTML 内容中包括的 HTML 代码就可以被浏览器解析。

(2)对元素值的操作

jQuery 提供 val( )方法与 val(val)对元素值进行操作。val( )方法用于获取匹配元素当前的值,val(val)用于设置所有匹配元素的值。

【例 9-18】对文本框的值进行操作的简单示例,代码如下:

```
1   <html>
2   <head>
3   <title>例 9-18</title>
4   <script language = " javascript"  src = " lib/jquery-3. 5. 1. min. js" ></script>
5   <script>
6    $ ( document ). ready( function( ) {
7        $ ( "#test3" ). val( "Dolly Duck" ) ;
8    } ) ;
9   </script>
10  </head>
11  <body>
12  <p>Input field: <input type = "text"  id = "test3"  value = "Mickey Mouse" ></p>
13  </body>
14  </html>
```

运行【例 9-18】的效果如图 9-16 所示。

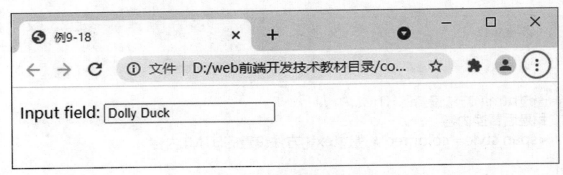

图 9-16　【例 9-18】浏览效果

2. 对元素的属性进行操作

使用 attr( )方法设置或返回被选元素的属性值。attr( )方法的返回值是 HTML 元素的属性值。

【例 9-19】使用 attr( )方法访问 HTML 元素属性的简单示例,代码如下:

```
1    <html>
2    <head>
3    <title>例 9-19</title>
4    <script language="javascript" src="lib/jquery-3.5.1.min.js"></script>
5    <script type="text/javascript">
6    $(document).ready(function(){
7       $("button").click(function(){
8          alert("Image width "+ $("img").attr("width"));
9       });
10   });
11   </script>
12   </head>
13   <body>
14   <img src="apple.gif" width="128" height="128"/>
15   <br/>
16   <button>返回图像的宽度</button>
17   </body>
18   </html>
```

运行【例 9-19】效果如图 9-17 所示。点击按钮返回图像的宽度。

attr( )方法还可以设置被选元素的属性值。根据该方法不同的参数,其工作方式也有所差异。当语法为 $(selector).attr(attribute,value)时为设置被选元素的属性和值。

图 9-17　【例 9-19】浏览效果

【例 9-20】使用 attr(attribute,value)方法设置被选元素的属性和值的简单示例,代码如下:

```
1    <html >
2    <head>
3    <title>例 9-20</title>
4    <script language="javascript" src="lib/jquery-3.5.1.min.js"></script>
5    <script type="text/javascript">
6    $(document).ready(function(){
7        $("button").click(function(){
8            $("img").attr("width","180");
9        });
10   });
11   </script>
12   </head>
13   <body>
14   <img src="apple.gif"/>
15   <br/>
16   <button>设置图像的 width 属性</button>
17   </body>
18   </html>
```

运行【例 9-20】效果如图 9-18、图 9-19 所示。

图 9-18　【例 9-20】点击按钮前效果

图 9-19 【例 9-20】点击按钮后效果

attr( )方法也允许同时设置多个属性。例如:将【例 9-20】中第 8 行替换为如下代码,可以同时为 img 元素设置多个属性。

```
1      $ ( "img" ) . attr( {
2                      width : " 500px " ,
3                      height : " 500px " ,
4                      alt : " apple " } ) ;
```

attr( )方法也提供回调函数。回调函数有两个参数:被选元素列表中当前元素的下标,以及原始(旧的)值。然后以函数新值返回您希望使用的字符串。

【例 9-21】演示带有回调函数的 attr( ) 方法。

```
1     <html >
2     <head>
3     <title>例 9-21</title>
4     <script language = " javascript "  src = " lib/jquery−3. 5. 1. min. js " ></script>
5     <script>
6      $ ( document ) . ready ( function ( ) {
7        $ ( "button" ) . click ( function ( ) {
8          $ ( "#w3s" ) . attr ( "href" , function ( i , origValue ) {
9            return origValue + "/jquery" ;
10         } ) ;
11       } ) ;
12     } ) ;
13    </script>
14    </head>
15    <body>
16    <p><a href = " http://www. w3school. com. cn"  id = " w3s " >w3school. com. cn</a></p>
17    <button>改变 href 值</button>
```

18　　<p>请把鼠标指针移动到链接上,或者点击该链接,来查看已经改变的 href 值。</p>

19　　</body>

20　</html>

【例 9-21】运行后,如果点击<button>按钮,超链接地址改为如图 9-20 所示。

图 9-20　【例 9-21】点击按钮后效果

removeAttr( )方法从被选元素中移除属性。如下代码可从任何 p 元素中移除 id 属性:

1　$ ("button"). click(function( ){

2　　$ ("p"). removeAttr("id");

3　});

3. 对元素的 CSS 样式进行操作

在 jQuery 中,可以通过 DOM 对象来设置 HTML 元素的 CSS 样式。

(1)使用 css( )方法获取和设置 CSS 属性

css( )方法返回或设置匹配的元素的一个或多个样式属性。返回 CSS 属性值的语法:
$ (selector). css(name),设置 CSS 属性值的语法: $ (selector). css(name,value)。

取得第一个段落的 color 样式属性的值代码如下:

$ ("p"). css("color");

将所有段落的颜色设为红色代码如下:

$ ("p"). css("color","red");

设置多个 CSS 属性代码如下:

$ ("p"). css({"background-color":"yellow","font-size":"200%"});

(2)与 CSS 类别有关的方法

在 CSS 中可以指定不同类别的 HTML 元素的样式,jQuery 可以使用表 9-5 所示方法对
HTML 类别进行管理。

表 9-5　jQuery 中与 CSS 类别有关方法

方法	说明
addClass( )	addClass( )方法向被选元素添加一个或多个类。例如: $ ("#two"). addClass ("divClass2")为 ID 为 two 的对象追加样式 divClass2
hasClass( )	hasClass( )方法检查被选元素是否包含指定的 class。例如: $ ("#two"). has-Class("another") = = $ ("#two"). is(". another");判断是否含有某项样式

续表

方法	说明
removeClass( )	removeClass( )方法从被选元素移除一个或多个类。例如：$ ("#two"). remove-Class("divClass")移除 ID 为 two 的对象的 class 名为 divClass 的样式 又例如：$(#two). removeClass("divClass divClass2")移除多个样式
toggleClass( )	该方法检查每个元素中指定的类。如果不存在则添加类，如果已设置则删除之。这就是所谓的切换效果 例如：$ ("#two"). toggleClass("anotherClass")//重复切换 anotherClass 样式

【例 9-22】使用 addClass( )方法为 HTML 元素添加 class 属性实例，代码如下：

```
1    <html >
2    <head>
3    <title>例 9-22</title>
4    <script language="javascript" src="lib/jquery-3. 5. 1. min. js"></script>
5    <script type="text/javascript">
6     $ (document). ready(function( ){
7       $ ("button"). click(function( ){
8         $ ("p:first"). addClass("intro");
9       });
10    });
11   </script>
12   <style type="text/css">
13   . intro
14   {
15   font-size:120%;
16   background:red;
17   }
18   </style>
19   </head>
20   <body>
21   <h1>This is a heading</h1>
22   <p>This is a paragraph. </p>
23   <p>This is another paragraph. </p>
24   <button>向第一个 p 元素添加一个类</button>
25   </body>
26   </html>
```

【例 9-22】运行后点击"向第一个 p 元素添加一个类"按钮效果如图 9-21 所示。

图 9-21　【例 9-22】点击 button 按钮后效果

 提示　　.addClass( )与.css( )方法各有利弊,一般是静态的结构,都确定了布局的规则,可以用 addClass( )的方法,增加统一的类规则,如果是动态的 HTML 结构,在不确定规则,或者经常变化的情况下,一般多考虑.css( )方式,语法如下:

$ ("p").css({"background-color":"yellow","font-size":"200%"})

4. 获取和设置 HTML 元素尺寸

jQuery 可以使用表 9-6 所示方法获取和设置 HTML 元素的尺寸。

表 9-6　jQuery 中与 HTML 元素尺寸有关的方法

方法	说明
width( )	设置或返回元素的宽度(不包括内边距、边框或外边距)
height( )	设置或返回元素的高度(不包括内边距、边框或外边距)
innerWidth( )	返回元素的宽度(包括内边距)
innerHeight( )	返回元素的高度(包括内边距)
outerWidth( )	返回元素的宽度(包括内边距和边框)
outerHeight( )	返回元素的高度(包括内边距和边框)

【例 9-23】获取 HTML 元素高度的实例,代码如下:

```
1    <html>
2    <head>
3    <title>例 9-23</title>
4    <script language="javascript" src="lib/jquery-3.5.1.min.js"></script>
5    <script>
6      $(document).ready(function(){
7        $("button").click(function(){
8          var txt="";
```

```
9        txt+="Width of div: " + $("#div1").width() + "</br>";
10       txt+="Height of div: " + $("#div1").height() + "</br>";
11       txt+="Inner width of div: " + $("#div1").innerWidth() + "</br>";
12       txt+="Inner height of div: " + $("#div1").innerHeight();
13        $("#div1").html(txt);
14      });
15    });
16    </script>
17    </head>
18    <body>
19    <div id="div1" style="height:100px;width:300px;padding:10px;margin:3px;border:
      1px solid blue;background-color:lightblue;"></div>
20    <br>
21    <button>显示 div 的尺寸</button>
22    <p>innerWidth() -返回元素的宽度(包括内边距)。</p>
23    <p>innerHeight() -返回元素的高度(包括内边距)。</p>
24    </body>
25    </html>
```

【例 9-23】运行后点击"显示 div 的尺寸"按钮效果如图 9-22 所示。

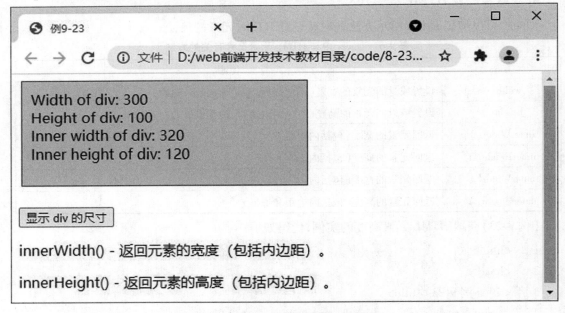

图 9-22 【例 9-23】点击按钮后效果

5. 获取和设置元素的位置

jQuery 可以使用表 9-7 所示的方法获取和设置 HTML 元素的位置。

表 9-7　jQuery 中与 HTML 元素位置有关的方法

方法	说明
offset( )	返回或设置匹配元素相对于文档的偏移(位置)。(即视口坐标)该方法返回的对象包含两个整型属性:top 和 left,以像素计。此方法只对可见元素有效
position( )	position( )方法返回相对于最近的已定位的祖先元素的位置。该方法返回的对象包含两个整型属性:top 和 left,以像素计。此方法只对可见元素有效
scrollLeft( )	获取匹配的元素集合中第一个元素的当前水平滚动条的位置或设置每个匹配元素的水平滚动条的距离
scrollTop( )	获取匹配的元素集合中第一个元素的当前垂直滚动条的位置或设置每个匹配元素的垂直滚动条的距离

【例 9-24】offset( )方法应用实例,代码如下:

```
1    <html>
2    <head>
3    <title>例 9-24</title>
4    <script language = "javascript"  src = "lib/jquery-3. 5. 1. min. js"></script>
5    <body topmargin = "0px"  leftmargin = "0px">
6         <p style = "margin:0 0;">Hello</p>
7         <p style = "margin:0 0;">2nd Paragraph</p>
8    </body>
9    <script>
10   var p =  $ ("p:last");
11   var offset =  p. offset( );
12   p. html("left: " + offset. left + ", top: " + offset. top);
13   </script>
14   </body>
15   </html>
```

【例 9-24】运行效果如图 9-23 所示。

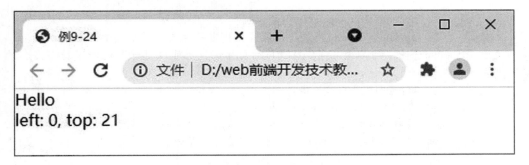

图 9-23　【例 9-24】运行效果

6. 对 DOM 节点进行操作

了解 JavaScript 的读者应该知道,通过 JavaScript 可以实现对 DOM 节点的操作,例如查找节点、创建节点、添加节点、插入节点、复制节点、替换节点或者删除节点,不过比较复杂。jQuery 为了简化开发人员的工作,也提供了对 DOM 节点进行操作的方法。下面进行详细介绍。

(1)查找节点

通过 jQuery 提供的选择器可以轻松实现查找页面中的任何节点。关于 jQuery 的选择器,我们已经在 9.2 节中进行了详细介绍,读者可以参考"jQuery 选择器"实现查找节点。

(2)创建节点

如果我们希望创建元素节点并且把节点作为<ul>元素的子节点添加到 DOM 节点树上,那么首先创建元素点,创建元素节点使用 Jquery 的工厂函数 $ ( ) 来完成,格式如下: $ (html),该方法会根据传入的 html 字符串返回一个 DOM 对象,并将 DOM 对象包装成一个 JQuery 对象后返回。

创建一个元素节点 JQuery 代码如下:

```
$ li1 = $ ( " <li title = ′apple′>苹果</li>" )
```

代码返回 $ li1 就是一个由 DOM 对象包装成的 JQuery 对象。

(3)添加节点

- append( )方法与 appendTo( )方法

append( )方法向匹配的元素内部追加内容,实例代码如下:该方法查找 ul 元素,然后向 ul 中添加新建的 li 元素。

```
$ ( "ul" ) . append( " <li title = ′香蕉′>香蕉</li>" ) ;
```

该方法查找 ul 元素,然后向 ul 中添加新建的 li 元素。

appendTo( )方法将所有匹配的元素追加到指定的元素中,实例代码如下:

```
$ ( " <li title = ′荔枝′>荔枝<li>" ) . appendTo( "ul" ) ;
```

该方法新建元素 li,然后把 li 添加到查找到的 ul 元素中。

> 提示 append( )和 appendTo( )的区别?
>
> append(content)用法:功能是向指定的元素中追加内容,被追加的 content 参数,可以是字符、HTML 元素标记,还可以是一个返回字符串内容的函数。
>
> appendTo( )的使用格式:
>
> $ (content) . appendTo(selector) ;
>
> 参数 content 表示需要插入的内容,参数 selector 表示被选的元素,即把 content 内容插入 selector 元素内,默认是在尾部。

- prepend( )方法与 prependTo( )方法

prepend( )方法在被选元素的开头(仍位于内部)插入指定内容。实例代码如下:

```
$ ( "ul" ) . prepend( " <li title = ′芒果′>芒果</li>" )
```

该方法将查找元素 ul，然后将新建的 li 元素作为 ul 子节点，且作为 ul 的第一个子节点插入到 ul 中。prependTo( ) 方法将元素添加到每一个匹配的元素内部前置，实例代码如下：

$ ("<li title＝'西瓜'>西瓜</li>"). prependTo("ul") ;

该方法将新建的元素 li 插入到查找到的 ul 元素中作为 ul 的第一个子节元素。

提
示
　　　prepend( ) 和 prependTo( ) 方法作用相同。 差异在于语法：内容和选择器的位置，以及 prependTo( ) 无法使用函数来插入内容。

- after( )方法与 before( )方法

after( )方法向匹配的元素后面添加元素，新添加的元素作为目标元素后的紧邻的兄弟元素。

$ ("p"). after("新加段新加段新加段新加段新加段") ;

after 方法将查找节点 p，然后把新建的沙盘元素添加到 p 节点后面作为 p 的兄弟节点。
before( )方法在每一个匹配的元素之前插入，作为匹配元素的前一个兄弟节点。

$ ("p"). before("下面是个段落") ;

before 方法查找每个元素 p，将新建的 span 元素插入到元素 p 之前作为 p 的前一个兄弟节点。

（4）删除节点

如果想要删除文档中的某个元素，JQuery 提供了两种删除节点的方法：remove( )和 empty( )。

- remove( )方法

remove( )方法删除所有匹配的元素，传入的参数用于筛选元素，该方法能删除元素中的所有子节点，当匹配的节点及后代被删除后，该方法返回值是指向被删除节点的引用，因此可以使用该引用，再使用这些被删除的元素。例如：

```
1    $ span = $ ( "span" ). remove( ) ;
2    $ span. insertAfter( "ul" ) ;
```

该示例中先删除所有的 span 元素，把删除后的元素使用 $ span 接收，把删除后的元素添加到 ul 后面作为 ul 的兄弟节点。该操作相当于将所有的 span 元素以及后代元素移到 ul 后面。

- empty( )方法。

empty( )方法严格来讲并不是删除元素，该方法只是清空节点，它能清空元素中的所有子节点。例如：

$ ("ul li:eq(0)"). empty( ) ;

该示例使用 empty 方法清空 ul 中第一个 li 的文本值。只留下 li 标签默认符号"·"。

（5）替换节点

如果要替换某个节点，jQuery 提供了相应的方法，即 replaceWith( )和 replaceAll( )。

- replaceWith( )

replaceWith( )方法的作用是将所有匹配的元素都替换成指定的 HTML 或者 DOM 元素。

$(".nm_p").replaceWith(´<p class = "nm_p">欢迎访问 www.baidu.com</p>´);

- replaceAll( )

也可以使用 JQuery 中另一个方法 replaceAll( )来实现,该方法与 replaceWith( )方法的作用相同,只是颠倒了 replaceWith( )操作,可以使用如下 jQuery 代码实现同样的功能:

$(´<p class = "nm_p">欢迎访问 www.jb51.net</p>´).replaceAll(".nm_p");

提
示
　　如果在替换之前,已经为元素绑定事件,替换后原先绑定的事件将会与被替换的元素一起消失,需要在新元素上重新绑定事件。

(四)表单编程

在 HTML 中,表单是用户提交数据的最常用方式。本节介绍 jQuery 表单编程的具体方法。

1. 表单选择器

jQuery 提供了表单选择器,用于选取表单中的元素。

(1)常规选择器

```
1   <body>
2   <form>
3     <input type = "text" name = "user" value = "123"/>
4     <input type = "password" name = "pass" value = "456"/>
5   </form>
6   </body>
```

可以使用 id、类(class)和元素名来获取表单字段,如果是表单元素,都必须含有 name 属性,还可以结合属性选择器来精确定位。

```
1   $ (function ( ) {
2     alert( $ (´input´).size( ));              //2 个 input
3     alert( $ (´input´).val( ));        //元素名定位,默认获取第一个 value 值:123
4     alert( $ (´input[ name = pass ]´).val( ));      //选择 name 为 user 的字段获取第二个
                                                      value 值:456
5   });
```

那么对于 id 和类(class)用法比较类似,也可以结合属性选择器来精确的定位,在这里我们不再重复。对于表单中的其他元素名,比如 textarea、select 和 button 等,原理一样,不再重复。

（2）表单选择器

虽然可以使用常规选择器来对表单的元素进行定位,但有时还是不能满足开发者灵活多变的需求。所以,jQuery 为表单提供了专用的选择器。

```
1   <body>
2   <form>
3     <input type="text" name="user" value="123"/>
4     <input type="password" name="pass" value="456"/>
5     <input type="radio" name="sex" value="男" checked="checked"/>男
6     <input type="radio" name="sex" value="女"/>女
7     <textarea></textarea>
8     <select name="city" multiple>
9        <option>1</option>
10       <option>2</option>
11       <option>3</option>
12    </select>
13    <button></button>
14  </form>
15  </body>
```

- 表单选择器:input

:input 选取所有 input、textarea、select 和 button 元素-集合元素。

查看所有表单元素里 name=city 的有几个:

```
1   $(function(){
2      alert($(':input[name=city]').size());//1
3   });
```

- 表单选择器:text

:text 选择所有单行文本框,即 type=text-集合元素,获取单行文本框元素代码如下:

```
1   $(function(){
2      alert($(':text').size());//1
3   });
```

- 表单选择器:password

:password 选择所有密码框,即 type=password-集合元素。

```
1   $(function(){
2      alert($(':password[name=pass]').size());//获取密码栏元素个数1
3   });
```

- 表单选择器:radio

:radio 选择所有单选框,即 type=radio-集合元素。

```
1   $ ( function ( ) {
2      alert( $ ('´:radio´). size( ));//获取单选框元素有几个:2
3   alert( $ ('´:radio[ name = sex ]´). eq(1). val( ));  //获取单选框元素第二个元素的
    value 值:女
4   });
```

- 表单选择器:checkbox

:checkbox 选择所有复选框,即 type = checkbox-集合元素。

```
1   $ ( function ( ) {
2      alert( $ ('´:checkbox´). size( ));  //获取复选框元素有几个:0
3   });
```

- 表单选择器:submit

:submit 选取所有提交按钮,即 type = submit-集合元素。

```
1   $ ( function ( ) {
2      alert( $ ('´:submit´). size( ));  //获取提交按钮元素个数 1
3   });
```

- 表单选择器:reset

:reset 选取所有重置按钮,即 type = reset-集合元素。

```
1   $ ( function ( ) {
2      alert( $ ('´:reset´). size( ));  //0 个
3   });
```

- 表单选择器:image

:image 选取所有图像按钮,即 type = image-集合元素。

```
1   $ ( function ( ) {
2      alert( $ ('´:image´). size( ));  //获取图片按钮元素个数:0
3   });
```

- 表单选择器:button

选择所有普通按钮,即 button 元素-集合元素。

```
1   $ ( function ( ) {
2      alert( $ ('´:button´). size( ));  //获取普通按钮元素个数:1
3   });
```

- 表单选择器:file

:file 选择所有文件按钮,即 type = file-集合元素。

```
1   $ ( function ( ) {
2      alert( $ ('´:file´). size( ));  //获取文件按钮元素个数:0
3   });
```

- 表单选择器:hidden

:hidden 选择所有不可见字段,即 type = hidden-集合元素。

```
1    $ (function ( ) {
2      alert( $ ('form:hidden'). size ( ));        //获取 form 元素下隐藏字段元素个数:0
3    });
```

2. 表单过滤器

jQuery 提供了四种表单过滤器,分别在是否可以用、是否选定来进行表单字段的筛选过滤。

（1）:enabled

:enabled 选取所有可用元素集合元素。

```
1    $ (function ( ) {
2      alert( $ ('form:enabled'). size ( ));    //获取可用元素:10
3    });
```

（2）:disabled

:disabled 选取所有不可用元素集合元素。

```
1    $ (function ( ) {
2      alert( $ ('form:disabled'). size ( ));    //选取所有不可用元素:0
3    });
```

（3）:checked

:checked 选取所有被选中的元素,单选和复选字段集合元素。

```
1    $ (function ( ) {
2      alert( $ ('form:checked'). size ( ));     //获取单选、复选框中被选中的元素:1
3    });
```

（4）:selected

:selected 选取所有被选中的元素,下拉列表集合元素。

```
1    $ (function ( ) {
2      alert( $ ('form:selected'). get(0));     //获取下拉列表中被选中的元素:undefined
3    alert( $ ('form:selected'). size ( ));    //0
4    });
```

3. 表单 API

jQuery 提供了一组表单 API,使用它们可以对表单和表单元素进行操作。

（1）blur( )方法和 focus( )方法

当元素获得焦点时,发生 focus 事件。当通过鼠标点击选中元素或通过 tab 键定位到元素时,该元素就会获得焦点。focus( )方法触发 focus 事件,或规定当发生 focus 事件时运行的函数。

当元素失去焦点时发生 blur 事件。blur( ) 函数触发 blur 事件,或者如果设置了 function 参数,该函数也可规定当发生 blur 事件时执行的代码。

【例 9-25】调用 blur( )方法和 focus( )方法实例,代码如下:

```
1    <html>
2    <head>
3    <title>例 9-25</title>
4    <script language = "javascript" src = "lib/jquery-3. 5. 1. min. js"></script>
5    <script type = "text/javascript">
6    $ (document). ready(function( ) {
7        $ ("input"). focus(function( ) {
8            $ ("input"). css("border","5px double red");
9        });
10       $ ("input"). blur(function( ) {
11           $ ("input"). css("border","2px dashed black");
12       });
13       $ ("#btn1"). click(function( ) {
14           $ ("input"). focus( );
15       });
16       $ ("#btn2"). click(function( ) {
17           $ ("input"). blur( );
18       });
19   });
20   </script>
21   </head>
22   <body>
23   Enter your name: <input type = "text"/>
24   <p>请在上面的输入域中点击,使其获得焦点,然后在输入域外面点击,使其失去焦
     点。</p>
25   <p><button id = "btn1">触发输入域的 focus 事件</button></p>
26   <p><button id = "btn2">触发输入域的 blur 事件</button></p>
27   </body>
28   </html>
```

【例 9-25】运行效果如图 9-24 所示。

(2)change( )方法

当元素的值发生改变时,会发生 change 事件。该事件仅适用于文本域(textfield),以及 textarea 和 select 元素。change( ) 函数触发 change 事件,或规定当发生 change 事件时运行的函数。

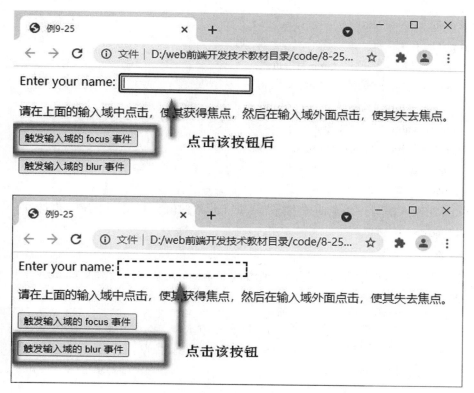

图 9-24 【例 9-25】点击按钮后效果

提示　　当用于 select 元素时，change 事件会在选择某个选项时发生。当用于 textfield 或 textarea 时，change 事件会在元素失去焦点时发生。

【例 9-26】演示 change( )方法的简单实例,代码如下:

```
1   <html>
2   <head>
3   <title>例 8-26</title>
4   <script language="javascript" src="lib/jquery-3.5.1.min.js"></script>
5   <script>
6   $(document).ready(function(){
7     $("input,select").change(function(){
8       alert("change()事件触发");
9     });
10  });
11  </script>
12  </head>
13  <body>
```

```
14    <input type = "text">
15    <p>Car：
16    <select class = "field"  name = "cars">
17    <option value = "volvo" >Volvo</option>
18    <option value = "saab" >Saab</option>
19    <option value = "fiat" >Fiat</option>
20    <option value = "audi" >Audi</option>
21    </select>
22    </p>
23    <p>在输入框写一些东西或者选择 select 元素的值会触发 change( )事件</p>
24    </body>
25    </html>
```

运行【例9-26】，当在输入框填写内容或者改变 select 元素的值会触发 change( )事件时，效果如图 9-25 所示。

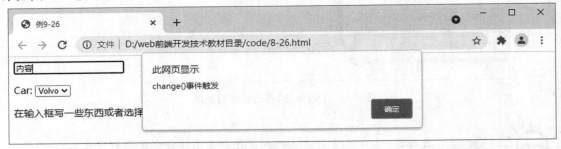

图 9-25 【例 9-26】当在输入框填写内容点击"确定"或者改变 select 元素的值后效果

（3）select( )方法

当 textarea 或文本类型的 input 元素中的文本被选择时，会发生 select 事件。如下例为：在文本域后添加文本，以显示出提示文本。

```
1    $ ("input") . select(function( ) {
2        $ ("input") . after("Text marked!");
3    } );
```

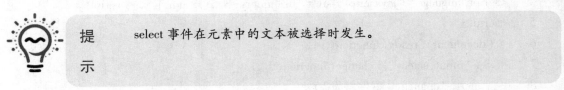

提
示
select 事件在元素中的文本被选择时发生。

（4）submit( )方法

当提交表单时，会发生 submit 事件。该事件只适用于 <form> 元素。如下例为：当提交表单时，显示警告框。

```
1  $("form").submit(function(e){
2    alert("Submitted");
3  });
```

（5）val（）方法

val（）方法返回或设置被选元素的值。元素的值是通过 value 属性设置的。该方法大多用于 input 元素。如果该方法未设置参数，则返回被选元素的当前值。如下例为：设置 <input> 字段的值。

```
1  $("button").click(function(){
2    $("input:text").val("Glenn Quagmire");
3  });
```

（五）事件和 event 对象

1. jQuery 事件

jQuery 是为事件处理特别设计的。jQuery 事件处理方法是 jQuery 中的核心函数。事件处理程序指的是当 HTML 中发生某些事件时所调用的方法。术语由事件"触发"（或"激发"）经常会被使用。通常会把 jQuery 代码放到 <head> 部分的事件处理方法中。

（1）单独文件中的函数

如果网站包含许多页面，并且希望 jQuery 函数易于维护，那么请把 jQuery 函数放到独立的 .js 文件中。当我们在教程中演示 jQuery 时，会将函数直接添加到 <head> 部分中。不过，把它们放到一个单独的文件中会更好，例如以下代码通过 src 属性来引用文件。

```
1  <head>
2  <script type="text/javascript" src="jquery.js"></script>
3  <script type="text/javascript" src="my_jquery_functions.js"></script>
4  </head>
```

（2）jQuery 名称冲突

jQuery 使用 $ 符号作为 jQuery 的快捷方式。某些其他 JavaScript 库中的函数（比如 Prototype）同样使用 $ 符号。jQuery 使用名为 noConflict（）的方法来解决名称冲突问题，帮助您使用自己的名称。

```
var jq=jQuery.noConflict()   //使用 jq 来代替 $ 符号
```

提示　jQuery 是为处理 HTML 事件而特别设计的，为了使代码更恰当且更易维护，应遵循以下原则：
- 把所有 jQuery 代码置于事件处理函数中；
- 把所有事件处理函数置于文档就绪事件处理器中；
- 把 jQuery 代码置于单独的 .js 文件中；
- 如果存在名称冲突，则重命名 jQuery 库。

2. jQuery 事件监听方式

jQuery 提供了多种事件监听的方式:

(1)快捷方法

jQuery 封装了一个与事件类型同名的函数,来实现对应事件的监听。方法的名字就是事件的名字。

```
1    $(".box").click(function(){
2        alert("快捷方法绑定事件");
3    });
```

表 9-8　jQuery 中事件方法例子

event 函数	说明
$(document).ready(function)	将函数绑定到文档的就绪事件(当文档完成加载时)
$(selector).click(function)	触发或将函数绑定到被选元素的点击事件
$(selector).dblclick(function)	触发或将函数绑定到被选元素的双击事件
$(selector).focus(function)	触发或将函数绑定到被选元素的获得焦点事件
$(selector).mouseover(function)	触发或将函数绑定到被选元素的鼠标悬停事件

(2)底层函数 on 方法

封装了多个底层函数用于实现不同事件的监听,如 on、bind 等。

on 方法参数:第一个参数为事件名称,第二个参数为回调函数。实例代码如下:

```
1    $(".box").on('click',function(){
2        alert("底层函数绑定事件");
3    });
```

(3)bind 方法

bind 方法,bind() 方法为被选元素添加一个或多个事件处理程序,并规定事件发生时运行的函数。参数和 on 方法参数相同。实例代码如下:

```
1    $(".box").bind('click',function(){
2        alert("底层函数绑定事件");
3    });
```

 提　示　　快捷方法是调用 on 方法处理的,推荐使用 on 方法。

(4)移除方法

在 jQuery 中可以通过 off 方法移除事件。无论事件是被什么监听的。

$('button').off() off 可以移除所有的被监听事件,如果传递参数给 off 方法,就可以移除某个方法 $('button').off('click'),可以通过空格间隔,传入两个事件。$('button').off ('click mouseover')。

1　$("button").off() 如果不传参,会移除所有的事件

2　$("button").off('click') 如果传递一个参数,会移除相同类型的所有事件

3　$("button").off('click mouseover')　传递两个指定的事件;

另外通过 unbind 方法也可以移除事件。

4　$("button").unbind("click");

提示　　推荐使用 off() 移除监听方法,因为所有的方法内部都是调用的 off 方法。

3. event 对象

由于标准 DOM 和 IE-DOM 所提供的事件对象的方法有所不同,导致使用 JavaScript 在不同的浏览器中获取事件对象比较烦琐。jQuery 针对该问题进行了必要的封装与扩展,已解决浏览器兼容性问题,使得在任意浏览器中都可以轻松获取事件处理对象。Event 对象的属性如表 9-9 所示。

表 9-9　event 对象的属性

属性	说明
target	这个反应触发事件的 DOM 对象,可以在事件冒泡的时候判断是否是事件源头

pageX/pageY	鼠标与文档边缘的距离
	$("a").click(function(event) {
	　alert("Current mouse position: " + event.pageX + ", " + event.pageY);
	　return false;
	});//获取鼠标当前相对于页面的坐标,可以确定元素在当前页面的坐标值,以页面为参考点,不随滑动条移动而变化

Data	如果事件中还有 eventData,就可以用这个属性获得对应 eventdata 数据
which	类型:Number,说明:最后响应的是哪个按键,如果是键盘按键则等于 charCode Ⅱ keyCode;如果是鼠标按键,左键:1,右键:3,中键:2
type	事件类型 $("a").click(function(event) {alert(event.type);// "click"事件});
relatedTarget	对于鼠标事件,标识触发事件时离开或者进入的 DOM 元素
currentTarget	冒泡前的当前触发事件的 DOM 对象,等同于 this

提示　　this 和 event.target 的区别?
　　js 中事件是会冒泡的,所以 this 是可以变化的,但 event.target 不会变化,它永远是直接接受事件的目标 DOM 元素。

【例 9-27】演示 event 对象 which 属性的简单实例。

```
1    <html>
2    <head>
3    <title>例 9-27</title>
4    <script language="javascript" src="lib/jquery-3.5.1.min.js"></script>
5    <script>
6    $(document).on("keydown mousedown", function(event){
7        var msg = ´´;
8        if(event.type == "mousedown"){//鼠标按下事件
9            var map = {"1":"左", "2":"中", "3":"右"};
10           msg = ´你按下了鼠标[´ + map[event.which] + ´]键´;
11       }else{//键盘按下事件
12           if(event.which >= 65 && event.which <= 90){
13               msg = ´你按下了键盘[´ + String.fromCharCode(event.which) + ´]键´;
14           }
15       }
16       if(msg){
17           $("#msg").prepend(msg + ´<br>´);
18       }
19   });
20   </script>
21   <body>
22   <div id="msg"></div>
23   </body>
24   </html>
```

【例 9-27】为当前文档绑定 keydown 和 mousedown 两种事件,检测鼠标按下了哪些键,同时检测键盘按下了哪些字母按键。运行【例 9-27】,先后按下鼠标左键与键盘上字母 A 键的效果如图 9-26 所示。

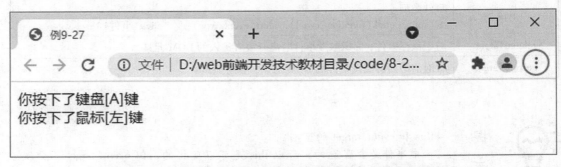

图 9-26　运行【例 9-27】按下鼠标左键与键盘上字母 A 键的效果

Event 对象的常用方法如表 9-10 所示。使用 Event 对象的 preventDefault( )方法可以阻止默认事件动作,如下实例代码将防止上面的链接打开 URL。

表 9-10　Event 对象的常用方法

属性	说明
preventDefault( )	阻止元素发生默认的行为(例如,当单击提交按钮时阻止表单提交)
stopPropagation( )	阻止事件的冒泡
isDefaultPrevented( )	根据事件对象中是否调用过 isDefaultPrevented( )返回一个布尔值
isPropagationStopped( )	根据事件对象中是否调用过 isPropagationStopped( )返回一个布尔值

```
1   <script type = "text/javascript">
2   $ ( document ). ready ( function( ) {
3     $ ("a"). click( function( event ) {
4       event. preventDefault( );
5     });
6   });
7   </script>
8   </head>
9   <body>
10  <a href = "http://w3school. com. cn/">W3School</a>
11  </body>
```

4. jQuery 事件委托

(1)事件委托

事件委托是利用事件冒泡,只指定一个事件处理程序来管理某一类型的所有事件。通俗地讲,事件就是 onclick、onmouseover、onmouseout 等,委托就是让别人来做,这个事件本来是加在某些元素上的,然而你却加到别人身上来做,完成这个事件。

(2)为什么要用事件委托

考虑一个 ul,在 li 的数量非常少的时候,为每一个 li 添加事件当然会使用 for 循环;但是数量多的时候这样做太浪费内存,长到上百甚至上万的时候,为每个 li 添加事件就会对页面性能产生很大的影响。

给一个 ul 里面的几个 li 添加了事件,而如果动态又生成了 li,则刚生成的 li 不具备事件,这时就需要用到委托。

事件委托的作用为:提高性能,同时针对新创建的元素,直接可以拥有事件。

(3)事件委托原理

事件委托就是利用事件冒泡原理实现的。

事件冒泡:就是事件从最深节点开始,然后逐步向上传播事件。例如:页面上有一个节点树,div > ul > li>a,比如给最里面的 a 加一个 click 事件,那么事件就会一层一层地往外执行,执行顺序 a > li > ul > div,有这样一个机制,当我们给最外层的 div 添加点击事件,那么里面的 ul,li,a 做点击事件的时候,都会冒泡到最外层的 div 上,所以都会触发,这就是事件委托,委托它们父元素代为执行事件。

例如：下面 html 代码为 DOM 中 ul 元素的很多 li 子元素绑定 click 事件。

```
1    <body>
2        <ul>
3            <li>1</li>
4            <li>2</li>
5            <li>3</li>
6            <li>4</li>
7            <li>5</li>
8            <li>6</li>
9        </ul>
10   </body>
```

利用事件委托，为 ul 的父集绑定 click 事件。jQuery 代码如下：

```
1    $(function(){
2        $("ul").on("click","li",function(){
3            alert(1);
4        })
5    });
```

5. 键盘事件

jQuery 提供的与键盘事件相关的方法如表 9-11 所示。

表 9-11　键盘事件

方法	说明
keypress()	keypress 当按钮被按下时，会发生该事件，我们可以理解为按下并抬起同一个按键
keydown()事件	当按钮被按下时，发生 keydown 事件
keyup 事件	keyup 事件会在按键释放时触发，也就是你按下键盘起来后的事件

例如：小说网站中常见的按左右键来实现上一篇文章和下一篇文章；按 ctrl+enter 实现表单提交（以此提高用户体验）。如果我们要实现这些功能，关键代码如下：

```
1    $(document).keydown(function(event){
2        if(event.ctrlKey && event.keyCode == 13){
3            alert('Ctrl+Enter');
4        };
5        switch(event.keyCode){
6        case 37:
7            alert('方向键-左');
8            break;
9        case 39:
10           alert('方向键-右');
```

```
11          break;
12      };
13      return false;
14  });
```

6. 鼠标事件

jQuery 提供的与鼠标事件相关的方法如表 9-12 所示。

表 9-12　常用的鼠标事件

方法	说明
click( )	单击鼠标时触发
dbclick( )	双击鼠标时触发
mousedown( )	鼠标按下事件
mouseup	鼠标松开事件
mousemove	鼠标移动事件
mouseover	鼠标(指针)移入事件
mouseout	鼠标(指针)移出事件
toggle( )	用于绑定两个或多个事件处理器函数,以响应被选元素的轮流的 click 事件

【例 9-28】演示 toggle( )方法的简单实例。

```
1   <html>
2   <head>
3   <meta http-equiv="Content-Type" content="text/html; charset=utf-8"/>
4   <title>例 9-28</title>
5   <script language="javascript" src="lib/jquery. min. js"></script>
6   <script type="text/javascript">
7   $(document).ready(function(){
8     $("button").toggle(function(){
9       $("body").css("background-color","green");},
10      function(){
11      $("body").css("background-color","red");},
12      function(){
13      $("body").css("background-color","yellow");}
14    );
15  });
16  </script>
17  </head>
18  <body>
19  <button>请点击这里,来切换不同的背景颜色</button>
20  </body>
```

307

21</html>

运行【例9-28】并点击按钮,则可以为 body 切换不同的背景颜色,如图 9-27 所示。

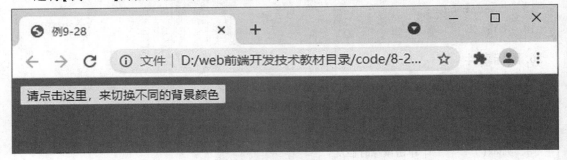

图 9-27　运行【例 9-28】单击按钮时运行效果

【例 9-28】运行时会出现 Uncaught TypeError：n. easing［this. easing］is not a function 错误；

这是在使用 toggle 方法的时候出现的,因为使用高版本的 jQuery 库的时候会出现兼容问题,请更换低版本的 jQuery 库（2.0 以下）。

7. 文档加载事件

jQuery 提供的与文档加载事件相关的方法如表 9-13 所示。

表 9-13　常用的文档加载事件

方法	说明
ready( )	ready 事件在 DOM 结构绘制完毕之后就会执行(Dom 树构建完毕),这样能确保就算有大量的媒体文件没加载出来. js 代码一样可以执行。 $（document）. ready（function（）{}）
load( )	load 事件必须等到网页中所有内容不够全部加载完毕之后才被执行
unload( )	当用户离开页面时,会发生 unload 事件。具体来说,当发生以下情况时,会发出unload 事件： 点击某个离开页面的链接 在地址栏中键入了新的 URL 使用前进或后退按钮 关闭浏览器 重新加载页面

提
示
ready 事件与 load 事件的区别?

ready 先执行，load 后执行。

ready 事件在 DOM 结构绘制完成之后就会执行。这样能确保就算有大量的媒体文件没加载出来，JS 代码一样可以执行。

load 事件必须等到网页中所有内容全部加载完毕之后才被执行。如果一个网页中有大量图片的话，就会出现这种情况：网页文档已经呈现出来，但由于网页数据还没有完全加载完毕，导致 load 事件不能够即时被触发。

运行如下代码：当打开页面时，会弹出一个对话框，显示"hello"。

$(window).load(function(){alert("hello")});

注意　只有当在这个元素完全加载完之前绑定 load 的处理函数，才会在它加载完之后触发。如果之后再绑定就永远不会触发了。所以不要在 $(document).ready() 里绑定 load 事件，因为 jQuery 会在所有 DOM 加载完成后再绑定 load 事件。

8. 浏览器事件

jQuery 提供的与浏览器事件相关的方法如表 9-14 所示。

表 9-14　常用的浏览器事件

方法	说明

error()	当元素遇到错误(没有正确载入)时，发生 error 事件。例如：$("img").error(function(){
	　$("img").replaceWith("Missing image!");});
	//如果图像不存在，则用一段预定义的文本取代它

resize()	页面大小发生改变的时候触发：绑定 window，构建响应式布局
scroll()	可以绑定 window，也可以绑定元素，带有滚动条的元素都可以绑定 scroll 事件

【例 9-29】使用 scroll() 方法的简单实例。

```
1    <html>
2    <head>
3    <title>例 9-29</title>
4    <script language="javascript" src="lib/jquery-3.5.1.min.js"></script>
5    <script type="text/javascript">
6    x=0;
7    $(document).ready(function(){
8      $("div").scroll(function(){
9        $("span").text(x+=1);
10     });
11   });
12   </script>
13   </head>
```

```
14    <body>
15    <p>请试着滚动 DIV 中的文本：</p>
16    <div style = " width：200px；height：100px；overflow：scroll；" >text. text. text. text. text.
      text. text. text. text. text. text. text. text. text. text. text. text.
      text.
17    <br/><br/>
18    text. text. text. text. text. text. text. text. text. text. text. text. text. text.
      text. text. text. text. text. text. text. text. text. text. text. text. text.
      text. </div>
19    <p>滚动了 <span>0</span> 次。</p>
20    </body>
21    </html>
```

页面中包含一个带滚动条 div 元素，拖动滚动条会在下面的 p 元素中显示滚动的次数。运行【例 9-29】的效果如图 9-28 所示。

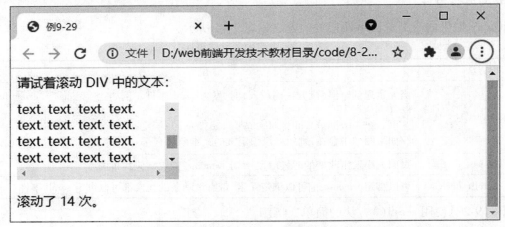

图 9-28　运行【例 9-29】拖动滚动条的效果

（六）jQuery 动画

jQuery 的一项很诱人的功能是可以在 HTML 元素上实现动画效果，例如显示、隐藏、淡入淡出和滑动等。

1. 使用 animate 自定义动画的方法

jQuery animate( )方法用于创建自定义动画。语法如下：

```
$ ( selector ). animate( {params}, speed, callback ) ;
```

参数说明如下：必需的 params 参数定义形成动画的 CSS 属性。可选的 speed 参数规定效果的时长。它可以取以下值："slow" "fast" 或毫秒。可选的 callback 参数是动画完成后所执行的函数名称。

例如下面的代码演示 animate( ) 方法的简单应用。它把 <div> 元素往右边移动了250 像素：

```
1    $("button").click(function(){
2        $("div").animate({left:'250px'});
3    });
```

【例 9-30】使用 animate( )方法实现自定义动画效果实例。

```
1    <html>
2    <head>
3    <title>例 9-30</title>
4    <style type="text/css">
5            #panel{
6                    position: relative;
7                    width: 100px;
8                    height: 100px;
9                    border:1px solid black;
10                   background: red;
11                   cursor: pointer;
12                   opacity: 0.5;
13           }
14       </style>
15   <script language="javascript" src="lib/jquery-3.5.1.min.js"></script>
16   <script type="text/javascript">
17   $(function(){
18                   $('#panel').click(function(){
19                       $(this).animate({left:'500px',height:'200px',opacity:'1'},3000,
                         function(){alert("动画完成了")})   });
20   });
21   </script>
22   <body>
23   <div id="panel"></div>
24   </body>
```

运行【例 9-30】效果如图 9-29、图 9-30 所示。单击 div 元素,让它向右移动的同时增加它的高度,并将不透明从 50%变成 100%,当完成这些效果后,则弹出"动画完成了"弹窗。

图 9-29　运行【例 9-30】初始状态

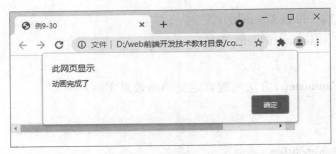

图 9-30　点击后运行 animate( )方法实现自定义动画效果

2. 显示和隐藏 HTML 元素

（1）显示、隐藏 HTML 元素

通过 jQuery，可以使用 hide( ) 和 show( ) 方法来隐藏和显示 HTML 元素，语法如下：

```
1   $(selector).hide(speed, easing,callback);
2   $(selector).show(speed,easing,callback);
```

参数含义：可选的 speed 参数规定隐藏/显示的速度，可以取"slow""fast" 或毫秒。可选的 easing 参数设置不同动画点中的动画速度，可以取值 linear（线性）、swing（摇摆），可选的 callback 参数是隐藏或显示完成后所执行的函数名称。

【例 9-31】使用 hide( )方法隐藏指定的 html 元素。

```
1    <html>
2    <head>
3    <title>例 9-31</title>
4    <script language="javascript" src="lib/jquery-3.5.1.min.js"></script>
5    <style>
6    div{
7      width：130px;
8      height：50px;
9      padding：15px;
10     margin：15px;
11     background-color：green;
12     }
13   </style>
14   <script>
15    $(document).ready(function(){
16      $(".hidebtn").click(function(){
17        $("div").hide(1000,"linear",function(){
18          alert("Hide()方法已完成!");
19        });
20      });
21    });
```

22   </script>
23   </head>
24   <body>

页面中定义了一个 div 元素,当点击"隐藏"按钮后,div 元素将在 1 s 之内匀速隐藏,运行【例 9-31】效果如图 9-31 所示。

图 9-31   运行【例 9-31】hide( )方法隐藏指定的 html 元素

（2）切换 HTML 的显示和隐藏状态

toggle( )方法切换元素的可见状态。如果被选元素可见,则隐藏这些元素;如果被选元素隐藏,则显示这些元素。语法如下:

$ (selector) . toggle (speed , callback , switch)

参数说明:

①speed 可选。规定元素从可见到隐藏的速度（或者相反）。默认为 0。

可能的值:毫秒（比如 1500）、"slow"、"normal"、"fast"。

在设置速度的情况下,元素从可见到隐藏的过程中,会逐渐地改变其高度、宽度、外边距、内边距和透明度。如果设置此参数,则无法使用 switch 参数。

②callback 参数可选,toggle 函数执行完之后,要执行的函数。

③switch 参数可选。布尔值。规定 toggle 是否隐藏或显示所有被选元素。如果设置此参数,则无法使用 speed 和 callback 参数。

在【例 9-31】中将 hide( )替换为 toggle( )即可体验 toggle( )方法的效果。

3. 淡入淡出效果

通过 jQuery,可以实现元素的淡入淡出效果。jQuery 提供了下面四种方法可以实现显示的淡入淡出效果,如表 9-15 所示。

表 9-15   淡入淡出方法

方法	说明
fadeIn( )	通过不透明度的变化来实现所有匹配元素的淡入效果,动画完成后可选地触发一个回调函数。语法: $ (selector) . fadeIn (speed , callback)
fadeOut( )	通过不透明度的变化来实现所有匹配元素的淡出效果,动画完成后可选地触发一个回调函数。语法: $ (selector) . fadeOut (speed , callback)
fadeToggle( )	通过不透明度的变化来开关所有匹配元素的淡入和淡出效果,动画完成后可选地触发一个回调函数。语法: $ (selector) . fadeToggle (speed , callback)
fadeTo( )	将所有匹配元素的不透明度以渐进方式调整到指定的不透明度,动画完成后可选地触发一个回调函数。语法: $ (selector) . fadeTo (speed , opacity , callback)

【例 9-32】淡入淡出效果综合实例。

```
1    <html>
2    <head>
3    <title>例 9-32</title>
4    <script language="javascript" src="lib/jquery-3.5.1.min.js"></script>
5    <script type="text/javascript">
6              $(document).ready(function(){
7                  var $div = $("#box1")
8                  $("#btn1").click(function(){
9                      $div.fadeIn("1000",function(){
10                         console.log("淡入")   // 淡入
11                     })
12                 })
13                 $("#btn2").click(function(){
14                     $div.fadeOut("1000",function(){
15                         console.log("淡出")// 淡出
16                     })
17                 })
18                 $("#btn3").click(function(){          // 一个按钮实现显示隐藏
19                     $div.fadeToggle("1000",function(){
20                         console.log("自动切换")
21                     })
22                 })
23                 $("#btn4").click(function(){// 渐变为给定的不透明度
24                     $div.fadeTo("1000",0.2,function(){
25                         console.log("修改透明底")
26                     })
27                 })
28             })
29   </script>
30   </head>
31   <body>
32       <div id="box1" style="background-color:#00FFFF;width:70px;height:70px;">
33       </div>
34       <button id="btn1">fadeIn</button>
35       <button id="btn2">fadeOut</button>
36       <button id="btn3">fadeToggle</button>
37       <button id="btn4">fadeTo</button>
```

```
38      </body>
39      </html>
```

运行【例 9-32】效果如图 9-32 所示。

图 9-32　运行【例 9-32】淡入淡出效果综合实例效果

4. 滑动效果

jQuery 滑动方法可使元素上下滑动。jQuery 提供了下面三种方法可以实现元素滑动,见表 9-16。

表 9-16　滑动方法

方法	说明
slideDown( )	用于向下滑动元素。语法:$(selector).slideDown(speed,callback)
slideUp( )	用于向上滑动元素。语法:$(selector).slideUp(speed,callback)
slideToggle( )	在 slideDown( ) 与 slideUp( ) 方法之间进行切换。语法:$(selector).slideToggle (speed,callback)

【例 9-33】滑入滑出效果综合实例。

```
1     <html>
2     <head>
3     <meta http-equiv="Content-Type" content="text/html;charset=utf-8"/>
4     <title>例 9-33</title>
5     <style>
6             .box{
7                   width:200px;
8                   height:200px;
9                   display:none;
10                  background-color:green;
11            }
12    </style>
13    <script language="javascript" src="lib/jquery-3.5.1.min.js"></script>
14      <script>
```

```
15          $(function(){   //点击"滑入"按钮,实现元素显示
16              $("button:eq(0)").click(function(){
17                  $(".box").slideDown(3000,function(){
18                      alert("滑入动画执行完毕!");
19                  });
20              });
21              $("button:eq(1)").click(function(){//点击"滑出"按钮,实现元素
                    隐藏
22                  $(".box").slideUp(3000,function(){
23                      alert("滑出动画执行完毕!");
24                  });
25              });
26              $("button:eq(2)").click(function(){//点击"切换",实现元素间的
                    显示/隐藏
27                  $(".box").slideToggle(3000,function(){
28                      alert("滑入/滑出动画执行完毕!");
29                  });
30              });
31          })
32      </script>
33  </head>
34  <body>
35      <button>滑入</button>
36      <button>滑出</button>
37      <button>切换</button>
38      <div class="box"></div>
39  </body>
40  </html>
```

运行【例9-33】点击"滑入"按钮效果如图9-33所示。

5. 动画队列

动画队列可以说是动画执行的一个顺序机制,当我们对一个对象添加多次动画效果时,添加的动作就会被放入这个动画队列中,等前面的动画完成后再开始执行。

(1)动画队列机制和执行顺序

对于一组元素上的动画效果,有如下两种情况:

- 当在一个 animate()方法中应用多个属性时,动画是同时发生的。
- 当以链式的写法应用动画方法时,动画是按照顺序发生的。

对于多组元素上的动画效果,有如下情况:

- 默认情况下,动画都是同时发生的。

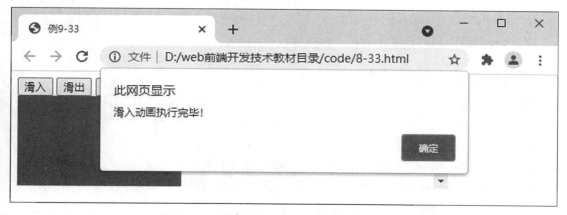

图 9-33 运行【例 9-33】滑入效果综合实例效果

- 当以回调的形式应用动画方式时,动画是按照回调顺序发生的。

（2）队列方法

当在 jQuery 对象上调用动画方法时,如果对象正在执行某个动画效果,那么新调用的动画方法就会被添加到动画队列中,jQuery 会按顺序依次执行动画队列的每个动画。jQuery 提供了以下几种方法来操作动画队列,如表 9-17 所示。

表 9-17 动画队列方法

方法	说明
queue( )	用来显示在匹配的元素上的已经执行的函数队列
dequeue( )	用来执行匹配元素队列的下一个函数
clearQueue( )	清空动画函数队列中的所有动画函数

【例 9-34】使用 queue( )方法显示动画队列的实例。

```
1    <html>
2    <head>
3    <title>例 9-34</title>
4    <style>
5    div {
6          width：60px；
7          height：60px；
8          position：absolute；
9          top：60px；
10         background：#f0f；
11         display：none；
12   }
13   </style>
14   <script language="javascript" src="lib/jquery-3.5.1.min.js"></script>
15   </head>
```

```
16  <body>
17  <p>动画队列的长度是:<span></span></p>
18    <div></div>
19  <script type="text/javascript">
20    var div = $("div");
21    function runIt()
22    {
23        div.show("slow");// 第 1 个动画:显示出来
24        div.animate({left:´+=300´},2000);// 第 2 个动画:自动动画,水平左
              移 300px
25        div.slideToggle(1000);// 第 3 个动画:卷起来
26        div.slideToggle("fast");// 第 4 个动画:放下来
27        div.animate({left:´-=300´},1500);// 第 5 个动画:自动动画,水平右
              移 300px
28        div.hide("slow");// 第 6 个动画:隐藏出来
29        div.show(1200);// 第 7 个动画:显示出来
30        div.slideUp("normal",runIt);// 第 8 个动画:卷起来,动画完成后回调 runIt
31    }
32  function showIt()// 控制每 0.1 秒调用一次该方法,该方法用于显示动画队列的长度
33  {
34        var n = div.queue();
35        $("span").text(n.length);
36        setTimeout(showIt,100);
37  }
38  runIt();
39    showIt();
40  </script>
41  </body>
```

在 runIt()函数中定义了一组动画动作,在 showIt()函数中调用 queue()方法来显示默认的动画队列 fx 的长度,如图 9-34 所示。当然,正方形的 div 元素是运动的。

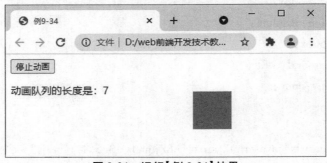

图 9-34 运行【例 9-34】结果

在【例 9-34】中添加一个停止按钮代码如下：

```
1    <button id="stop">停止动画</button>
```

并添加如下 jQuery 代码：

```
1    $('#stop').click(function(event){
2        $('div').clearQueue();
3    })
```

单击"停止"按钮，会在执行完当前动画后停止，同时队列长度变成了 0。

（3）动画控制方法

jQuery 提供了如下动画控制方法如表 9-18 所示。

表 9-18　动画控制方法

方法	说明
stop( )	停止当前正在运行的动画，基本语法 $(selector).stop(stopAll, goToEnd) • stopAll：布尔值，默认是 false，可选，规定是否停止被选元素的所有加入队列的动画 • goToEnd：布尔值，默认是 false，可选，规定是否立即完成当前的动画
delay( )	对队列中的下一项的执行设置延迟，基本语法：$(selector).delay(speed, queueName) • speed：可选，规定延迟的速度，值包括毫秒，"slow"，"fast" • queueName：可选，规定队列的名称，默认是 "fx"，标准效果队列
finish ( )	停止当前运行的动画，移除所有排队的动画，并为被选元素完成所有动画。 基本语法 $(selector).finish(queueName) • queueName：可选，规定要停止动画的队列名称

提示　　finish( )方法和 stop(true, true)很相似，stop(true, true)将清除队列，保持现状。但是，不同的是，finish( )会导致所有排队的动画的 CSS 属性跳转到它们的最终值。

【例 9-35】jQuery 动画控制-stop/finish/delay 实例。

```
1    <html>
2    <head>
3    <meta http-equiv="Content-Type" content="text/html; charset=utf-8"/>
4    <title>例 8-35</title>
5    <style>
6            #box{
7                    padding: 20px;
8                    width: 400px;
9                    height: 400px;
10                   overflow: hidden;
11                   background-color: #ccc;
```

```
12                overflow: hidden;
13            }
14        #box img{
15            width: 400px;
16        }
17    </style>
18    <script language="javascript" src="lib/jquery-3.5.1.min.js"></script>
19    </head>
20    <body>
21    <h1>jQuery 动画控制-stop/finish/delay</h1>
22    <hr>
23    <button id="btn01">down</button>
24    <button id="btn02">up</button>
25    <button id="btn03">stop</button>
26    <button id="btn04">finish</button>
27    <button id="btn05">delay</button>
28    <br>
29    <br>
30    <div id="box">
31        <img src="apple.gif" alt="">
32    </div>
33    <script>
34        $(function(){
35            $("#btn01").click(function(){
36                $("#box").slideDown(3000);
37            });
38            $("#btn02").click(function(){
39                $("#box").slideUp(3000);
40            });
41            $("#btn03").click(function(){
42                $("#box").stop();    //暂停动画
43            });
44            $("#btn04").click(function(){
45                $("#box").finish();//直接调到结束动画的状态
46            });
47            $("#btn05").click(function(){
48                $("#box").hide(2000).delay(3000).show(2000);//延迟动画的
                    执行
```

```
49                   });
50              })
51      </script>
52  </body>
53  </html>
```

运行【例 9-35】如图 9-35 所示,当点击"up"按钮后,马上点击"stop"按钮,则 stop( )方法可以将正在执行的 up 动画停止,如果点击"up"按钮后,马上点击"finish"按钮,则 finish( )方法将停止正在执行的动画并删除队列中的所有动画,如果点击"delay"按钮,则#box 元素首先使用 2 s 隐藏,之后延时 3 s 后,又使用 2 s 显示。

图 9-35　运行【例 9-35】当点击"up"按钮后,马上点击"stop"按钮结果

(七) jQuery 的插件

jQuery 具有强大的扩展能力,允许开发人员使用或者创建自己的 jQuery 插件来扩展 jQuery 的功能,这些插件可以帮助开发人员提高开发效率,节约项目成本,而且一些比较著名的插件也受到了开发人员的追捧,插件又将 jQuery 的功能提升到一个新的层次。下面就来介绍目前比较流行的插件库和插件的使用。

1. 插件的使用

往 jQuery 类库里面去扩展方法,这类方法就是 jQuery 插件。jQuery 插件的使用比较简单,首先将要使用的插件下载到本地计算机中,然后按照下面的步骤操作,就可以使用插件实现想要的效果了。

Step1：把下载的插件包含到<head>标记内，并确保它位于主 jQuery 源文件之后。

Step2：包含一个自定义的 JavaScript 文件，并在其中使用插件创建或扩展的方法。

2. jQuery 插件库

随着 jQuery 的发展，诞生了许多优秀的插件。jQuery 官方网站中提供了丰富的插件资源库，网站地址为：https://plugins.jquery.com/。通过搜索框中输入插件名即可搜索需要的插件，如图 9-36 所示。

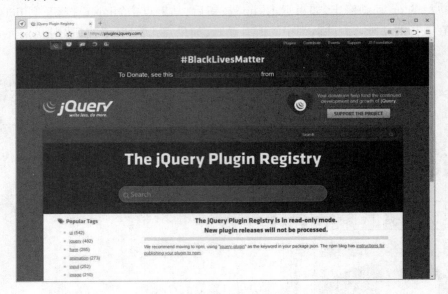

图 9-36　jQuery 提供的插件库

jQuery 中最受欢迎的插件分别为 ui、jQuery、form、animation、input 等 10 个开发中常用的不同类型。读者可根据开发需求下载不同的插件实现相应的功能。

> 提示　　该网站中提供的插件都是开源的，大家可以在此网站中下载所需要的插件。

3. jQuery UI

jQuery UI 是建立在 jQuery JavaScript 库上的一组用户界面交互、特效、小部件及主题。无论是创建高度交互的 Web 应用程序，还是仅仅向窗体控件添加一个日期选择器，jQuery UI 都是一个完美的选择。我们在调用时只需要用很少的代码就能实现很好的效果。下面以实现日历功能为例，简单演示 jQuery UI 插件的使用。

（1）下载 jQuery UI datepicker

打开官网地址 https://jqueryui.com/download/，下载"jQuery UI datepicker"，如图 9-37 所示。jQuery UI 是以 jQuery 为基础的网页用户界面代码库，日历插件 datepicker 是 jQueryUI 中的控件之一。通过 jQuery UI 网站可以在线定制需要的 UI 部件。

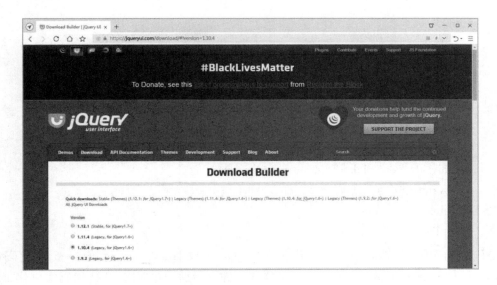

图 9-37　jQuery UI 网站

（2）运行示例文件

在 jQuery UI 的下载包中，index. html 是示例文件，该文件演示了 jQuery UI 的基本用法，其运行结果如图 9-38 所示。

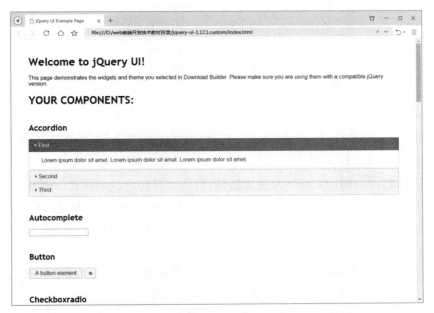

图 9-38　jQuery UI 示例文件 index. html **页面**

（3）实现"日历"功能

将在下载后的 jQuery UI 插件放到"jquery-ui"目录中，直接载入相关文件即可，具体代码如下：

```
1    <html>
2    <head>
3    <script language="javascript" src="lib/jquery-3.5.1.min.js"></script>
4    <script src="jquery-ui/jquery-ui.js"></script>
5    <link rel="stylesheet" href="jquery-ui/jquery-ui.css">
6    </head>
7    <body>
8        <div id="datepicker"></div>
9        <script>$('#datepicker').datepicker();</script>
10   </body>
11   </html>
```

在上述代码中,首先通过第 3 行代码载入 jQuery 文件,然后通过第 4~5 行代码载入 jQuery UI 插件 jquery-ui.js 和 jquery-ui.css 样式文件。最后通过第 8~9 行代码实例化 JQuery UI 中的 datepicker 控件,并显示到 div 元素中。在浏览器中访问,运行效果如图 9-39 所示。

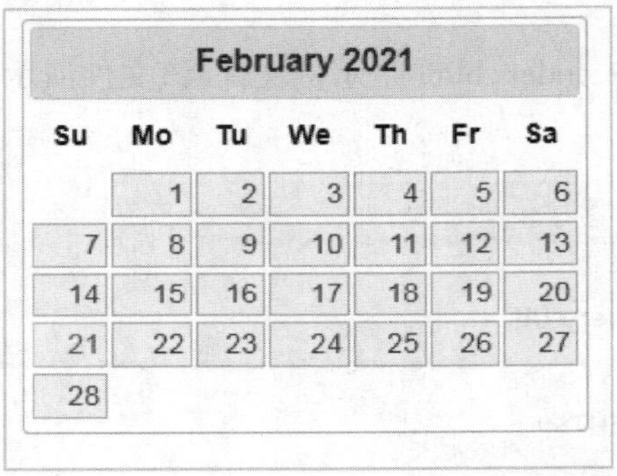

图 9-39　jQuery UI 默认日历

(4)自定义日历显示样式

在实际开发时,可以根据实际情况设置属性,自定义日历的显示样式。例如通过下拉列表选择月份和年份,将星期显示顺序调整为"Mo Tu We Th Fr Sa Su",以及将当前月份中空白的日期显示为其他月份对应的日期。下面将上述案例中第 9 行代码修改写成以下形式。

```
1        $('#datepicker').datepicker({
2            changeMonth:true,//下拉列表方式选择月份
3            changeYear:true,//下拉列表方式选择年
4            firstDay:1,//调整星期显示顺序
5            showOtherMonths:true,//当前月中空白日期利用相邻的月日期填充
6        });
```

在浏览器中访问,运行结果如图 9-40 所示。自定义后的日历显示样式与平时看到的日历样式更为相似。

值得一提的是,datepicker 控件默认是英文的,若想要将其修改为指定的语言显示,通过修改相关的属性即可。例如将图 9-40 的日历修改为中文样式,属性设置如下:

图 9-40　自定义日历

```
1    <script>
2        var m=[′一月′,′二月′,′三月′,′四月′,′五月′,′六月′,′七月′,′八月′,′九月′,′
         十月′,′十一月′,′十二月′,];
3        var d=[′日′,′一′,′二′,′三′,′四′,′五′,′六′,];
4        $(′#datepicker′).datepicker({
5            changeMonth:true,
6            changeYear:true,
7            firstDay:1,
8            showOtherMonths:true,
9            monthNamesShort:m,
10           dayNamesMin:d,
11       });
12   </script>
```

修改完成后,效果如图 9-41 所示。除此之外,datepicker 控件还有很多其他的属性实现不同的功能,例如,添加按钮用于关闭日历等。读者可参考 jQuery UI 插件文件 jquery-ui. js 的注释进行相关的设置。

提
示
　　需要注意的是,在实际项目中若只做中文开发,则每次使用时都要配置这些属性,比较麻烦,建议将中文相关配置保存到一个 JavaScirpt 文件中,每次使用时直接引用即可。

图 9-41　自定义日历修改语言

（八）jQuery 综合案例

1. 广告显示和隐藏

（1）案例需求

当页面加载完成，3 s 后自动显示广告，广告显示 5 s 后，自动消失。

（2）案例分析

使用定时器，setTimeout（执行一次定时器），JQuery 的显示和隐藏动画就是控制元素的显示，使用 show（），hide（）方法完成广告显示和隐藏。

（3）实现代码

```
1    $（function（）{
2              setTimeout（adShow,3000）;
3              setTimeout（adHide,8000）;
4    }）;
5    function adShow（）{
6              $（"#ad"）.show（"slow"）;
7    }
8    function adHide（）{
9              $（"#ad"）.hide（"slow"）;
10   }
```

2. 菜单栏点击展开收起实例

（1）案例描述

本实例实现菜单栏点击一个菜单另一个菜单收起来，类似图 9-42。

图 9-42　菜单栏点击展开收起实例效果

（2）案例分析

- 找到所有 class 为 header 的标签,然后.click( )绑定事件。
- 找到当前点击的标签的下一级内容标签,移除 hide 样式。
- 找到当前标签的父标签的兄弟标签,然后找样式为.content 的标签将其隐藏。

（3）实现代码

```
1    <html>
2    <head>
3            <meta charset="UTF-8">
4            <title>菜单栏点击展开其余收起</title>
5            <script language="javascript" src="lib/jquery-3.5.1.min.js"></script>
6            <style>
7                 .header {
8                      background-color: #67b168;
9                      color: wheat;
10                }
11                .content {min-height: 30px; }
12                .hide { display: none; }
13           </style>
14   </head>
15   <body>
16       <div style="height: 200px;width: 200px;border: 1px solid #d58512">
17            <div class="item">
18                 <div class="header">标题一</div>
19                 <div    class="content hide">内容一</div>
20            </div>
21            <div class="item">
22                 <div class="header">标题二</div>
```

```
23                  <div class="content hide">内容二</div>
24              </div>
25              <div class="item">
26                  <div class="header">标题三</div>
27                  <div class="content hide">内容三</div>
28              </div>
29      </div>
30      <script>
31          $('.header').click(function(){
32              $(this).next().removeClass('hide');
33              $(this).parent().siblings().find('.content').addClass('hide');
34          })
35      </script>
36      </body>
37      </html>
```

3. 抽奖案例

（1）案例描述
- 当点击开始按钮,小相框中的图片随机循环出现。
- 当点击停止按钮,大相框中展示出的是小相框中停止时的图片,如图 9-43 所示。

图 9-43　抽奖案例示意图

（2）案例分析
- 给开始按钮绑定单击事件,定义循环定时器,切换小相框的 src 属性。
- 定义数组,存放图片资源路径。
- 生成随机数,用于数组索引。

（3）实现代码

```
1    <html>
2    <head>
3              <meta charset = "UTF-8">
4              <title>菜单栏点击展开其余收起</title>
5              <script language = "javascript" src = "lib/jquery-3.5.1. min. js"></script>
6    </head>
7    <body>
8    <! --小像框 -->
9    <div style = "border-style:dotted;width:160px;height:100px">
10        < img  id = " img1ID"  src = "../img/man00. jpg"  style = " width:160px; height:
          100px"/>
11   </div>
12   <! --大像框 -->
13   <div
14            style = "border-style:double;width:800px;height:500px;position:absolute;left:
             500px;top:10px">
15        < img  id = " img2ID"  src = "../img/man00. jpg"  width = " 800px"  height = "
          500px"/>
16   </div>
17   <! --开始按钮 -->
18   <input
19            id = "startID"
20            type = "button"
21            value = "点击开始"
22            style = "width:150px;height:150px;font-size:22px"
23            onclick = "imgStart( )">
24   <! --停止按钮 -->
25   <input
26            id = "stopID"
27            type = "button"
28            value = "点击停止"
29            style = "width:150px;height:150px;font-size:22px"
30            onclick = "imgStop( )">
31   <script language = ´javascript´ type = ´text/javascript´>
32       //准备一个一维数组,装用户的像片路径
33       var imgs = [
34            "../img/man00. jpg",
```

```
35              "../img/man01.jpg",
36              "../img/man02.jpg",
37              "../img/man03.jpg",
38              "../img/man04.jpg",
39              "../img/man05.jpg",
40              "../img/man06.jpg"
41      ];
42  //给开始按钮绑定单击事件
43  function imgStart(){
44          $("#startID").prop("disabled",true);
45          $("#stopID").prop("disabled",false);
46          //定义一个循环定时器 让它在规定的时间内不断播放图片
47          timeout =   setInterval(function(){
48          //2.1 生成随机整数 作为图片的下标值 *7再向下取整
49          index = Math.floor(Math.random()*7);
50          //2.2 给小相框修改 src 资源 imgs 是一个数组 index 是下标值
51          $("#img1ID").prop("src",imgs[index]);
52          },30);
53      };
54  //给停止按钮绑定单击事件
55    function imgStop(){
56          //点击停止按钮 开始按钮有效 停止按钮无效
57          $("#startID").prop("disabled",false);
58          $("#stopID").prop("disabled",true);
59          //定时器停下 清除定时器
60          clearTimeout(timeout);
61          //修改大相框中属性 src 的值等于小相框中属性 src 的值
62          $("#img2ID").prop("src",imgs[index]);
63      }
64      $(function(){
65      //1.开始让停止按钮 处于失效状态;开始按钮处于可以点击状态
66      $("#startID").prop("disabled",false);
67      $("#stopID").prop("disabled",true);
68      //2.给开始按钮绑定单击事件
69      });
70  </script>
71  </body>
72  </html>
```

单元小结

　　本章介绍了 jQuery 技术,包括 jQuery 的下载、配置、选择器、控制页面、事件处理、插件等多方面内容。相对于传统的 JavaScript 而言,jQuery 选择对象的方法更多样、更简洁、更方便。本章内容比较全面,希望读者认真学习。不过一次记住有关 jQuery 的众多内容是很困难的,只要先掌握一些基本的操作即可,至于其他内容可以在用到的时候再查官方帮助文档,边用边学,效果更好。

第 10 章

Ajax编程

学习目标

通过本章学习，学生应掌握 Ajax 技术概念；了解 Ajax 的应用领域；了解 Ajax 的开发模式；掌握 XMLHttpRequest 对象的使用，熟悉常用的两种数据格式 XML 与 JSON，了解 Ajax 的重构技术。

核心要点

- Ajax 技术概述
- Ajax 常见的应用场景
- Ajax 开发模式
- XMLHttpRequest 对象
- 数据交换格式
- Ajax 的重构技术

一、单元概述

Ajax 是一种用于创建快速动态网页的技术,通过在后台与服务器进行少量数据交换,Ajax 可以使网页实现异步更新,这意味着可以在不重新加载整个网页的情况下,对网页的某部分进行更新,而传统的网页(不使用 Ajax)如果需要更新内容,必须重载整个网页页面。

本章通过理论教学、案例教学等方法,循序渐进地向学生介绍 Ajax 编程基础、XMLHttpRequest 对象、两种数据交换格式 XML 与 JSON 和 Ajax 的重构技术。

二、教学重点与难点

重点:

掌握 XMLHttpRequest 对象的创建、常用方法和属性的使用;掌握 XML 和 JSON 数据格式的使用。

难点:

掌握 XMLHttpRequest 对象的创建、常用方法和属性的使用。

解决方案:

Ajax 并不是什么全新的技术,它仅仅是传统技术的发展和增值,是对于这些基于 Web 标准的传统技术的重新包装,使其更加适合于企业应用,并且和服务器端结合得更加紧密。因此学习 Ajax,首先就要从深入学习这些传统的技术开始。在课程讲授时要注意多采用案例教学法进行相关案例的演示,带领学生通过 Ajax 应用实例案例巩固 XMLHttpRequest 对象的使用方法。

【本章知识】

Ajax:标准读音［ˈedʒæks］,Ajax 中文音译:阿贾克斯。它是指一种创建交互式、快速动态网页应用的网页开发技术,即在无须重新加载整个网页的情况下,能够更新部分网页的技术。通过在后台与服务器进行少量数据交换,Ajax 可以使网页实现异步更新。这意味着可以在不重新加载整个网页的情况下,对网页的某部分进行更新。本章将对 Ajax 的应用领域、开发模式以及所使用的技术进行介绍。

(一) Ajax 编程基础

1. Ajax 技术概述

Ajax 全称为“Asynchronous JavaScript and XML”(异步 JavaScript 和 XML),是指一种创建交互式网页应用的网页开发技术。Ajax 技术是目前在浏览器中通过 JavaScript 脚本可以使用的所有技术的集合。Ajax 并没有创造出某种具体的新技术,它所使用的所有技术都是在很多年前就已经存在了,然而 Ajax 以一种崭新的方式来使用所有的这些技术,使得古老的 B/S 方式的 Web 开发焕发了新的活力,迎来了第二个春天。

Ajax 并非一种新的技术,而是几种原有技术的结合体。它由下列技术组合而成:

- XHTML:对应 W3C 的 XHTML 规范,目前是 XHTML1.0;
- CSS:对应 W3C 的 CSS 规范,目前是 CSS2.0;

- DOM：这里的 DOM 主要是指 HTML DOM，XML DOM 包括在下面的 XML 中；
- JavaScript：对应 ECMA 的 ECMAScript 规范；
- XML：对应 W3C 的 XML DOM、XSLT、XPath 等规范；
- XMLHttpRequest：对应 WhatWG 的 Web Applications1.0 规范。

可以看出，除了 XMLHttpRequest 以外，所有的技术都是目前已经广泛使用且得到了广泛理解的基于 Web 标准的技术，而 XMLHttpRequest 虽然尚未被 W3C 采纳，其实已经是一个事实上的标准。几乎所有主流的浏览器，例如 IE、Firefox、Opera、Safari 全部都支持这个技术。所以 Ajax 就是目前做 Web 开发最符合标准的技术。上述的所有技术都已经可以在浏览器中使用，因此用户不需要安装任何额外的软件（只需要一个浏览器，例如 IE），就可以运行任何符合标准的 Ajax 应用。这对于 Ajax 技术的普及、降低部署维护的成本是非常重要的。

此外，随着浏览器的发展，更多的技术还会被添加进 Ajax 的技术体系之中。例如，目前 Firefox 浏览器的最新版本已经可以直接支持矢量图形格式 SVG。Firefox 已经可以支持 JavaScript 2.0（对应 ECMAScript 4.0 规范）中的 E4X（JavaScript 的 XML 扩展）。Firefox、Opera 和 Safari 浏览器还可以支持 Canvas（也是 Web Applications1.0 规范的一部分），网络上已经有人开发出了使用 Canvas 技术制作的 3D 射击游戏的演示版。但是因为这些技术目前还没有得到市场占有率最高的 IE 浏览器的支持，因此目前只能被应用于一些有限的场合（例如，在企业/机关内部，可以要求用户只使用 Firefox 浏览器）。

与传统的 Web 开发不同，Ajax 并不是以一种基于静态页面的方式来看待 Web 应用的。从 Ajax 的角度看来，Web 应用仅由少量的页面组成，其中每个页面其实是一个更小型的 Ajax 应用。而一些简单的 Ajax 应用，例如一个简单的 RSS 阅读器，甚至只有一个页面。每个页面上都包括一些使用 JavaScript 开发的 Ajax 组件。这些组件使用 XMLHttpRequest 对象以异步的方式与服务器通信，从服务器获取需要的数据后使用 DOM API 来更新页面中的一部分内容。因此 Ajax 应用与传统的 Web 应用的区别主要体现在三个方面：

- 不刷新整个页面，在页面内与服务器通信。
- 使用异步方式与服务器通信，不需要打断用户的操作，具有更加迅速的响应能力。
- 应用仅由少量页面组成。大部分交互在页面之内完成，不需要切换整个页面。

由此可见，Ajax 使得 Web 应用更加动态化，带来了更高的智能，并且提供了表现能力丰富的 Ajax UI 组件。这样一类新型的 Web 应用叫作 RIA（Rich Internet Application）应用。

提示   什么是 DHTML？

DHTML 是 Dynamic HTML 的简称，就是动态的 HTML（标准通用标记语言下的一个应用），是相对传统的静态的 html 而言的一种制作网页的概念。所谓动态 HTML，其实并不是一门新的语言，它只是 HTML、CSS 和客户端脚本的一种集成，即一个页面中包括 HTML+CSS+JAVASCRIPT（或其他客户端脚本），其中 CSS 和客户端脚本是直接在页面上写而不是链接上相关文件。DHTML 不是一种技术、标准或规范，只是一种将目前已有的网页技术、语言标准整合运用，制作出在下载后仍然能实时变换页面元素效果的网页设计概念。

2. Ajax 常见的应用场景

（1）百度搜索提示

效果：当我们在百度中输入一个"传"字后，会马上出现一个下拉列表，列表中显示的是包含"传"字的 10 个关键字（当然是最火的）。

原因：其实这里就使用了 Ajax 技术，当文本框发生了输入变化时，浏览器会使用 Ajax 技术向服务器发送一个请求，查询包含"传"字的前 10 个关键字，然后服务器会把查询到的结果响应给浏览器，最后浏览器把这 10 个关键字显示在下拉列表中，如图 10-1 所示。

图 10-1　Ajax 应用范例 1——百度搜索提示页面

提示　　整个过程中页面没有刷新，只是刷新页面中的局部位置而已，当请求发出后，浏览器还可以进行其他操作，无须等待服务器的响应。

（2）用户名注册校验

在网站新会员注册页面中，如图 10-2 所示，当输入用户名后，把光标移动到其他表单项上时，浏览器会使用 Ajax 技术向服务器发出请求，服务器会查询名为"lemontree7777777"的用户是否存在，最终服务器返回 true 表示名为"lemontree7777777"的用户已经存在了，浏览器在得到结果后显示"该用户名已经占用！"。整个过程中表单页面没有刷新，只是局部刷新了，在请求发出后，浏览器不用等待服务器响应结果就可以进行其他操作。

＊用户名:	lemontreeZZZZZZZZ。 6-30位字母、数字或"_",字母开头
	⊗ 该用户名已经占用,请重新选择用户名!
＊登录密码:	6-20位字母、数字或符号 ━━━━
＊确认密码:	再次输入您的登录密码
＊姓名:	请输入姓名 姓名填写规则
＊证件类型:	二代身份证
＊证件号码:	请输入您的证件号码
邮箱:	请正确填写邮箱地址
＊手机号码:	请输入您的手机号码 请正确填写手机号码,稍后将向该手机号码发送短信验证码

图 10-2　Ajax 应用范例 2——注册时的用户名的查重

注意

Ajax 的优点:
- 异步交互:增强了用户的体验;
- 性能:因为服务器无须再响应整个页面,只需要响应部分内容,所以服务器的压力减轻了。

Ajax 的缺点:
- Ajax 不能应用在所有场景;
- Ajax 无端地增多了对服务器的访问次数,给服务器带来了压力。

（3）动态更新购物车的物品总数

例如在 Amazon 的购物车页面,当更新购物车中的一项物品的数量时,会重新载入整个页面,这必须下载 32 KB 的数据。如果使用 Ajax 计算新的总量,服务器只会返回新的总量值,因此所需的带宽仅为原来的百分之一。动态更新购物车的物品总数,无须用户单击 Update 并等待服务器重新发送整个页面。可以提升站点的性能。

提示

Ajax 不适用的场景:
- 需要使用后退按钮来查看历史搜索

Ajax 会破坏浏览器后退按钮的正常行为,在动态更新页面的情况下,用户无法回到前一个页面状态,因为浏览器仅能记下历史记录中的静态页面,因此用户无法通过后退按钮获得前一次或前几次的搜索结果。
- 部分简单的表单

一个内容简单的表单（如评论表单）,或提交的订单,或很少用到的一次性表单都不应该使用以 Ajax 驱动的表单提交机制,极少能从 Ajax 得到明显的改善。
- 需要更新大量信息

Ajax 可以不用整页刷新来动态更新页面中改变的一小部分,但如果页面上的大部分内容都需要更新,完全可以从服务器那里获得一个新页面。

3. Ajax 开发模式

传统开发模式与 Ajax 开发模式的区别如下:

（1）传统的开发模式（请求与响应同步）

在传统的开发模式下 Web 应用程序中,客户端通常通过表单向服务器提交数据,在同步的情况下,使用者发送表单之后,就只能等待服务器回应。在这段时间内,使用者无法对表单再进行下一步操作,如图 10-3 所示。

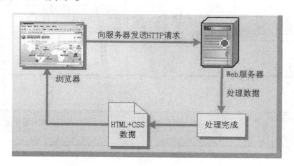

图 10-3　Web 应用的传统开发模式

（2）Ajax 开发模式（请求与响应非同步）

在 Ajax 应用中,这个过程中客户并没提交表单,非同步请求由 XMLHttpRequest 对象发出,请求与响应是非同步的,也就是发送请求后,浏览器不需要苦等服务器的响应,而是让使用者对浏览器中的 Web 应用程序进行其他操作。页面中用户的操作将通过 Ajax 引擎与服务器端进行通信,然后将返回结果提交给客户端页面的 Ajax 引擎,再由 Ajax 引擎来决定将这些数据插入页面的指定位置,如图 10-4 所示。

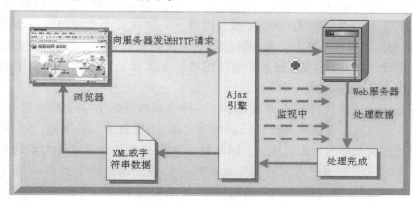

图 10-4　Web 应用的 Ajax 开发模式

再来看看传统开发与 Ajax 开发的交互模式:

传统开发浏览器的普通交互方式如图 10-5 所示。

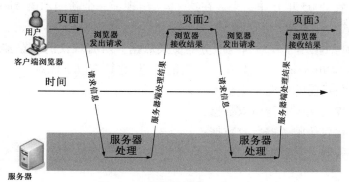

图 10-5　浏览器的普通交互方式

再来看看浏览器的 Ajax 交互方式如图 10-6 所示。

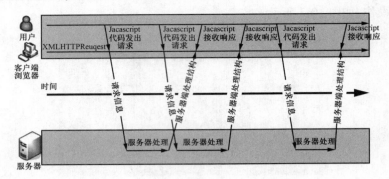

图 10-6　浏览器的普通交互方式

（二）XMLHttpRequest 对象

1. XMLHttpRequest 对象概述

Ajax 技术之中，最核心的技术就是 XMLHttpRequest，它最初的名称叫作 XMLHttp，是微软公司为了满足开发者的需要，1999 年在 IE5.0 浏览器中率先推出的。后来这个技术被上述的规范命名为 XMLHttpRequest。它正是 Ajax 技术之所以与众不同的地方。简而言之，XMLHttpRequest 为运行于浏览器中的 JavaScript 脚本提供了一种在页面之内与服务器通信的手段。页面内的 JavaScript 可以在不刷新页面的情况下从服务器获取数据，或者向服务器提交数据。而在这个技术出现之前，浏览器与服务器通信的唯一方式就是通过 HTML 表单的提交，这一般都会带来一次全页面的刷新。

XMLHttpRequest 的出现为 Web 开发提供了一种全新的可能性，甚至整个改变了人们对于 Web 应用由什么来组成的看法。在这个技术出现之前，由于技术上的限制，人们认为 Web 应用就是由一系列连续切换的页面组成的。因此整个 Web 应用被划分成了大量的页面，其中大部分是一些很小的页面。用户大部分的交互都需要切换并刷新整个页面，而在这个过程中（下一个页面完全显示出来之前），用户只能等待，什么都做不了。这就是我们所习以为常的 Web 应用，10 年以前就是这个样子。然而 XMLHttpRequest 技术的出现使得我们可以打破这种笨拙的开发模式，以一种全新的方式来进行 Web 开发，为用户提供更好的交互体验。大量的探索者以 XMLHttpRequest 技术为基础，将一些古老的 Web 技术重新包装整合。经过了多年的不懈努力，终于在 2005 年开花结果。在这一年，出现了一个新的术语 Ajax，来描述这样一类的技术和开发方式。

XMLHttpRequest 对象用于在后台与服务器交换数据。所有现代的浏览器都支持 XMLHttpRequest 对象。XMLHttpRequest 对象是开发者的梦想，它具有以下优点：

- 在不重新加载页面的情况下更新网页；
- 在页面已加载后从服务器请求数据；
- 在页面已加载后从服务器接收数据；
- 在后台向服务器发送数据。

2. 创建 XMLHttpRequest 对象

所有现代浏览器（IE7＋、Firefox、Chrome、Safari 以及 Opera）都内建了 XMLHttpRequest 对象。

通过一行简单的 JavaScript 代码，我们就可以创建 XMLHttpRequest 对象。

创建 XMLHttpRequest 对象的语法：

```
1    variable＝new XMLHttpRequest()；
```

老版本的 Internet Explorer（IE5 和 IE6）使用 ActiveX 对象：

```
1    variable＝new ActiveXObject("Microsoft.XMLHTTP")；
```

为了应对所有的现代浏览器，包括 IE5 和 IE6，首先应检查浏览器是否支持 XMLHttpRequest 对象。如果支持，则创建 XMLHttpRequest 对象；如果不支持，则创建 ActiveXObject 对象。代码如下：

```
1    var xmlhttp；
2    if (window.XMLHttpRequest)
3    {
4        //  IE7+, Firefox, Chrome, Opera, Safari 浏览器执行代码
5        xmlhttp＝new XMLHttpRequest()；
6    }
7    else
8    {
9        // IE6，IE5 浏览器执行代码
10       xmlhttp＝new ActiveXObject("Microsoft.XMLHTTP")；
11   }
```

> 提　示
>
> 为了方便理解，我们给 Ajax 请求统一流程，要想实现 AJAX 请求，就要按照以下步骤走：
> 1. 创建 XMLHttpRequest 对象；
> 2. 设置请求方式；
> 3. 调用回调函数；
> 4. 发送请求。

（1）XMLHttpRequest 对象的常用属性——onreadystatechange 属性

onreadystatechange 属性存有处理服务器响应的函数。

下面的代码定义一个空的函数，可同时对 onreadystatechange 属性进行设置：

```
1    xmlHttp.onreadystatechange = function() {
2        //我们需要在这写一些代码
3    }
```

（2）XMLHttpRequest 对象的常用属性——readyState 属性

readyState 属性存有服务器响应的状态信息。每当 readyState 改变时，onreadystatechange 函数就会被执行。

表 10-1　redayState 属性可能的值

状态	描述
0	请求未初始化［在调用 open（）之前］
1	请求已提出［调用 send（）之前］
2	请求已发送（这里通常可以从响应得到内容头部）
3	请求处理中（响应中通常有部分数据可用，但是服务器还没有完成响应）
4	请求已完成（可以访问服务器响应并使用它）

（3）XMLHttpRequest 对象的常用属性——responseText 属性

可以通过 responseText 属性来取回由服务器返回的数据。

在下列代码中，我们将把时间文本框的值设置为等于 responseText：

```
1  xmlHttp. onreadystatechange = function( ) {
2    if ( xmlHttp. readyState = = 4) {
3        document. myForm. time. value = xmlHttp. responseText;
4    }
5  }
```

如果 readyState 小于 3，这个属性就是一个空字符串。当 readyState 为 3，这个属性返回目前已经接收的响应部分。如果 readyState 为 4，这个属性保存了完整的响应体。

（4）XMLHttpRequest 对象的常用属性——responseXML 属性

responseXML：对请求的响应，解析为 XML 并作为 Document 对象返回。如果响应体不是"text/xml"返回 null。

（5）XMLHttpRequest 对象的常用属性——status 属性

由服务器返回的 HTTP 状态代码：

- 404 没找到页面（not found）
- 403 禁止访问（forbidden）
- 500 内部服务器出错（internal service error）
- 200 一切正常（ok）
- 304 没有被修改（not modified）

在 XMLHttpRequest 对象中，服务器发送的状态码都保存在 status 属性里。通过把这个值和 200 或 304 比较，可以确保服务器是否已发送了一个成功的响应，如 200 表示成功，而 404 表示 "Not Found" 错误。当 readyState 小于 3 的时候，读取这一属性会导致一个异常。

3. 设置请求方式

在 Web 开发中，请求有两种形式，一个是 get，一个是 post，所以在这里需要设置一下具体使用哪个请求，XMLHttpRequest 对象的 open（）方法就是用来设置请求方式的，如表 10-2 所示。

表 10-2　open( )方法介绍

功能	参数
open( )规定请求的类型、URL 以及是否异步处理请求	参数 1:设置请求类型(GET 或 POST); 参数 2:文件在服务器上的位置; 参数 3:是否异步处理请求,是为"true",否为"false"

open( )方法范例代码如下:

设置和服务器端交互的相应参数,向路径 http://localhost:8080/JsLearning3/getAjax 准备发送数据:

```
1   var url = "http://localhost:8080/JsLearning3/getAjax";
2   xmlHttp.open("POST", url, true);
```

4. 调用回调函数

提
示

异步 –True 或 False?

Ajax 指的是异步 JavaScript 和 XML (Asynchronous JavaScript and XML)。XMLHttpRequest 对象如果要用于 Ajax 的话, 其 open( ) 方法的 async 参数必须设置为 true: 对于 web 开发人员来说, 发送异步请求是一个巨大的进步。

如果在上一步中 open 方法的第三个参数选择的是 true,那么当前就是异步请求,这个时候需要写一个回调函数,XMLHttpRequest 对象有一个 onreadystatechange 属性,这个属性返回的是一个匿名的方法,所以回调函数就在这里写 xmlHttp.onreadystatechange = function{},function{}内部就是回调函数的内容。所谓回调函数,就是请求在后台处理完,再返回到前台所实现的功能。在这个例子里,我们的回调函数要实现的功能就是接收后台处理后反馈给前台的数据,然后将这个数据显示到指定的 div 上。因为从后台返回的数据可能是错误的,所以在回调函数中首先要判断后台返回的信息是否正确,如果正确才可以继续执行。代码如下:

```
1   xmlHttp.onreadystatechange = function() {//第三步:注册回调函数
2     if (xmlHttp.readyState == 4) {
3         if (xmlHttp.status == 200) {
4             var obj = document.getElementById(id);
5             obj.innerHTML = xmlHttp.responseText;
6         } else {
7             alert("AJAX 服务器返回错误!");
8         }
9     }
```

在上面代码中,xmlHttp.readyState 是存有 XMLHttpRequest 的状态。从 0 到 4 发生变化。0:请求未初始化。1:服务器连接已建立。2:请求已接收。3:请求处理中。4:请求已完成,且响应已就绪。所以这里我们判断只有当 xmlHttp.readyState 为 4 的时候才可以继续执行。对于上面的状态,其中"0"状态是在定义后自动具有的状态值,而对于成功访问的状态(得到信息)我们大多数采用"4"进行判断。

xmlHttp.status 是服务器返回的结果,其中 200 代表正确。404 代表未找到页面,所以这里我们判断只有当 xmlHttp. status 等于 200 的时候才可以继续执行。

```
1   var obj = document. getElementById( id) ;
2   obj. innerHTML = xmlHttp. responseText;
```

这段代码就是回调函数的核心内容,首先获取后台返回的数据,然后将这个数据赋值给 id 为 testid 的 div。xmlHttp 对象有两个属性都可以获取后台返回的数据,分别是 responseText 和 responseXML,其中 responseText 是用来获得字符串形式的响应数据,responseXML 是用来获得 XML 形式的响应数据。至于选择哪一个是取决于后台给返回的数据的,这个例子里我们只是显示一条字符串数据,所以选择的是 responseText。

AJAX 状态值与状态码区别?

Ajax 状态值是指,运行 Ajax 所经历过的几种状态,无论访问是否成功都将响应的步骤,可以理解成为 Ajax 运行步骤。如:正在发送、正在响应等,由 Ajax 对象与服务器交互时所得;使用 "ajax. readyState" 获得。(由数字 1~4 单位数字组成)

Ajax 状态码是指,无论 Ajax 访问是否成功,由 HTTP 协议根据所提交的信息,服务器所返回的 HTTP 头信息代码,该信息使用 "ajax. status" 所获得;(由数字 1XX,2XX 三位数字组成,详细查看 RFC)这就是我们在使用 Ajax 时为什么采用下面的方式判断所获得的信息是否正确的原因。

if(ajax. readyState = = 4 && ajax. status = = 200) {……} ;

5. 发送请求

open( )方法只是初始化 HTTP 请求的参数,并不真的发送 HTTP 请求,可以调用 send( )方法发送 HTTP 请求。例如:

```
1   var url = "login. jsp? user=XXX&pwd=XXX" ;
2   xmlHttpRequest. open( "GET" ,url,true) ;
3   xmlHttpRequset. send( null) ;
```

一般情况下,使用 Ajax 提交的参数多是些简单的字符串,可以直接使用 GET 方法将要提交的参数写到 open 方法的 url 参数中,此时 send 方法的参数为 null。

此外,也可以使用 send 方法传递参数。使用 send 方法传递参数使用的是 POST 方法,需要设定 Content-Type 头信息,模拟 HTTP 的 POST 方法发送一个表单,这样服务器才会知道如何处理上传的内容。参数的提交格式和 GET 方法中 url 的写法一样。设置头信息前必须先调用 open 方法。代码如下:

```
1   xmlHttpRequest. open( "POST" ,"login. jsp" ,true) ;
2   xmlHttpRequest. setRequestHeder( "Content-Type" ," application/x-www-form-urlencoded;
    charset=UTF-8" ) ;
3   xmlHttpRequest. send( "user=" +username+" &pwd=" +password) ;
```

根据提交方式的不同,两种提交方式分别调用后台的 doGet 方法和 doPost 方法。

6. 操作 HTTP 头部信息

每个 HTTP 请求和响应都会带有相应的头部信息,例如访问百度时的 HTTP 头数据如下:

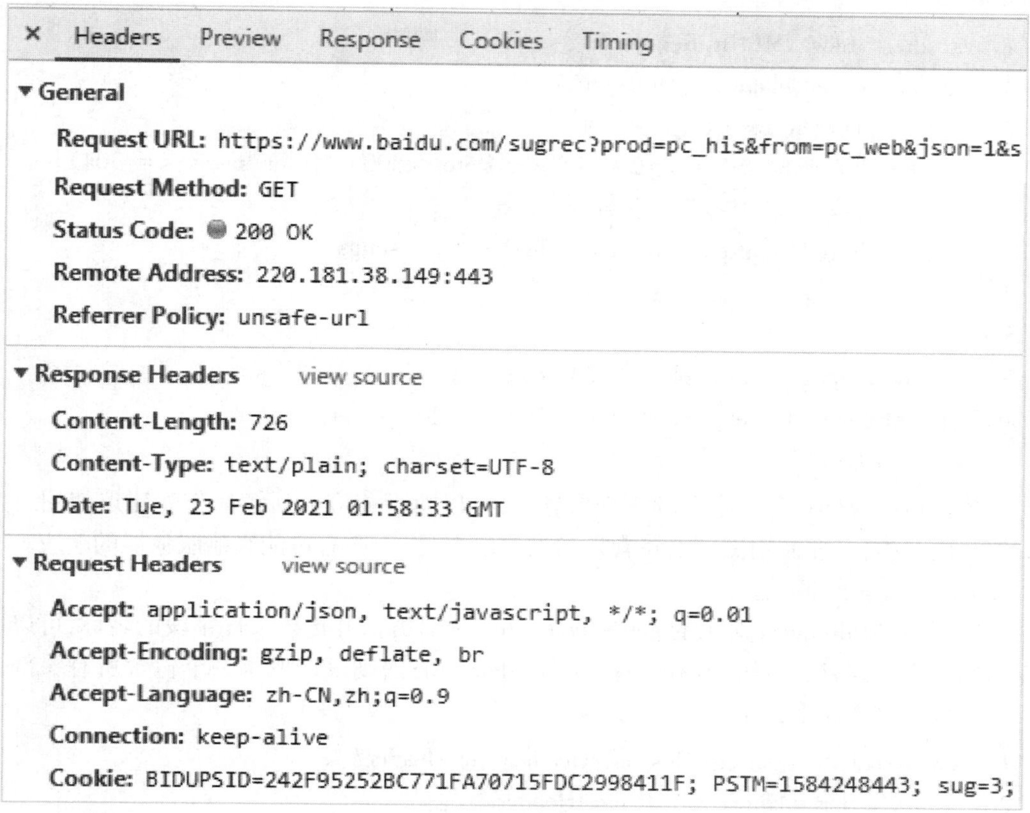

```
× Headers  Preview  Response  Cookies  Timing

▼ General
    Request URL: https://www.baidu.com/sugrec?prod=pc_his&from=pc_web&json=1&s
    Request Method: GET
    Status Code: ● 200 OK
    Remote Address: 220.181.38.149:443
    Referrer Policy: unsafe-url

▼ Response Headers    view source
    Content-Length: 726
    Content-Type: text/plain; charset=UTF-8
    Date: Tue, 23 Feb 2021 01:58:33 GMT

▼ Request Headers    view source
    Accept: application/json, text/javascript, */*; q=0.01
    Accept-Encoding: gzip, deflate, br
    Accept-Language: zh-CN,zh;q=0.9
    Connection: keep-alive
    Cookie: BIDUPSID=242F95252BC771FA70715FDC2998411F; PSTM=1584248443; sug=3;
```

图 10-7　访问百度时的 HTTP 头数据(部分)

(1)设置请求头部信息

XMLHttpRequest 对象也提供了操作这两种头部(即请求头部和响应头部)信息的方法。默认情况下,在发送 XMLHttpRequest 请求的同时,还会发送下列头部信息:

- Accept:浏览器能够处理的内容类型;
- Accept-Charset:浏览器能够显示的字符集;
- Accept-Encoding:浏览器能够处理的压缩编码;
- Accept-Language:浏览器当前设置的语言;
- Connection:浏览器与服务器之间连接的类型;
- Cookie:当前页面设置的任何 Cookie;
- Host:发出请求的页面所在的域;
- Referer:发出请求的页面的 URI;
- User-Agent:浏览器的用户代理字符串。

虽然不同浏览器实际发送头部信息有所不同,但以上列出的基本上是所有浏览器都会发送的。使用 setRequestHader( )方法可以设置自定义的请求头部信息。语法如下:

```
setRequestHeader(name,value)
```

这个方法可以接收两个参数:头部字段的名称和头部字段的值。

要成功发送请求头部信息,必须在调用 open( )方法之后且调用 send( )方法之前调用 setRequestHeader( ):

```
1   var xhr = new XMLHttpRequest( );
2   xhr. onreadystatechange = function( ){
3           if ( xhr. readyState = = 4){
4            if(( xhr. status >= 200 && xhr. status <300) || xhr. status = = 304){
5                   alert( xhr. responseText) ;
6   }else { alert("Requst was unsuccessful:" +   xhr. status ) }
7   }
8   }
9   xhr. open("get" , "example. txt" , true) ;
10  xhr. setRequestHeader("myHeader" ,"myvalue" )
11  Xhr. send( null)
```

服务器在接收到这种自定义的头部信息后,可以执行相应的后续操作。建议使用自定义的头部字段名称,不要使用浏览器正常发送的字段名称,否则有可能影响服务器的响应。

(2)取得响应头部信息

调用 XMLHttpRequest 对象的 getResponseHeader( )方法并传入头部字段的名称,可以取得相应的响应头部信息。调用 getAllResponseHeaders( )方法则可以取得一个包含所有头部信息的长字符串。语法如下:

```
1   var myHeader = xhr. getResponseHeader("myHeader" ) ;
2   var allHeader = xhr. getAllRequestHeaders( ) ;
```

> **提示**　　在服务器端,也可以利用头部信息向浏览器发送额外的、结构化的数据。

7. 超时控制

与服务器通信有时很耗时,可能由于网络原因或服务器响应等因素导致用户长时间等待,而且等待时间是不可预知的。

XMLHttpRequest 中使用 timeout 设置请求超时时间,单位为 ms(毫秒),例如:

```
Xhr. timeout = 5000;
```

上面的语句将最长的等待时间设为 5 000 ms,超过了这个时限,就自动停止 HTTP 请求。还可以通过 timeout 事件来指定回调函数,例如:

```
1   xhr. ontimeout = function( event){
2   alert( '请求超时' ) ;}
```

8. 使用 FormData 对象向服务器发送数据

当我们使用 Ajax 传递的参数值较多时,参数值的获取以及拼接都很麻烦,这时我们就可以使用 FormData 对象,可以方便我们的操作,更为重要的是我们可以传递二进制的文件了,比如图片,这在普通的方法里是办不到的。

FormData 对象作用如下:

- 模拟 HTML 表单,相当于将 HTML 表单映射成表单对象,自动将表单对象中的数据拼接成请求参数的格式。
- 异步上传二进制文件。

(1)FormData 对象使用方法

①准备 HTML 表单

```
1  <! --创建普通的 html 表单 -->
2    <form id = "form" >
3        <input type = "text"  name = "username" >
4        <input type = "password"  name = "password" >
5        <input type = "button"  id = "btn"  value = "提交" >
6    </form>
```

②将 HTML 表单转化为 FormData 对象

创建一个新的 FormData 对象将表单传进去,会自动帮我们把表单转化为参数所需要的格式。

```
1  var form = document. getElementById( ′form′) ;
2  const FormData = new FormData( form) ;
```

③提交表单对象

```
xhr. send( FormData) ;
```

．FormData 对象不能用于 get 请求,因为对象需要被传递到 send 方法中,而 get 请求
注 意　方式的请求参数只能放在请求地址的后面。

(2)FormData 对象的实例方法

①获取表单对象中属性的值

```
FormData. get( ′key′) ;
```

②设置表单对象中属性的值

```
FormData. set( ′key′, ′value′) ;
```

③删除表单对象中属性的值

```
FormData. delete( ′key′) ;
```

④向表单对象中追加属性值

```
FormData. append( ′key′, ′value′) ;
```

set 方法与 append 方法的区别是，在属性名已存在的情况下，set 会覆盖已有键名的值，append 会保留两个值。

（3）FormData 二进制文件上传

```
1   <input type="file" id="file"/>
2   var file = document.getElementById('file')
3   //当用户选择文件的时候
4   file.onchange = function () {
5       //创建空表单对象
6       var FormData = new FormData();
7       //将用户选择的二进制文件追加到表单对象中
8       FormData.append('attrName', this.files[0]);
9       //配置 ajax 对象,请求方式必须为 post
10      xhr.open('post', 'www.example.com');
11      xhr.send(FormData);
12  }
```

（4）FormData 文件上传进度展示

```
1   //当用户选择文件的时候
2   file.onchange = function () {
3       //文件上传过程中持续触发 onprogress 事件
4       xhr.upload.onprogress = function (ev) {
5           //当前上传文件大小/文件总大小 再将结果转换为百分数
6           //将结果赋值给进度条的宽度属性
7           bar.style.width = (ev.loaded/ ev.total) * 100 + '%';
8       }
9   }
```

（5）FormData 文件上传图片即时预览

在我们将图片上传到服务器端以后,服务器端通常都会将图片地址作为响应数据传递到客户端,客户端可以从响应数据中获取图片地址,然后将图片再显示在页面中。

```
1   xhr.onload = function () {
2       var result = JSON.parse(xhr.responseText);
3       var img = document.createElement('img');
4       img.src = result.src;
5       img.onload = function () {
6           document.body.appendChild(this);
7       }
8   }
```

（三）数据交换格式

在进行前后端应用程序的数据交换时，需要约定一种格式，确保通信双方都能够正确识别对方发送的信息。目前比较通用的数据交换格式有 XML 和 JSON，其中 XML 是历史悠久、应用广泛的数据格式，而 JSON 是近些年在 Web 开发中流行的数据格式。下面将对这两种数据格式进行详细讲解。

1. XML 数据格式

（1）XML 定义

Extensible Markup Language，可扩展标记语言。

XML 最初的设计目的是 EDI（Electronic Data Interchange，电子数据交换）。

早在 Web 诞生以前，SGML（Standard Generalized Markup Language，标准通用标记语言）就已经被发明。然而它太复杂，且不适用于 Web，因此 1989 年 HTML（Hyper Text Markup Language，超文本标记语言）诞生了。而 HTML 也存在着无法描述数据、可读性差、搜索时间长等缺陷。1998 年，以前两者为前驱，W3C（万维网联盟）发布了 XML 的 1.0 标准，标志着 XML 的诞生。

（2）XML 主要语法规则

- 必须有声明语句。
- 大小写有区别。例如“<P>”和“<p>”是不同的标记。
- XML 文档有且只有一个根元素，其他元素都是这个根元素的子元素，根元素完全包括文档中其他所有的元素。
- 根元素的起始标记要放在所有其他元素的起始标记之前；根元素的结束标记要放在所有其他元素的结束标记之后。
- 属性值使用引号。
- 在 HTML 代码里面，属性值可以加引号，也可以不加。但是 XML 规定，所有属性值必须加引号（可以是单引号，也可以是双引号，建议使用双引号），否则将被视为错误。
- 所有的标记必须有相应的结束标记。
- 在 HTML 中，标记可以不成对出现，而在 XML 中，所有标记必须成对出现，有一个开始标记，就必须有一个结束标记，否则将被视为错误。
- 所有的空标记也必须被关闭。
- 空标记是指标记对之间没有内容的标记，比如“<img>”等标记。在 XML 中，规定所有的标记必须有结束标记。

【例 10-1】图 10-8 为一本书的 XML 结构，其对应的 XML 示例代码如下：

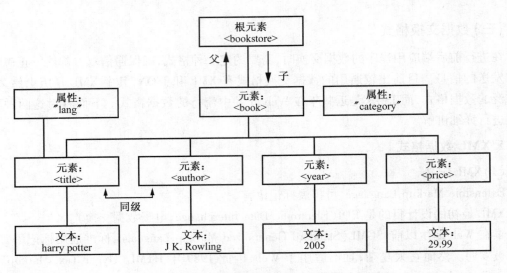

图 10-8 使用 XML 表示书的结构

```
1    <bookstore>
2    <book category="COOKING">
3      <title lang="en">Everyday Italian</title>
4      <author>Giada De Laurentiis</author>
5      <year>2005</year>
6      <price>30.00</price>
7    </book>
8    <book category="CHILDREN">
9      <title lang="en">Harry Potter</title>
10     <author>J. K. Rowling</author>
11     <year>2005</year>
12     <price>29.99</price>
13   </book>
14   <book category="WEB">
15     <title lang="en">Learning XML</title>
16     <author>Erik T. Ray</author>
17     <year>2003</year>
18     <price>39.95</price>
19   </book>
20   </bookstore>
```

上例中的根元素是 <bookstore>。文档中的所有 <book> 元素都被包含在 <bookstore> 中。<book> 元素有 4 个子元素:<title>、<author>、<year>和<price>。

> 提示
>
> XML 与 HTML 的比较:
> 1. HTML 文件是用来显示数据的, XML 文件是用来运输和存储数据的;
> 2. HTML 不区分大小写, XML 严格区分大小写;
> 3. HTML 可以有多个根元素, XML 只有一个根元素;
> 4. HTML 空格自动过滤, XML 不会;
> 5. HTML 的标记都是预定义的, XML 的标记可以根据自己的需要自定义。

（3）XML 文档基本结构

【例 10-2】XML 文档基本结构

```
1    <? xml version="1.0" encoding="UTF-8"? >
2    <note id="1">
3        <to>George</to>
4        <from>John</from>
5        <heading>Reminder</heading>
6        <body>Don′t forget the meeting! </body>
7    </note>
```

XML 文档的基本结构可以分为下面几部分:

- 声明:<? xml version="1.0" encoding="UTF-8"? >就是 XML 文档的声明,它定义了 XML 文件的版本和使用的字符集。
- 根元素:根元素只有一个,开始标签和结束标签必须一致。如上例中的<note>元素。
- 子元素:前面的 to,content,from 和 body 都是子元素。
- 属性:属性定义在开始标签中。如<note id="1">。
- 命名空间:用于为 XML 文档提供名字唯一的元素和属性。以 xmlns:开头的内容都属于命名空间。
- 限定名:它是由命名空间引出的概念,定义了元素和属性的合法标识符。

【例 10-3】我们用纯文本格式描述留言条,可以按照如下的形式:

"小 A 同学","你好！ \n 今天上午,我想到你家里借一本书,可是你不在,我下午再来","小 B","2017 年 7 月 2 日"

留言条中的 4 部分数据按照顺序存放,各个部分之间用逗号分隔。数据量小的时候,可以采用这种格式。但是随着数据量的增加,问题也会暴露出来,我们可能会搞乱它们的顺序,如果各个数据部分能有描述信息就好了。而 XML 格式可以带有信息描述,叫作"自描述的"结构化文档。将上面的留言条写成 XML 格式,具体如下:

```
1    <? xml version="1.0" encoding="UTF-8"? >
2    <note>
3         <to>小 A 同学</to>
4         <content>你好！ \n 今天上午,我想到你家里借一本书,可是你不在,我下午
           再来</content>
5         <from>小 B</from>
```

6	`<date>2017 年 7 月 2 日</date>`
7	`</note>`

我们看到位于尖括号中的内容(`<to>...</to>`等)就是描述数据的标识,在 XML 中称为"标签"。

(4)XML 文档解析

XML 文档操作有"读"与"写",读入 XML 文档并分析的过程称为"解析"。解析 XML 文档时,目前有两种流行的模式:SAX 和 DOM。

SAX 是一种基于事件驱动的解析模式。解析 XML 文档时,程序从上到下读取 XML 文档,如果遇到开始标签、结束标签和属性等,就会触发相应的事件。SAX 的缺点是只能读取 XML 文档,不能写入 XML 文档;而优点是解析速度快。

DOM 模式将 XML 文档作为一棵树状结构进行分析,获取节点的内容以及相关属性,或是新增、删除和修改节点的内容。如果文档比较大,解析速度会比较慢。

2. JSON 数据格式

JavaScript Object Notation,JavaScript 对象符号。

JSON 是一种轻量级的数据交换格式,易于阅读和编写,同时也易于机器解析和生成,于 2001 年开始推广。

主要语法规则:

- 使用六个基本符号(允许前后有空格出现):数组´[´和´]´、对象´{´和´}´、命名分隔符´:´、值分隔符´,´。
- 值可以是对象、数组、数字、字符串或者三个字面值(false、null、true)中的一个。值中的字面值中的英文必须使用小写。

【例 10-4】定义一个 JSON 对象,代码如下:

```
1    var obj = {
2            1: "value1",
3            "2": "value2",
4            count:3,
5            person:[//数组结构 JSON 对象,可以嵌套使用
6                    {
7                            id:1,
8                            name:"张三"
9                    },
10                   {
11                           id:2,
12                           name:"李四"
13                   }
14           ],
15           object:{//对象结构 JSON 对象
```

```
16              id：1,
17              msg:"对象里的对象"
18          }
19      };
```

【例 10-5】我们用纯文本格式描述留言条,可以按照如下的形式:

"小 A 同学","你好! \n 今天上午,我想到你家里借一本书,可是你不在,我下午再来",
"小 B","2017 年 7 月 2 日"

将上面的留言条写成 JSON 格式,具体代码如下:

```
1   {
2       to:"小 A 同学",content:"你好! \n 今天上午,我想到你家里借一本书,可是你不
        在,我下午再来",
3       from:"小 B",
4       date:"2017 年 7 月 2 日"
5   }
```

数据放置在大括号{}之中,每个数据项目之前都有一个描述名字(如 to 等),描述名字和数据项目之间用冒号分开。可以发现,一般来讲,JSON 所用的字节数要比 XML 少,因此 JSON 也被称为"轻量级"的数据交换格式。

提
示

JSON 的优点:
· 易于阅读和编写,同时也易于机器解析和生成;
· 同 XML 或 HTML 片段相比,JSON 提供了更好的简单性和灵活性;在 JavaScript 地盘内,JSON 毕竟是主场作战,其优势当然要远远优越于 XML;
· 非常适合于服务器与 JavaScript 的交互。

(四) Ajax 的重构

1. Ajax 重构的作用

Ajax 的实现主要依赖于 XMLHttpRequest 对象,但是在调用其进行异步数据传输时,由于 XMLHttpRequest 对象的实例在处理事件完成后就会被销毁,所以如果不对该对象进行封装处理,在下次需要调用它的时候就要重新构建,而且每次调用都需要写一大段的代码,使用起来很不方便,虽然现在很多开源的 Ajax 框架都提供了对 XMLHttpRequest 对象的封装方案,但是如果应用这些框架,通常需要加载很多额外的资源,这势必会浪费很多服务器资源,不过由于 JavaScript 脚本语言支持面向对象的编码风格,通过它可以将 Ajax 所必需的功能封装在对象中。

2. Ajax 重构步骤

(1)创建一个单独的 JS 文件,名称为 AjaxRequest.js,并且在该文件中编写重构 Ajax 所需的代码 AjaxRequest.js 如下:

```
1    var net = new Object();        //创建一个全局变量 net
2    //编写构造函数
3    net. AjaxRequest = function(url,onload,onerror,method,params){
4        this. req = null;
5        this. onload = onload;
6        this. onerror = (onerror) ? onerror: this. defaultError;
7        this. loadDate(url,method,params);
8    }
9    //编写用于初始化 XMLHttpRequest 对象并指定处理函数,最后发送 HTTP 请求的
     方法
10   net. AjaxRequest. prototype. loadDate = function(url,method,params){
11       if(! method){
12           method = "GET";
13       }
14       if(window. XMLHttpRequest){
15           this. req = new XMLHttpRequest();
16       } else if(window. ActiveXObject){
17           this. req = new ActiveXObject("Microsoft. XMLHTTP");
18       }
19       if(this. req){
20           try{
21               var loader = this;
22               this. req. onreadystatechange = function(){
23                   net. AjaxRequest. onReadyState. call(loader);
24               }
25               this. req. open(method,url,true);        //建立对服务器的调用
26               if(method == "POST"){                    //如果提交方式为 POST
27                   this. req. setRequestHeader("Content-Type",
28                       "application/x-www-form-urlencoded");   //设置请求头
29               }
30               this. req. send(params);        //发送请求
31           } catch(err){
32               this. onerror. call(this);
33           }
34       }
35   }
36   //重构回调函数
37   net. AjaxRequest. onReadyState = function(){
```

```
38        var req = this. req;
39        var ready = req. readyState;
40        if( ready = = 4) {              //请求完成
41            if( req. status = = 200) {      //请求成功
42                this. onload. call( this) ;
43            } else {
44                this. onerror. call( this) ;
45            }
46        }
47   }
48   //重构默认的错误处理函数
49   net. AjaxRequest. prototype. defaultError = function( ) {
50        alert( "错误数据\n\n回调状态:"+this. req. readyState+" \n 状态:"+this. req. sta-
         tus) ;
51   }
```

（2）在需要应用的 Ajax 的页面中应用以下的语句包括（1）中创建的 JS 文件
AjaxRequest. js。

```
1   <script language = "javascript" src = "AjaxRequest. js" ></script>
```

（3）在应用 Ajax 的页面中编写错误处理的方法、实例化 Ajax 对象的方法和回调函数。

```
1    <script language = "javascript" >
2    /* * * * * * * * * * * * * *错误处理的方法* * * * * * * * * * * * * */
3        function onerror( ) {
4            alert( "您的操作有误!") ;
5        }
6    /* * * * * * * * * * * * * *实例化 Ajax 对象的方法* * * * * * * * * */
7        function getInfo( ) {
8            var loader = new net. AjaxRequest( "getInfo. jsp? nocache = "+new Date( ).
             getTime( ) ,
9                deal_getInfo, onerror, "GET") ;
10       }
11   /* * * * * * * * * * * * * * *回调函数* * * * * * * * * * * * * * * * * */
12       function deal_getInfo( ) {
13           document. getElementById( "showInfo") . innerHTML=this. req. responseText;
14       }
15   </script>
```

（五）Ajax 应用实例

1. 自动刷新局部页面

网页自动刷新功能在 web 网站上已经屡见不鲜了,如即时新闻信息、股票信息等,都需要不断获取最新信息。在传统的 web 实现方式中,想要实现类似的效果,必须进行整个页面的刷新,在网络速度受到一定限制的情况下,这种因为一个局部变动而牵动整个页面的处理方式显得有些得不偿失。Ajax 技术的出现很好地解决了这个问题,利用 Ajax 技术可以实现网页的局部刷新,只更新指定的数据,并不更新其他的数据。

【例 10-6】现在创建一个实例,以演示网页的自动刷新功能,该实例模拟火车候票大厅的显示字幕。

（1）服务器端代码

该实例服务器端代码的功能比较简单,即产生一个随机数,并以 XML 文件形式返回给客户端。保存上述代码,名称为 auto. jsp。在该文件中,使用 java. lang 包中的 Math 类,产生一个随机数。代码如下:

```
1   <%@  page contentType = "text/html; charset = utf-8" %>
2   <%
3   response. setContentType("text/xml; charset = UTF-8");//设置输出信息的格式及字符集
4   response. setHeader("Cache-Control","no-cache");
5   out. println("");
6   for( int i = 0;i<2;i++) {
7       out. println("" +(int)(Math. random() * 10)+"");
8       out. println("" +(int)(Math. random() * 100)+ "");
9   }
10  out. println("");
11  out. close();
12  %>
```

（2）客户端代码

本实例客户端代码主要利用服务器端返回的数字,指定显示样式。代码如下:

```
1    <%@  page language = "java" import = "java. util. * " pageEncoding = "GBK"%>
2    <script language = "javascript" >
3    var XMLHttpReq;//创建 XMLHttpRequest 对象
4        function createXMLHttpRequest() {
5            if( window. XMLHttpRequest) {//Mozilla 浏览器
6            XMLHttpReq = new XMLHttpRequest();
7            }
8            else if ( window. ActiveXObject) {// IE 浏览器
9                try {
10                   XMLHttpReq = new ActiveXObject("Msxml2. XMLHTTP");
```

```
11            } catch (e) {
12                try {
13                    XMLHttpReq = new ActiveXObject("Microsoft. XMLHTTP");
14                } catch (e) {}
15            }
16        }
17    }
18    //发送请求函数
19    function sendRequest() {
20    createXMLHttpRequest();
21        var url = "auto. jsp";
22    XMLHttpReq. open("GET", url, true);
23    XMLHttpReq. onreadystatechange = processResponse;//指定响应函数
24    XMLHttpReq. send(null);    //发送请求
25    }
26    //处理返回信息函数
27    function processResponse() {
28    if (XMLHttpReq. readyState == 4) {//判断对象状态
29        if (XMLHttpReq. status == 200) {//信息已经成功返回,开始处理信息
30    DisplayHot();
31    setTimeout("sendRequest()", 1000);
32        } else {//页面不正常
33            window. alert("您所请求的页面有异常。");
34        }
35    }
36    }
37    function DisplayHot() {
38    var name = XMLHttpReq. responseXML. getElementsByTagName("name")[0]. first-
       Child. nodeValue;
39    var count = XMLHttpReq. responseXML. getElementsByTagName("count")[0]. first-
       Child. nodeValue;
40    document. getElementById("cheh"). innerHTML = "T-"+name+"次列车";
41    document. getElementById("price"). innerHTML = count+"元";
42    }
43    </script>
```

　　将上述代码保存,名称为 autoRefresh. jsp。在该文件中,createXMLHttpRequest()函数用于创建异步调用对象;sendRequest()函数用于发送请求到客户端;processResponse()函数用于处理服务器端的响应,在处理过程中调用 DisplayHot()函数设定数据的显示样式。其中,set-

Timeout("sendRequest()",1000)函数的含义为每隔 1 s 的时间调用 sendRequest()函数,该函数在 Ajax 页面刷新中起了一个主导作用。DisplayHot()函数主要用于对从服务器端返回的 XML 文件进行解析,并获取返回数据,显示在当前页面。

2. 无刷新验证用户名是否存在

我们知道在注册淘宝账户时,当我们注册的账户名与其他人同名的时候,系统会自动给出提示,并且给出推荐使用的账户名,如图 10-9 所示,并没有完全刷新整个页面,而是悄悄向服务器端发送请求进行验证,让我们感觉很舒服,这就是 Ajax 技术的作用,大大增加了用户体验。我们查看源代码就可以看到客户端脚本,使用的 Ajax 技术。

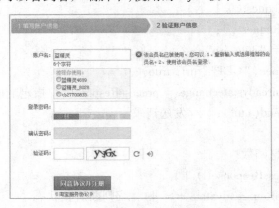

图 10-9 无刷新验证用户名效果

【例 10-7】无刷新验证用户名是否存在实例(假设,tgb 用户已经存在),使用 Ajax 技术实现,页面代码如下:

```
1    <html>
2    <head>
3        <title>ajax 例子--登录用户名自动检测无需再设置其他的按钮</title>
4    <link href="StyleSheet.css" rel="stylesheet" type="text/css"/>
5        <script type="text/javascript">
6            //定义 XMLHttpRequest 对象,var 是可变参数类型,代表任何一种数据
                类型。
7            var xmlHttp = false;
8            //该时候检查输入用户名数据库中是否已经存在。
9            function checkUserName() {
10               //检查输入的用户名是否为空。
11               var tbUserName = document.getElementById('tbUserName');
12               if (tbUserName.value == "")
13                   return;
14               //创建 XMLHttpRequest 对象
15               try {
16                   //使用较新版本的 IE 浏览器。
```

```
17              xmlHttp = new ActiveXObject("Msxml2.XMLHTTP");           }
18          catch(e){
19              try{
20                      //如果为低版本的浏览器。
21                      xmlHttp = new ActiveXObject("Microsoft.XMLHTTP");
22              }
23              catch(e2){
24                      //XMLHttpRequest 对象创建失败,保证 Request 的值仍为 false。
25                      xmlHttp = false;
26              }
27          }
28          //验证创建是否成功,不为 ie,则为除了 ie 之外的谷歌 360 火狐等浏览器。
29          if(! xmlHttp && typeof XMLHttpRequest ! = ´undefined´){
30              xmlHttp = new XMLHttpRequest();
31          }
32          //转到的链接地址。
33          var url = "CheckUserNameService aspx? UserName=" + tbUserName.
            value;
34          //规定请求的类型、URL 以及是否异步处理请求。Get 类型,true 为异
            步执行。
35          xmlHttp.open("GET", url, true);
36          //onreadystatechange. 也就是 XMLHttRequest 对象的 readyState 属性改
            变时。当请求被发送时执行的一些响应任务。
37          xmlHttp.onreadystatechange = callBack_CheckUserName;
38          // Send the request
39          xmlHttp.send(null);
40      }
41      //以参数形式传递到另一个函数的函数。
42      function callBack_CheckUserName(){
43          //readyState 方法是存有 XMLHttpRequest 状态,从 0 到 4。
44          //0 是请求未初始化,1 服务器连接已经建立 2 请求已经接受 3 请求
            处理中 4 请求已完成,且响应已就绪。
45          if(xmlHttp.readyState == 4){
46              //如果服务器的响应并非是 XML 使用 responseText
47          //否则使用 responseXML,responsText 返回服务器字符串形式的响应。
48              var isValid = xmlHttp.responseText;
49              //选择出显示验证结果的标签。
50              var checkResult = document.getElementById("checkResult");
```

```
51                           checkResult. innerHTML = (isValid =="true")?"恭喜您,这个用
                             户名可以使用":"很抱歉该会员名已经被使用";
52                       }
53                   }
54      </script>
55  </head>
56  <body>
57      <table id="registerForm">
58          <tr>
59              <td class="title">用户名   </td>
60              <td>
61                  <input id="tbUserName" type="text" onblur="checkUserName
                        ()"/>
62                  <span id="checkResult"></span>
63              </td>
64          </tr>
65          <tr>
66              <td class="title">密码   </td>
67              <td>
68                  <input id="tbPassword" type="password"/>
69              </td>
70          </tr>
71          <tr>
72              <td rowspan="2">
73                  <input id="btnSubmit" type="submit" value="提交" onclick=
                        "checkUserName()"/>
74              </td>
75          </tr>
76      </table>
77  </body>
78  </html>
```

跳转的 URL 界面,验证界面代码如下:

```
1  <%@ Page Language="C#" AutoEventWireup="true" CodeBehind="CheckUser-
   NameService. aspx. cs"  %>
2  <script runat="server">
3      protected void Page_Load(object sender, EventArgs e)
4      {
5          //得到要验证的用户名。
```

```
6           string candidateUserName = Request["UserName"];
7           //初始化验证标记,为 false。
8           bool isValid = false;
9           //如果转换为小写字母不为 tgb 则返回 true。
10          if (candidateUserName.ToLower() != "tgb")
11          {
12              isValid = true;
13          }
14          //清除缓存区所有的 html 输出。
15          Response.Clear();
16          //将指定字符写入 HTTP 输出。
17          Response.Write(isValid ? "true" : "false");
18          //立即发送缓存区的输出。
19          Response.Flush();            }
20</script>
```

得到的显示结果如图 10-10 所示。

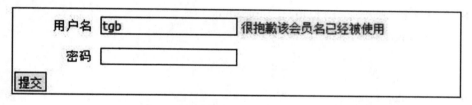

图 10-10   无刷新验证用户名实例代码效果

3. 带进度条的文件上传

XMLHttpRequest. upload 向后台上传文件时监听进度,主要使用的是 XMLHttpRequest 提供的 upload 方法,此方法会返回一个 XMLHttpRequestUpload 对象,用来表示上传进度。Form-Data 是 XMLHttpRequest 提供的一个新的接口,主要优点是可以异步上传二进制文件。

【例 10-8】带进度条的文件上传实例,页面结构代码如下:

```
1  <input type="file" id="upload-file">
2      <button onclick="uploadFile()">上传图片</button>
3  <div class="progress">
4      <div></div>
5  </div>
```

页面样式代码如下:

```
1   .progress {
2       width: 600px;
3       height: 10px;
4       border: 1px solid #ccc;
```

```
5      border-radius：10px；
6      margin：10px 0px；
7      overflow：hidden；
8    }
9    /*初始状态设置进度条宽度为 0px */
10   . progress > div {
11     width：0px；
12     height：100%；
13     background-color：red；
14     transition：all . 3s ease；
15   }
```

功能实现代码如下：

```
1    function uploadFile( ) {
2        //获取上传的文件
3        var uploadFile = $ ( '#upload-file'). get(0). file[0]；
4        var FormData = new FormData( )；
5        FormData. append( 'fileInfo', uploadFile)；
6        $ . ajax( {
7            url：'/uploadfileurl'，
8            type：'post'，
9            dataType：'json'，
10           processData：false，
11           contentType：false，
12           xhr：function( ) {
13               var xhr = new XMLHttpRequest( )；
14   //使用 XMLHttpRequest. upload 监听上传过程,注册 progress 事件,打印回调函数中
     的 event 事件
15               xhr. upload. addEventListener( 'progress', function ( e ) {
16                   console. log( e)；
17                   //loaded 代表上传了多少
18                   //total 代表总数为多少
19                   var progressRate = ( e. loaded/ e. total) * 100 + '%'；
20                   //通过设置进度条的宽度达到效果
21                   $ ( '. progress > div'). css( 'width', progressRate)；
22               })
23               return xhr；
24           }
25       })
```

26　｜

【例 10-8】运行效果如图 10-11 所示。

图 10-11　进度条文件上传效果

单元小结

本章首先介绍了 Ajax 基本概念、Ajax 常见的应用场景与开发模式等基础知识；然后讲解 XMLHttpRequest 对象常用属性与使用方法，XML 和 JSON 数据格式；最后介绍常用的三个实例来展示 Ajax 技术的应用。希望读者通过本章的学习，可以对 Ajax 技术有个全面的了解，并能够掌握 Ajax 开发程序的具体过程，做到融会贯通。

第 11 章

HTML5

学习目标

通过本章学习，学生应了解 HTML5 发展历史、优势，HTML5 浏览器支持情况。 掌握 HTML5 新增的常用元素及属性，能够制作简单网页。 掌握表单新增元素及属性，能够准确定义相关的表单控件。 了解 HTML5 中支持的音频、视频格式，掌握音频、视频的相关元素及属性，能够在 HTML5 页面中添加音频、视频文件。 了解拖放行为的定义，掌握将元素拖动到指定位置的方法。 掌握如何在网页中定义画布，并能够使用 Canvas API 在画布中绘制简单图形。

核心要点

- HTML5 浏览器支持情况
- HTML5 新增的常用元素及属性
- 表单新增的元素及属性
- 音频、视频元素及属性
- 使用 JavaScript 语言访问音频或视频对象
- 拖放事件处理过程
- 绘图元素及常用属性
- 使用 JavaScript 获取网页中 canvas 对象

一、单元概述

本章节的主要内容是介绍 HTML5 相关的基础知识,让学生对 HTML5 有一定整体了解,并能利用 HTML5 创建页面,同时与 JavaScript 结合使用 HTML5 的元素。

HTML5 是构建 Web 内容的一种语言描述方式,是互联网的下一代标准,是构建以及呈现互联网内容的一种语言方式,被认为是互联网的核心技术之一;同时 HTML5 也是 Web 前端开发最基础的内容,是几乎所有的前端开发者都必须掌握的语言。因此学好 HTML5 是为今后的职业发展奠定坚实的基础。

本章从 HTML5 的发展历史、HTML5 的优势开始,针对 HTML5 新增的常用元素、增强的表单功能、多媒体功能、绘图功能等展开介绍,结合 JavaScript 针对相关元素的使用案例,演示相关标记及属性的具体使用。

二、教学重点与难点

重点:

了解 HTML5 的浏览器支持情况,掌握 HTML5 若干常用元素。

难点:

理解常用元素的各种属性,掌握如何通过 JavaScript 进行调用。

解决方案:

在课程讲授时可以采用案例教学,通过编写 HTML5 及时展示效果,并通过 JavaScript 的脚本编写执行,更好理解相关属性,让学生快速理解掌握相关知识。

【本章知识】

HTML5 是 HyperText Markup Language 5 的缩写,是继 HTML4.01 和 XHTML1.0 之后的超文本标记语言的最新标准,也是近年来 Web 标准最巨大的飞跃。

HTML5 在原有的版本上增加了许多元素、属性、属性值、API 等,极大地增强了 HTML 的功能。本章介绍了 HTML5 新增的基本功能,包括新增的常用元素和属性、新增的表单元素和属性、多媒体播放、拖放事件、绘图功能。HTML5 新增的功能不仅仅是增加了一些标记和属性,更重要的是对页面脚本编程能力的支持。只有通过 JavaScript 脚本程序才能体现和发挥出 HTML5 的强大功能。通过本章的学习,能够让学生了解 HTML5 的基础知识,特别是学习到 HTML5 新特性,为今后进一步深入学习 HTML5 打下基础。

(一)HTML5 概述

在 HTML5 之前,由于各个浏览器之间的标准不统一,给网站开发人员带来了很大麻烦,而 HTML5 的目标就是将 Web 带入一个成熟的应用平台,在这个平台上,视频、音频、图像和动画,以及同电脑的交互都被标准化。

1. HTML5 发展历史

HTML 的出现由来已久,1991 年年底第一次推出时并没有严格的定义,1993 年 HTML 首次以因特网的形式发布规范的草案。20 世纪 90 年代,HTML 快速发展,从 2.0 版到 3.2 版、

4.0 版,再到 4.0.1 版。随着 HTML 的发展,万维网联盟(World Wide Web Consortium,W3C)掌握了对 HTML 规范的控制权,负责后续版本的制定工作。

然而,在快速发布了 HTML 的 4 个版本后,业界对 Web 标准的焦点也开始转移到了 XML 和 XHTML 上,HTML 被放在了次要位置。不过,在此期间 HTML 体现了顽强的生命力,主要的网站内容还是基于 HTML 的。

为了能继续深入发展 HTML 规范,2004 年,一些浏览器厂商联合成立了网页超文本技术工作小组(Web Hypertext Application Technology Working Group,WHATWG),并提出了 HTML5 的前身 Web Applications 1.0 草案,同时开始专门针对 Web 应用开发新功能,Web2.0 也是在那个时候被提出来的。

2006 年,W3C 组建了新的 HTML 工作组,明智地采纳了 WHATWG 的意见,并于 2008 发布了 HTML5 的第一份正式草案。由于 HTML5 能解决实际的问题,所以在规范还未定稿的情况下,各大浏览器厂家已经开始对旗下产品进行升级以支持 HTML5 的新功能。

2014 年 10 月 29 日,万维网联盟宣布,经过接近 8 年的艰苦努力,HTML5 标准终于完成,并公开发布。

2. HTML5 优势

(1)解决了浏览器兼容性问题

所谓的浏览器兼容性问题,是指因为不同的浏览器对同段代码有不同的解析,造成页面显示效果不统一的情况。在 HTML5 之前,各大浏览器厂商为了争夺市场占有率,会在各自的浏览器中增加各种各样的功能,并且不具有统一的标准,使用不同的浏览器,常常看到不同的页面效果。

在 HTML5 中,纳入了合理的扩展功能,具备良好的跨平台性能。针对不支持新标记的老 IE 浏览器,只需简单地添加 JavaScript 代码就可以使用新的元素。

(2)新增了多个新特性

HTML 语言从 1.0 到 5.0 经历了巨大的变化,从单一的文本显示功能到图文并茂的多媒体显示功能,许多特性经过多年的完善,已经发展成为一种非常重要的标记语言。HTML5 新的特性如下:

新的特殊内容元素,如 header、nav、section、article、aside、footer;

新增的表单元素,如 datalist、output;

用于绘画的 canvas 元素;

用于媒介回放的 video 元素和 audio 元素;

对本地离线存储的更好支持;

地理位置、拖曳、摄像头等 API。

(3)向下兼容的设计

HTML5 对以前版本实行"不破坏 Web"的原则。也就是说,以往已存在的 Web 页面,还可以保持正确的显示。当然,面对开发者,HTML5 规范要求摒弃过去那些编码坏习惯和废弃的元素;而面对浏览器厂商,要求它们兼容以前版本遗留的一切,以做到向下兼容。

(4)用户至上的原则

HTML5 遵循"用户至上"的原则,在出现具体问题时,会把用户放在第一位,其次是开发

者,然后是浏览器厂商,最后才是规范制定者。为了增强用户体验 HTML5,还加强了以下两方面的设计:

①安全机制的设计

为确保 HTML5 的安全,在设计 HTML5 时做了很多针对安全的设计。HTML5 引入了一种新的基于来源的安全模型,该模型不仅易用,而且对不同的 API（Application Programming Interface,应用程序编程接口）都通用。使用这个安全模型,无须借助任何不安全的 hack 就能跨域进行安全对话。

②表现和内容分离

表现和内容的分离早在 HTML4.0 中就有设计,但是分离得并不彻底。为了避免可访问性差、代码高复杂度、文件过大等问题,HTML5 规范中更细致、清晰地分离了表现和内容。但是考虑到 HTML5 的兼容性问题,一些陈旧的表现和内容的代码还是可以兼容使用的。

（5）化繁为简的优势

作为当下流行的通用标记语言,HTML5 尽可能地简化,遵循了"简单至上"的原则,主要体现在这几个方面:

①以浏览器原生能力替代复杂的 JavaScript 代码;

②新的简化的 DOCTYPE;

③新的简化的字符集声明;

④简单强大的 HTML5 API。

为了实现这些简化操作,HTML5 规范需要比以前更加细致、精确。为了避免造成误解,HTML5 对每一个细节都有着非常明确的规范说明,不允许有任何的歧义和模糊出现。

3. HTML5 浏览器支持情况

现今浏览器的许多新功能都是从 HTML5 标准中发展而来的。目前常见的主流浏览器有 IE、火狐（Firefox）、Opera、谷歌（Chrome）和 Safari 等,如图 11-1 所示,在支持 HTML5 上都采取了措施,纷纷朝着 HTML5 方向迈进,HTML5 的时代即将来临。

IE 浏览器　　　火狐浏览器　　　Opera 浏览器　　　谷歌浏览器　　　Safari 浏览器

图 11-1　常见浏览器图标

（1）IE 浏览器

2010 年 3 月 16 日,微软于 MIX10 技术大会上宣布,推出的 IE9 浏览器已经支持 HTML5。同时还声称,之后将更多地支持 HTML5 新标准和 CSS3 新特性。

（2）火狐浏览器

2010 年 7 月,Mozilla 基金会发布了即将推出的 Refox4 浏览器的第一个早期测试版。Refox 浏览器中进行了大幅改进,包括新的 HTML5 语法分析器,以及支持更多 HTML5 形的控制等。从官方文档来看,Firefox4 对 HTML5 是完全级别的支持。

（3）Opera 浏览器

2010 年 5 月 5 日,Opera 软件公司首席技术官,号称"CSS 之父"的 Hakon Wium Lie 认为

HTML5 和 CSS3 将是全球互联网发展的未来趋势。目前包括 Opera 在内的诸多浏览器厂商，纷纷研发 HTML5 相关产品，Web 的未来属于 HTML5。

（4）谷歌浏览器

2010 年 2 月 19 日，谷歌 Gears 项目经理伊安·费特通过微博宣布，谷歌将放弃对 Gears 浏览器插件项目的支持，以重点开发 HTML5 项目。

（5）Safari 浏览器

2010 年 6 月 7 日，苹果在开发者大会的会后发布了 Safari5，这款浏览器支持 10 个以上的 HTML5 新技术，包括全屏幕播放、HTML5 视频、HTML5 地理位置等。

HTML5 中新增了大量的元素与属性，这些新增的元素和属性使 HTML5 的功能变得更加强大，使网页设计效果有了更多的实现可能。

（二）新增常用元素和属性

1. 结构元素

HTML5 的设计者们认为网页应该像 XML 文档和图书一样有结构。通常，网页中有导航、网页体内容、页眉和页脚等结构，HTML5 中增加了一些新的元素用以实现这些网页结构，常见的包括 header 元素、nav 元素、section 元素、article 元素等，这些主要元素及其定义的网页布局如图 11-2 所示。

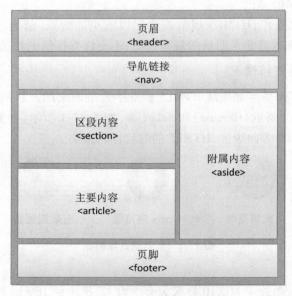

图 11-2　HTML5 网页布局

（1）header 元素

header 元素用于定义文档的页眉，是一种具有引导作用的结构元素，通常用来放置整个页面或页面内的内容区块标题，但也可以包含其他内容，例如网站 logo 图片、搜索表单或数据表格等相关内容。其代码结构如下。

```
<header>
<h1>......</h1>
<p>......</p>
</header>
```

【例 11-1】header 元素用法示例。

```
1    <body>
2    <header>
3    <h1>欢迎进入 HTML5 学习网站</h1>
4    <p>本文档创建于 2021 年 3 月 10 日</p>
5    </header>
6    </body>
```

运行例 11-1,效果如图 11-3 所示。

图 11-3　header 元素效果展示

提
示
　　在 HTML5 中，一个 header 元素通常至少包括一个标题元素（h1~h6），也可以包括 hgroup 元素、nav 元素，还可以包括其他元素。

注　意　　header 元素并非 head 元素，在 HTML 网页中并没限制 header 元素的个数，一个网页中可以拥有多个 header 元素，可以为每个内容区块添加一个 header 元素。

（2）nav 元素

nav 元素用于定义导航链接,可以将具有导航性质的链接归纳在一个区域中,使页面元素的语义更加明确。其中的导航元素可以链接到站点的其他页面,或者当前页的其他部分。其代码结构如下：

```
<nav>
<a href="......">链接文字显示 1</a>
......
</nav>
```

一个页面可以拥有多个 nav 元素,作为页面整体或不同部分的导航,如例 11-2 所示。

【例 11-2】nav 元素用法示例。

```
1    <body>
2    <header>
3    <h1>欢迎进入 HTML5 学习网站</h1>
4    <p>本文档创建于 2021 年 3 月 10 日</p>
5    </header>
6    <nav>
7      <ul>
8        <li><a href="#">HTML5 教程</a></li>
9        <li><a href="#">学习手册</a></li>
10       <li><a href="#">学习教程</a></li>
11       <li><a href="#">相关课程</a></li>
12       <li><a href="#">相关文章</a></li>
13     </ul>
14   </nav>
15   </body>
```

运行例 11-2,效果如图 11-4 所示。

图 11-4 nav 元素效果展示

以上代码,通过在 nav 元素内部嵌套无序列表 ul 来搭建导航结构。通常一个 HTML 页面中可以包含多个 nav 元素,作为页面整体或不同部分的导航,具体来说,nav 元素可以用于以下场合:

- 传统导航条:现在主流网站上都有不同层级的导航条,作用是将当前画面跳转到其他的主页上。
- 侧边栏导航:当前主流博客网站及商品网站上都有侧边栏导航,其作用是将页面从当前文章或当前商品跳转到其他文章或其他商品页上。
- 页内导航:作用是在本页的组成部分之间进行跳转。
- 翻页操作:翻页操作是指在网站的多个页面的前后页面或博客网站的前后篇文章之间滚动。可以通过"上一页"或"下一页"切换,或者通过单击实际的页数跳转到某一页。

（3）section 元素

section 元素用于定义文档中的区段,如章节、页眉、页脚或文档中其他部分,一个 section 元素通常由标题和内容组成。其代码结构如下:

```
<section>
<h1>.....</h1>
<p>.....</p>
</section>
```

【例 11-3】section 元素用法示例。

```
1   <body>
2     <section>
3         <h1>section 元素使用方法</h1>
4         <p>section 元素用于对网站或应用程序中页面上的内容进行分块。</p>
5     </section>
6   </body>
```

运行例 11-3,效果如图 11-5 所示。

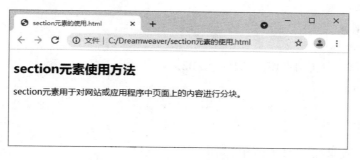

图 11-5   section 元素效果展示

（4）article 元素

article 用于定义文章或网页中的主要内容,代表着文档、页面或者应用程序中与上下文不相关的独立部分,该元素经常被用于定义一篇日志、一条新闻或用户评论等。article 元素通常使用多个 section 元素进行划分,一个页面中 article 元素可以出现多次,也可以嵌套使用。其代码结构如下:

```
<article>
......
</article>
```

【例 11-4】article 元素用法示例。

```
1   <body>
2   <header>
3     <h1>HTML5 教程</h1>
4   </header>
5   <article>
```

```
6       <header>
7           <h1>第 1 章 HTML5 概述</h1>
8       </header>
9     <section>
10    <header>
11        <h2>第 1 节 HTML5 发展历史</h2>
12        <p>HTML 出现由来已久,1991 年年底第一次推出时并无严格的定义。</p>
13        </header>
14    </section>
15    <section>
16        <header>
17            <h2>第 2 节 HTML5 优势</h2>
18            <p>HTML5 有很多方面的优势,如解决了浏览器兼容性等问题。</p>
19        </header>
20    </section>
21    </article>
22    <article>
23        <header>
24            <h2>第 2 章 HTML5 新特性</h2>
25        </header>
26    </article>
27    </body>
```

运行例 11-4,效果如图 11-6 所示。

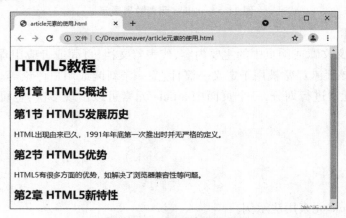

图 11-6　article 元素效果展示

(5)aside 元素

aside 元素一般用来标识网站当前页面或文章的附属信息部分,它可以包含与当前页面或主要内容相关的广告、导航条、引用、侧边栏评论部分,以及其他区别于主要内容的部分。

aside 元素主要有以下两种使用方法。

第一种:被包含在 artile 元素中作为主要内容的附属信息部分,其中的内容可以是与当前文章有关的相关资料、名词解释等。其代码结构如下：

```
<article>
<h1>......</h1>
<p>......</p>
<aside>......</aside>
</article>
```

第二种：在 article 元素之外使用，作为页面或站点全局的附属信息部分。最典型的应用是侧边栏，其中的内容可以是友情链接，博客中的其他文章列表、广告单元等。建议使用 CSS 把 aside 元素的内容渲染成侧边栏。其代码结构如下：

```
<aside>
<h2>......</h2>
<ul>
<li>......</li>
<li>......</li>
</ul>
</aside>
```

【例 11-5】aside 元素用法示例。

```
1    <body>
2    <article>
3      <header>
4        <h1>第 1 章 HTML5 概述</h1>
5      </header>
6      <section>
7        <header>
8          <h2>第 1 节 HTML5 发展历史</h2>
9          <p>HTML 出现由来已久,1991 年年底第一次推出时并无严格的定义。</p>
10       </header>
11     </section>
12   <aside>其他 HTML5 相关内容</aside>
13   </article>
14   <aside>
15       <h2>右侧菜单栏</h2>
16       <ul>
17       <li>文章 1</li>
18           <li>文章 2</li>
19       </ul>
20   </aside>
21   </body>
```

运行例 11-5,效果如图 11-7 所示。

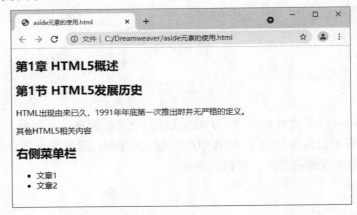

图 11-7   aside 元素效果展示

（6）footer 元素

footer 元素用于定义区段（section）或文档的页脚。该元素包含作者的姓名、作者联系方式信息。其代码结构如下:

<footer>……</footer>

【例 11-6】footer 元素用法示例。

```
1   <body>
2   <header>
3     <h1>欢迎进入 HTML5 学习网站</h1>
4     <p>本文档创建于 2021 年 3 月 10 日</p>
5   </header>
6   <article>
7     <p>网页正文...</p>
8   </article>
9   <footer>作者联系方式:88888888888</footer>
10  </body>
```

运行例 11-6,效果如图 11-8 所示。

图 11-8   footer 元素效果展示

（7）figure 元素和 figcaption 元素

figure 元素用于定义独立的流内容（图像、图表、照片、代码等），一般只有一个单独的单元。figure 原色内容应该与主内容相关，但如果被删除，也不会对文档流产生影响。figcaption 元素用于为 figure 元素组添加标题，一个 figure 元素内最多允许使用一个 figcaption 元素，该元素应该放在 figure 元素的第一个或者最后一个子元素位置。其代码结构如下：

```
<figure>
......
</figure>
```

【例 11-7】figure 元素和 figcaption 元素用法示例。

```
1  <body>
2  <figure>
3    <figcaption>HTML5 简介</figcaption>
4    <p>HTML5 是 HyperText Markup Language 5 的缩写。</p>
5    <img src="html5.jpg"/>
6  </figure>
7  </body>
```

运行例 11-7，效果如图 11-9 所示。

图 11-9　figure 元素和 figcaption 元素效果展示

（8）hgroup 元素

hgroup 元素用于将多个标题（主标题和副标题或者子标题）组成一个标题组，通常它与 h1～h6 元素组合使用。通常，将 hgroup 元素放在 header 元素中。

在使用 hgroup 元素时要注意以下几点：

- 如果只有一个标题元素，不建议使用 hgroup 元素。
- 当出现一个或者一个以上的标题与元素时，推荐使用 hgroup 元素作为标题元素。
- 当一个标题包含副标题、section 或者 article 元素时，建议将 hgroup 元素和标题相关元素存放到 header 元素容器中。

其代码结构如下：

```
<hgroup>
<h1>……</h1>
<h2>……</h2>
</hgroup>
```

【例 11-8】hgroup 元素用法示例。

```
1   <body>
2   <article>
3     <header>
4       <hgroup>
5         <h1>文章主标题</h1>
6         <h2>文章子标题</h2>
7       </hgroup>
8       <p>时间:2021 年 5 月 20 日</p>
9     </header>
10    <p>文章正文</p>
11  </article>
12  </body>
```

运行例 11-8,效果如图 11-10 所示。

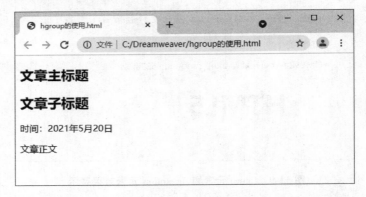

图 11-10　hgroup 元素效果展示

2. 新增的全局属性

HTML5 新增的属性可以极大地增强 HTML 元素的功能。

（1）contenteditable 属性

contenteditable 属性有两个值:true 和 false。该属性为 true 时,表示浏览器允许用户直接编辑该元素的内容,如<table>、<div>、<p>等标记定义的内容都会变成可编辑状态;该属性为 false 时,表示不可以直接编辑。

contenteditable 属性是可以继承的。

【例 11-9】使用 contenteditable 属性。

```
1    <body>
2    <h3>对以下内容进行编辑</h3>
3    <ol contenteditable = "true">
4       <li>列表一</li>
5       <li>列表二</li>
6       <li>列表三</li>
7    </ol>
8    </body>
```

运行例 11-9,显示效果如图 11-11 所示。打开网页后,可以在网页中输入相关的内容。

图 11-11　contenteditable 属性效果展示

注意　　　对内容进行编辑后,如果关闭网页,编辑的内容将不会被保存。 如果想要保存其内容,需要把该元素的 innerHTML 发送到服务器端进行保存。

（2）spellcheck 属性

spellcheck 属性设置是否对标记进行拼写和语法检查,属性值为 true 或 false。可对以下文本进行拼写检查:类型为 text 的<input>标记中的值(非密码)、<textarea>标记中的值、可编辑元素中的值。

【例 11-10】使用 spellcheck 属性。

```
1    <body>
2    <h3>输入框语法检测</h3>
3    <p>spellcheck 属性值为 true<br/>
4       <textarea spellcheck = "true">HTML5</textarea>
5    </p>
6    <p>spellcheck 属性值为 false<br/>
7       <textarea spellcheck = "false">HTML5</textarea>
8    </p>
9    </body>
```

运行例 11-10,显示效果如图 11-12 所示。

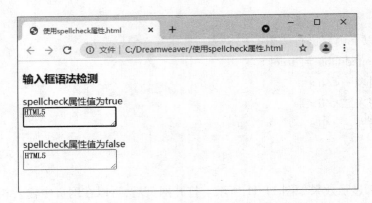

图 11-12　spellcheck 属性效果展示

从上图中可以看出,第一个文本框内文字的下面出现了红色波浪线,说明检测生效。

(3)Hidden 属性

在 HTML5 中,大多数元素都支持 hidden 属性,该属性有两个属性值:true 和 false。当 hidden 属性取值为 true 时,元素将会被隐藏,反之则会显示。元素中的内容是通过浏览器创建的,页面装载后允许使用 JavaScript 脚本将该属性取消,取消后该元素变为可见状态,同时元素中的内容也及时显示出来。

(4)其他全局属性

- contextmenu:指定一个元素的上下文菜单。当用户右击该元素,出现上下文菜单;
- data-*:用于存储页面的自定义数据;
- draggable:指定某个元素是否可以拖动;
- dropzone:指定是否将数据复制,移动,或链接,或删除;
- translate:指定一个元素的值在页面载入时是否需要翻译。

3. 新增的其他元素

(1)mark 元素:表示带有记号的文本,可用于标注页面中的重点内容,还可用于搜索引擎检索的关键字。

(2)time 元素:表示被标注的内容是日期时间。可指定 datetime 属性,规定日期/时间值。在内容中未指定日期或时间时,使用该属性,属性值应符合"yyyy-MM-dd HH:mm:ss"格式。

(3)details 元素:用于描述文档或文档某个部分的细节,默认不可见。应与<summary>标记配合使用。

(4)summary 元素:与<details>标记一起使用,为其定义摘要,摘要是可见的,当用户点击摘要时会显示出详细信息。

(5)meter 元素:定义已知范围或分数值内的标量测量,表示一个计数仪表。除了通用属性外,还可指定如下属性:

- high:规定被视作高的值的范围;
- low:规定被视作低的值的范围;
- max:规定范围的最大值;
- min:规定范围的最小值;
- optimum:规定度量的优化值;

- value：必需属性，规定度量的当前值。

（6）progress 元素：表示任务的进度（进程），是一个进度条。通常与 JavaScript 一同使用，显示任务的进度。除了通用属性外，<progress>标记还可指定如下属性：

- max：规定任务一共需要多少工作；
- value：规定已经完成了多少任务。

【例 11-11】新增其他元素显示效果。

```
1   <body>
2   <h3>突出显示的文本 mark</h3>
3   <mark>HTML 5</mark>
4   是新一代的 HTML 标准。
5   <h3>日期和时间</h3>
6   我们每天早上<time>8：30</time>开始上课。<br/>
7   今年<time datetime="2021-09-10">教师节</time>前要发表一篇论文。
8   <h3>摘要与细节 summary details</h3>
9   <details>
10    <summary>Web 技术基础</summary>
11    本书系统地介绍了 Web 技术领域的各种知识。
12  </details>
13  <h3>计数仪表 meter</h3>
14  当前速度：
15  <meter value="8o"  min-"o"  max="220">80</meter>千米/小时
16  <h3>进度条 progress</h3>
17  任务完成进度：
18  <progress value="32"  max="100">328</progress>
19  </body>
```

运行例 11-11，显示效果如图 11-13 所示。

图 11-13　新增其他元素效果展示

（三）增强的表单功能

HTML5 对表单进行了很多扩展和完善，从而可以设计出全新界面的表单。HTML5 表单的新特性包括新的 input 元素 type 属性的属性值、新的表单元素、新的表单属性、新增的表单验证功能以及增强的文件上传域。

1. input 元素 type 属性新增的属性值

（1）email 属性

email 属性用于应该包含 E-mail 地址的输入域。在提交表单时，会自动验证 email 的值。

【例 11-12】定义一个表单 form1，其中包含一个用于输入 E-mail 的文本框。

```
1  <body>
2  <form id="form1" name="form1" method="post" action="ShowInfo.php">
3    E-mail：
4    <input type="email" name="usre_mail">
5    <button type="submit" name="submit" id="submit">提交</button>
6    <button type="reset" name="reset" id="reset">重设</button>
7  </form>
8  </body>
```

运行例 11-12，如果用户输入数据不符合 E-mail 格式，则提交表单时，会有如图 11-14 所示的提示。

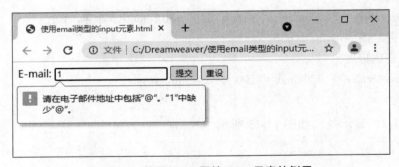

图 11-14　使用 email 属性 input 元素的例子

（2）url 属性

url 属性用于应该包含 URL 地址的输入域，在提交表单时，会自动验证 URL 域的值。

【例 11-13】定义一个表单 form1，其中包含一个用于输入 url 的文本框。

```
1  <body>
2  <form id="form1" name="form1" method="post" action="ShowInfo.php">
3    您的首页：<input type="url" name="usre_url">
4    <button type="submit" name="submit" id="submit">提交</button>
5    <button type="reset" name="reset" id="reset">重设</button>
6  </form>
7  </body>
```

运行例 11-13,如果用户输入的数据不符合网址格式,则在提交表单时,会有如图 11-15 所示的提示。

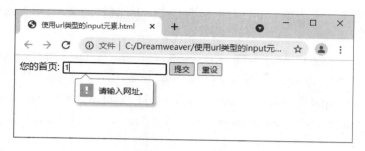

图 11-15 使用 url 属性 input 元素的例子

(3) number 属性

number 属性用于应该包含数值的输入域,可以通过表 11-1 所示的属性对数值进行限定。

表 11-1 对数值进行限定的属性

属性	具体描述
max	允许的最大值
min	允许的最小值
step	规定合法的数字间隔(如果 step="3",则合法的数是-3,0,3,6 等)
value	默认值

【例 11-14】定义一个表单 form1,其中包含一个用于输入 number 的文本框。

```
1   <body>
2   <form id="form1" name="form1" method="post" action="ShowInfo. php">
3       您的年龄:<input type="number" name="points" min="1" max="100" value="20"/>
4       <button type="submit" name="submit" id="submit">提交</button>
5       <button type="reset" name="reset" id="reset">重设</button>
6   </form>
7   </body>
```

运行例 11-14,显示效果如图 11-16 所示。

图 11-16 使用 number 属性 input 元素的例子

（4）color 属性

color 属性用于选择颜色。

【例 11-15】定义一个表单 form1，其中包含一个 color 属性的文本，用于选择颜色。

```
1   <body>
2     <form id="form1" name="form1" method="post" action="ShowInfo.php">
3       选择颜色：<input type="color" name="color"/>
4       <button type="submit" name="submit" id="submit">提交</button>
5       <button type="reset" name="reset" id="reset">重设</button>
6     </form>
7   </body>
```

运行例 11-15，显示效果如图 11-17 所示。

图 11-17　使用 color 属性 input 元素的例子

默认颜色是黑色，单击 color 属性的输入域，会弹出如图 11-18 所示的拾色器面板。

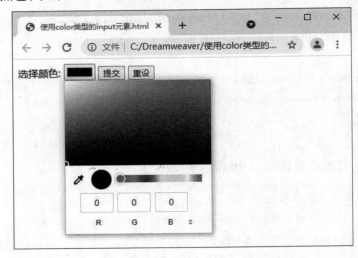

图 11-18　单击 color 属性的输入域显示效果

（5）date 属性

date 属性用于应该包含日期值的输入域，可以通过一个下拉日历来选择年/月/日。

【例 11-16】定义一个表单 form1，其中包含一个 date 属性的文本框，用于选择生日。

```
1   <body>
2     <form id="form1" name="form1" method="post" action="ShowInfo.php">
3       您的生日：<input type="date" name="birth"/>
4       <button type="submit" name="submit" id="submit">提交</button>
5       <button type="reset" name="reset" id="reset">重设</button>
6     </form>
7   </body>
```

运行例 11-16,显示效果如图 11-19 所示。

图 11-19　使用 date 属性 input 元素的例子

（6）其他日期时间属性

HTML5 还新增了如下的用于输入日期时间的 input 属性。

month：用于选取月和年。

week：用于选取周和年。

time：用于选取时间（小时和分钟）。

datetime：用于选取时间、日、月、年（UTC 时间）。

datetime-local：用于选取时间、日、月、年（本地时间）。

（7）search 属性

search 属性用于搜索域,比如 Google 搜索。search 域显示为常规的文本域。

（8）range 属性

range 属性用于显示滚动的控件。range 属性和 number 属性一样,用户可以使用 max、min 和 step 属性来显示控件的范围。其中 min 和 max 分别控制滚动控件的最小值和最大值代码结构如下。

```
<input type="range" name="" min="" max=""/>
```

【例 11-17】定义一个表单 form1,其中包含一个 range 属性的滚动控件,用于选择合适数字。

```
1    <body>
2    <form>
3      英语成绩公布了！我的成绩名次为：
4      <br/>
5      <input type="range" name="ran" min="1" max="10/>"
6    </form>
7    </body>
```

运行例 11-17，显示效果如图 11-20 所示。

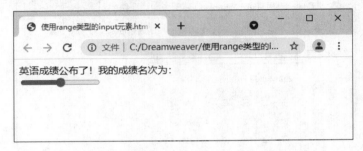

图 11-20　使用 range 属性 input 元素的例子

【例 11-18】input 元素 type 属性新增属性值显示效果。

应用以上 input 元素 type 属性的新增属性值设计网页，代码如下：

```
1    <body>
2    <table align="center" border="1">
3      <form action="" method="post">
4        <tr>
5          <td>颜色选择器：</td>
6          <td><input type="color" name="color"/></td>
7        </tr>
8        <tr>
9          <td>日期选择器：</td>
10         <td><input type="date" name="date"/></td>
11       </tr>
12       <tr>
13         <td>时间选择器：</td>
14         <td><input type="time" name="time"/></td>
15       </tr>
16       <tr>
17         <td>UTC 日期、时间选择器：</td>
18         <td><input type="datetime" name="datetime"/></td>
19       </tr>
```

```
20        <tr>
21            <td>本地日期、时间选择器:</td>
22            <td><input type="datetime-local" name="datetime-local"/></td>
23        </tr>
24        <tr>
25            <td>第几周:</td>
26            <td><input type="week" name="week"/></td>
27        </tr>
28        <tr>
29            <td>月份选择器:</td>
30            <td><input type="month" name="month"/></td>
31        </tr>
32        <tr>
33            <td>E-mail 输入框:</td>
34            <td><input type="email" name="email"/></td>
35        </tr>
36        <tr>
37            <td>电话输入框:</td>
38            <td><input type="tel" name="tel"/></td>
39        </tr>
40        <tr>
41            <td>URL 输入框:</td>
42            <td><input type="url" name="url"/></td>
43        </tr>
44        <tr>
45            <td>数字输入框:</td>
46            <td><input type="number" name="number"/></td>
47        </tr>
48        <tr>
49            <td>拖动条:</td>
50            <td><input type="range" name="range"/></td>
51        </tr>
52        <tr>
53            <td>搜索框:</td>
54            <td><input type="search" name="search"/></td>
55        </tr>
56        <tr>
57            <td colspan="2" align="center">
```

58	`<input type="submit" name="提交"/>`
59	`</td>`
60	`</tr>`
61	`</form>`
62	`</table>`
63	`</body>`

运行例 11-18,在浏览器中显示的效果如图 11-21 所示。

图 11-21　input 元素 type 属性新增属性值显示效果

2. 新增表单元素

（1）datalist 元素

datalist 元素用于定义输入域的选项列表。定义 datalist 元素代码结构如下:

```
<datalist id="…">
option label="…" value="…"/>
…
</datalist>
```

option 元素用于创建 datalist 元素中的选项列表,label 属性用于定义列表项的显示标记,value 属性用于定义列表项的值,在 inpute 元素中可以使用 list 属性引用 datalist 的 id。

【例 11-19】定义一个表单 form1,其中包含 1 个用于输入搜索引擎的文本框,文本框包含百度和 Google 两个选项。

```
1    <body>
2        <form id="form1" name="form1" method="post" action="ShowInfo. php">
3          搜索引擎：<input type="url" list="url_list" name="link"/>
4           <datalist id="url_list">
5          <option label="百度" value="http://www. baidu. com"/>
6          <option label="Google" value="http://www. google. com"/>
7           </datalist>
8        </form>
9    </body>
```

运行例 11-19,浏览网页时,双击文本框会显示选项列表,如图 11-22 所示。

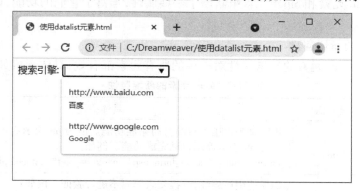

图 11-22　使用 datalist 元素的例子

（2）output 元素

output 元素用于显示不同类型的输出,可以在浏览器中显示计算结果或脚本输出。定义 output 元素代码结构如下：

```
<output name="…">
</output>
```

【例 11-20】定义一个表单 form1,其中 1 个包含 range 属性的滚动条,一个用于输入 number 的文本框,一个用于输出元素。

```
1    <body>
2    <form oninput="x. value=parseInt( a. value)+parseInt( b. value)">0
3        <input type="range" id="a" value="50">100
4        +<input type="number" id="b" value="50">
5        =<output name="x" for="a b"></output>
6    </form>
7    </body>
```

运行例 11-20,显示效果如图 11-23 所示。

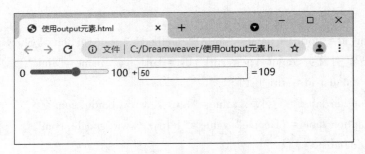

图 11-23　使用 output 元素的例子

3. 新增表单属性

HTML5 在 form 元素和 input 元素中新增了一些属性,丰富了它们的功能,以下介绍这些新增的表单属性。

(1)form 元素的新增属性

在 HTML5 中,form 元素的新增属性对表单的所有元素都有效,具体元素如表 11-2 所示。

表 11-2　form 元素的新增属性

属性	属性值	具体描述
autocomplete	on off	规定是否启用表单的自动完成功能。值为 on 表示启用自动完成功能,值为 off 表示停用自动完成功能。例如: <form action="demo_form.asp" method="get" autocomplete="on">
novalidate	novalidate	如果使用该属性,则提交表单时不进行验证。例如: <form action="demo_form.asp" method="get" novalidate>

(2)input 元素的新增属性

在 HTML5 中,input 元素的新增属性如表 11-3 所示。

表 11-3　input 元素的新增属性

属性	属性值	具体描述
autocomplete	on off	规定输入字段是否应该启用自动完成功能。值为 on 表示启用自动完成功能,值为 off 表示停用自动完成功能。例如: <input type="text" name="fname" autocomplete="on"/>
autofocus	autofocus	规定当页面加载时 input 元素应该自动获得焦点。例如: <input type="text" name="fname" autofocus/>
form	form_id	规定 input 元素所属的一个或多个表单。这样就可以在表单外面定义表单域了。例如: <form action="demo_form.asp" method="get" id="user_form"> name:<input type="text" name="name"/> <input type="submit"/> </form> Title:<input type="text" name="title" form="user_form"/>

续表

属性	属性值	具体描述
表单重写属性	详见描述	重写 form 元素的某些属性。包括： formaction：重写表单的 action 属性； formenctype：重写表单的 enctype 属性； formmethod：重写表单的 method 属性； formnovalidate：重写表单的 novalidate 属性； formtarget：重写表单的 target 属性。 表单重写属性通常只用于 submit 类型的<input>标记。例如： <form action="demo_form. php"> E-mail：<input type="email" name=" user_id ">
 <input type="submit" value="提交">
 <input type="submit" formaction="demo_admin. php" value="管理员提交"> </form>
height 和 width	pixels	规定 input 元素的高度和宽度(只针对 type="image")
list	datalist_id	引用 datalist 元素,其中包含 input 元素的预定义选项
max、min 和 step 属性	numberdate	为包含数字或日期的 input 类型规定限制。 max 属性规定输入域所允许的最大值。 min 属性规定输入域所允许的最小值。 step 属性为输入与规定合法的数字间隔(如果 step="2",则合法的数是-2,0,2,4,6 等)。例如： <input type="number" name="points" min="0" max="10" step="2"/> 表示该域只接收最小是 0、最大是 10、步长为 2 的整数
multiple	multiple	规定允许用户输入到 input 元素的多个值
novalidate	on/off	同表 11-2 描述
pattern	regexp	规定用于验证 input 元素的值的正则表达式。下面是一个使用正则表达式制定 pattern 属性的例子,规定文本域只接受有三个字母的字符串： <input type="text" name="country_code" pattern="[A-Z]{3}"/>
placeholder	text	规定可描述输入 <input> 字段预期值的简短的提示信息。例如： <input type="text" name="title" placeholder="您的职务"/>
required	required	规定必须在提交表单之前填写输入字段,即不能为空。例如： <input type="text" name="title" required>

4. 表单验证

在提交 HTML5 表单时,浏览器会根据一些 input 元素的属性自动对其进行验证。例如前面已经介绍的 email、url 等类型的 input 元素会进行格式检查;使用 required 属性的 input 元素会检查是否输入数据;使用 pattern 属性的 input 元素会检查输入数据是否符合定义的模式等,这些都是由浏览器在提交数据时自动进行的。

如果用户需要显式的进行表单验证,还可以使用 HTML5 新增的一些相关特性。如使用 HTML5 为 input 元素增加的 checkValidity() 方法。该方法用于检查 input 元素是否满足验证要求,如果满足要求则返回 true;否则返回 false,并提示用户。

【例 11-21】定义一个 form,其中包含一个用于输入密码的文本框和一个用于表单验证的
按钮,代码如下:

```
1   <body>
2   <form name="form1" id="form1">
3     <p>
4       <label name="password1">输入密码</label>
5       <input type="password" id="password" required>
6     </p>
7     <button onClick="document.form1.password1.checkValidity()">验证</button>
8   </form>
9   </body>
```

运行例 11-21,不输入密码,直接单击"验证"按钮时,会提示"请填写此字段",显示效果如
图 11-24 所示,说明已经对 document.form1.password1 域进行了验证。

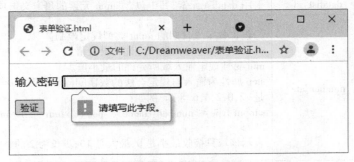

图 11-24　使用 checkValidity() 方法显示进行表单验证

使用 checkValidity() 方法按照浏览器定义规则进行数据验证,如果用户有特殊的验证需
求,则可使用 JavaScript 程序自定义验证方法,然后使用 input 对象 setCustomValidity() 方法设
置自定义的提示方式。

5. 增强的文件上传域

(1)文件上传新增属性

HTML5 为 type 为"file"的 input 元素新增了两个属性,如表 11-4 所示。

表 11-4　HTML5 为文件上传域新增的属性

属性	属性值	作用
accept	值包含:audio/*、video/*、image/*、MIME_type 如需规定多个值,使用逗号分隔例,如: \<input type="file" name="picaccept="audio/*|video/*>	控制语序上传的文件类型
multiple	为"multiple"或者不指定属性值,例如: \<input type="file" id="Files" name="files[ ]" multiple/>	设置是否允许选择多个文件

(2)客户端访问文件域中的文件

在 HTML5 之前,客户端代码只能获取被上传文件的路径,HTML5 允许客户端 JavaScript
访问文件上传域中文件的信息和内容。为此提供了 FileList、File 和 FielReader 对象。

FileList 对象：保存文件上传域中所有文件的集合对象，其中每个元素是一个 File 对象，可以使用类似数组的方法访问每个 File 对象。FileList 对象由文件上传域<input>的 DOM 对象的 file 属性返回。

File 对象：含有文件的信息。通过该对象可以获取上传域中的一个文件信息。File 对象的常用属性如下：

- name：File 对象对应文件的文件名，不包括路径部分；
- type：文件的 MIME 类型字符串；
- size：文件的大小。

FileReader 对象：提供了在客户端读取文件上传域中文件内容的方法和事件。FileReader 是 HTML5 新增的全局类型，在脚本程序中用 new 直接创建。FileReader 对象的主要方法如下：

- readAsText(file, encoding)：以文本文件的方式来读取文件内容，其中 encoding 参数指定了读取文件时所用的字符集，默认为 UTF-8。
- readAsBinary(file)：以二进制方式来读取文件内容。
- readAsDataURL(file)：以 Base64 的编码方式来读取文件内容。将文件的二进制内容以 Base64 方式编码成 DataURL 格式的字符串。
- abort()：停止读取。

FileReader 的所有读取方法都是异步方法，不会直接返回读取的文件内容，程序必须以事件监听的方式来获取读取的结果。FileReader 对象提供的事件有：

- onloadstart：开始读取数据时触发；
- onprogress：正在读取数据时触发；
- onload：chenggongduqushujushichufa；
- onloadend：读取数据完成后触发，无论读取成功还是失败都将触发该事件；
- onerror：读取失败时触发。

例 11-22 的文件上传域中，用户只能选择 HTML 文件。

```
1   <head>
2   <meta http-equiv="content-type" content="text/html;charset=UTF-8"/>
3   <title>HTML 5 增强的文件上传域</title>
4   </head>
5   <body>
6   <table align="center" border="1">
7    <form action="" method="post">
8     <tr>
9       <td>文件上传域：</td>
10       <td><input type="file" name="file" id="file" accept="text/html" multiple/></td>
11     </tr>
12     <tr>
13     <td><input type="button" value="显示文件" onClick="showDetails();" multiple/></td>
```

```
14    </tr>
15    <tr>
16    <td><input type="button" value="读取文本文件" onClick="readText();" multi-
      ple/></td>
17    </tr>
18    </form>
19    </table>
20    <div id="result" style="position:absolute;left:0px;top:200px;"></div>
21    <script type="text/javascript">
22    var showDetails = function()
23    {
24      var imageEle = document.getElementById("file");
25      var fileList = imageEle.files;//获取文件上传域中输入的多个文件
26      //遍历每个文件
27      for(var i=0;i<fileList.length;i++)
28      {
29        var file = fileList[i];
30        var div = document.createElement("div");
31        div.innerHTML = "第"+(i+1)+"个文件的文件名是:"+file.name+",该文件类
          型是:"+file.type+",该文件大小为:"+file.size;
32        //依次读取每个文件的文件民给、文件类型、文件大小
33        document.body.appendChild(div);//把 div 元素添加到页面中
34      }
35    }
36    </script>
37    <script type="text/javascript">
38    var reader = null;
39    if(FileReader)//如果浏览器支持 FileReader 对象
40    {
41    reader = new FileReader();
42    }
43    else//如果浏览器不支持 FileReader 对象,则弹出提示信息
44    {
45    alert("浏览器暂不支持 FileReader");
46    }
47    //通过正则表达式
48    var readText = function()
49    {
```

```
50      if(/text/html/. test( document. getElementById( "file" ). files[0]. type) )
51      {//以文本文件的方式读取用户选择的第一个文件
52        reader. readAsText( document. getElementById( "file" ). files[0] ,"UTF-8" ) ;
53        reader. onload = function( )
54        {
55          document. getElementById( "result" ). innerHTML = reader. result;
56        };
57      }
58    else
59      {
60        alert( "你选择的文件不是 HTML 文件!" ) ;
61      }
62    }
63    </script>
64    </body>
```

【例 11-22】文件选择、读取与显示。

运行例 11-22,显示效果如图 11-25 所示。单击"选择文件"按钮,用户选取"header. html"文件。"选择文件"按钮后面的文字由"未选择任何文件"变成"header. html"。单击"显示文件"按钮,可以看到用户选取上传的文件的文件名、文件类型和文件大小。当用户单击"读取文本文件"按钮时,HTML 文件的内容将在页面中显示出来。

图 11-25　文件选择、显示与读取

(四)多媒体播放

在 HTML5 出现之前,网页中播放音频和视频需要在浏览器上安装插件或集成在 Web 浏览器的应用程序置于页面中。例如,目前最流行的方法是通过 Adobe 的 FlashPlayer 插件将视频和音频嵌入网页中。HTML5 新增了 audio 和 video 元素,本身就可以支持音频和视频的播放。

1. 音频和视频元素

HTML5 提供的<audio>和 video 元素可以简单地在网页中播放音频和视频,就像使用<img>标记一样容易。

在 HTML5 中,可以使用 audio 元素定义一个音频播放器,src 属性用于指定音频文件的 url,controls 属性指定在网页中显示控件,比如播放按钮等。代码结构如下:

<audio src = "音频文件路径" controls = "controls"></audio>

【例 11-23】在 HTML 文件中定义一个 audio 元素,用于播放 audiotest. wav。

```
1   <body>
2   <h1>嵌入音频的例子</h1>
3   <audio src = "audiotest. wav" controls> 您的浏览器不支持 audio 标记。</audio>
4   </body>
```

运行例 11-23,使用 audio 元素嵌入音频后,显示结果如图 11-26 所示。

图 11-26　嵌入音频显示效果

在 HTML5 中,可以使用 video 元素定义一个音频播放器,src 属性和 controls 属性使用方法同 audio 元素。代码结构如下:

<video src = "视频文件路径" controls = "controls"></video >

HTML5 中提供的 audio 元素和 video 元素支持的属性基本相同,如表 11-5 所示。video 元素在下表基础上还支持 width、height 和 poster 属性,分别指定视频播放器的宽度、高度和播放前显示的图像。

表 11-5　<audio>和<video>支持的属性

属性	属性值	具体描述
autoplay	autoplay	音频/视频在就绪后马上播放
controls	controls	向用户显示音频/视频控件(如播放/暂停按钮)
loop	loop	每当音频/视频结束时重新开始播放
muted	muted	音频/视频输出为静音
preload	auto/metadata/none	当网页加载时,音频/视频是否默认被加载以及如何被加载
src	URL	规定音频/视频文件的 URL

2. audio 和 video 元素支持的音频和视频格式

虽然使用 audio 和 video 元素可简单地播放音频和视频,但音频和视频的格式很多,目前浏览器能支持的音频、视频格式却比较有限。表 11-6 和表 11-7 是 audio 和 video 元素的音频和视频格式以及各主流浏览器的支持情况。

表 11-6　audio 元素的音频格式及主流浏览器的支持

音频格式	IE	Firefox	Opera	Chrome	Safari
Ogg Vorbis		3.5+	10.5+	3.0+	
MP3	9.0+			3.0+	3.0+
Wav	9.0+	3.5+	10.5+	3.0+	3.0+

表 11-7　video 元素的音频格式及主流浏览器的支持

音频格式	IE	Firefox	Opera	Chrome	Safari
Ogg Theora		3.5+	10.5+	5.0+	
MP4/H.264	9.0+			5.0+	3.0+
WebM	9.0+	4.0+	10.6+	6.0+	

3. 设置备用音频或视频文件

通过前面介绍可以看出,并不是所有浏览器都支持每种类型的音频或视频文件,如果只指定一种类型的音频或视频文件,则很可能在某些浏览器中是不能正常播放的。在 HTML5 中,通过在 audio 元素或 video 元素中嵌入 source 元素,为 audio 元素或 video 元素提供多个备用文件。

运用 source 元素添加音频的基本代码结构如下:

```
< audio controls="controls">
<source src="音频文件地址" type="媒体文件类型/格式"/>
<source src="音频文件地址" type="媒体文件类型/格式"/>
......
</audio>
```

在上面的代码格式结构中,可以使用多个 source 元素为浏览器提供备用的音频文件。source 元素一般设置两个属性:

- src：用于指定音频或视频文件的 URL 地址。
- type：指定音频或视频文件的类型。

例如，为页面添加一个在 Firefox4.0 和 Chorme6.0 中都可以正常播放的音频文件。由于 Firefox4.0 不支持 MP3 格式音频文件，因此在网页中嵌入音频文件时，需要通过 source 元素指定一个 wav 格式的音频，保证其能够在 Firefox4.0 中正常播放。代码如例 11-24 所示。

【例 11-24】设置备用音频，使音频能支持 Firefox4.0 和 Chorme6.0 浏览器。

```
1  <body>
2  <audio controls>
3    <source src="audiotest.mp3" type="audio/mp3"/>
4    <source src="audiotest.wav" type="audio/wav"/>
5    您的浏览器不支持 audio 标记。
6  </audio>
7  </body>
```

运用 source 元素添加视频的方法和添加音频类似，只需要把 audio 元素换成 video 元素即可，在此不做详述。

4. 使用 JavaScript 语言访问音频或视频对象

HTML5 支持用 JavaScript 语言访问音频和视频对象，提供了<audio>和 video 元素对应的 DOM 对象——HTMLAudioElement 和 HTMLVideoElement 对象。使用这两个对象提供的属性和方法，以及 audio 元素和 video 元素支持的事件就可以编写 JavaScript 脚本程序来控制媒体的播放了。

HTML5 标准中 HTMLAudioElement 和 HTMLVideoElement 对象的属性和方法，以及 audio 元素和 video 元素支持的事件很多，但浏览器不一定全部实现。表 11-8、表 11-9 分别列出了大多数浏览器支持的音频和视频对象的属性和方法；除了通用事件外，表 11-10 列出了 audio 元素和 video 元素支持的常用事件。

表 11-8　HTMLAudioElement 和 HTMLVideoElement 的常用属性

属性	只读	具体描述
currentSrc	true	返回当前音频/视频的 URL
currentTime	false	设置或返回音频/视频中的当前播放位置（以秒计）
duration	true	返回当前音频/视频的长度（以秒计）
ended	true	返回音频/视频的播放是否已结束
error	true	返回表示音频/视频错误状态的 MediaError 对象
muted	true	设置或返回音频/视频是否静音
paused	true	设置或返回音频/视频是否暂停
seeking	true	返回用户是否正在音频/视频中进行查找
volume	false	设置或返回音频/视频的音量

表 11-9　HTMLAudioElement 和 HTMLVideoElement 的常用方法

方法	说明
play( )	开始播放音频/视频
pause( )	暂停当前播放的音频/视频
load( )	重新加载音频/视频元素
canPlayType( )	判断是否可以播放参数指定类型的音频/视频,可返回 3 个值,probably:支持; maybe:可能支持;null:不支持

表 11-10　audio 元素和 video 元素支持的常用事件

事件名	触发状态	事件名	触发状态
onplay	开始播放	onempty	文件将要为空（网络、加载错误）
onpause	暂停	onemptied	文件已为空
onprogress	加载数据	onwaiting	等待下一帧数据
onerror	加载数据出错	onloadstart	开始加载数据
ontimeupdate	播放位置改变	onloadeddata	加载数据后
onended	播放结束	onloadedmetadata	加载元数据后
onabort	终止下载数据	onvolumechange	改变音量

【例 11-25】在 HTML 文件中定义一个 audio 元素,用于播放 audiotest. mp3,定义 3 个按钮,分别是"快进""倒回""播放",当单击"快进"按钮时,音频快速进 1 s,当单击"倒回"按钮时,回到播放时间为 0 的位置,当单击"播放"按钮时,会播放当前音乐。

```
1   <body>
2   <audio id = "audio1"  src = "audiotest. mp3" controls> <br>
3   </audio>
4   <button id = "forward"  onClick = "forward( );">快进</button>
5   <button id = "rewind"  onClick = "rewind( );">倒回</button>
6   <button id = "play"  onClick = "playAudio( );">播放</button>
7   <script type = "text/javascript" >
8     function forward( )
9     {
10      if( window. HTMLAudioElement)
11    {
12      var media1 = document. getElementById( "audio1") ;
13      media1. currentTime + = 1;
14    }
15    }
16   </script>
```

```
17    <script type="text/javascript">
18      function rewind()
19      {
20      if(window. HTMLAudioElement)
21       {
22        var media2 = document. getElementById("audio1");
23        media2. currentTime = 0;
24       }
25      }
26    </script>
27    <script type="text/javascript">
28     function playAudio()
29     {
30      if(window. HTMLAudioElement)
31       {
32        var media3 = new Audio("audiotest. mp3");
33        media3. controls = false;
34        media3. play();
35       }
36     }
37    </script>
38    </body>
```

运行例 11-25,效果如图 11-27 所示。

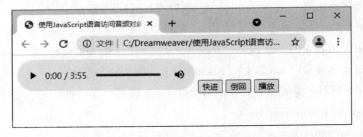

图 11-27　使用 JavaScript 语言访问音频对象

在【例 11-25】基础上可以继续扩展,如播放音频后,将"播放"按钮改为"暂停"按钮,单击"暂停"按钮后,暂停播放,并将按钮改为"播放"按钮;当播放完音频后"播放"按钮仍显示为"播放"等。

与音频处理一样,可以使用 JavaScript 语言访问 video 对象,在此不做赘述。

(五) 拖放行为

拖放是一种常见的操作,也就是用鼠标抓取一个对象,将其拖放到另一个位置。例如,在 Windows 中,可以将一个对象拖放到回收站中。在 HTML5 之前,要实现网页元素的拖放操作,需要监听 mousedown、mousemove、mouseup 一系列事件,通过大量的 JavaScript 代码改变元素的相对位置来模拟。这种实现过程复杂,功能有限,无法携带数据,并不是真正的拖放行为。HTML5 中新增的 DnD(Drag-and-Drop)API 使得拖放变得简单,并可以让 HTML 页面的任意元素都变成可拖动的。

拖放可以分为两个动作,即拖曳(drag)和放开(drop)。拖曳就是移动鼠标到指定对象,按下左键,然后拖动对象;放开就是放开鼠标左键,放下对象。当开始拖曳时,可以提供如下信息:

(1)被拖曳的数据。这可以是多种不同格式的数据,例如,包含字符串数据的文本对象。

(2)在拖曳过程中显示在鼠标指针旁边的反馈图像。用户可以自定义此图像,但大多数时候只能使用默认图像。默认图像将基于按下鼠标时鼠标指针指向的元素。

(3)运行的拖曳效果。可以是以下三种拖曳效果:

①copy:指被拖曳的数据将从当前位置复制到放开的位置;

②move:指被拖曳的数据将从当前位置移动到放开的位置;

③link:指在源位置和放开的位置之间将建立某种关系或连接。

HTML5 实现拖放效果,常用的实现方法是利用 HTML5 新增加的事件 drag 和 drop,下面就具体分析拖放实现的过程。

1. 设置元素为可拖动

首先要定义使网页中元素可以被拖放,可以通过将元素的 draggable 属性设置为 true 实现此功能,具体代码如下:

【例 11-26】在网页中定义一个可拖动的图片。

```
1  <body>
2  <img src="html5.jpg" draggable="true"/>
3  </body>
```

浏览此网页,确认可以使用鼠标拖曳网页中的图片。

2. 拖放事件

当拖放一个元素时,会触发一系列事件。对这些事件进行处理就可以实现各种拖放效果。拖放事件如表 11-11 所示。

表 11-11 拖放事件

属性	值	具体描述
dragstart	被拖动对象	拖动开始时触发该事件
dragenter	目标对象	当对象第一次被拖动到目标对象上时触发,同时表示该目标对象允许执行"放"的动作
dragover	当前目标对象	当对象拖放到目标对象时被触发
dragleave	先前目标对象	拖动过程中,当被拖动对象离开目标对象时触发
drag	被拖动对象	每当对象被放开时会触发
drop	当前目标对象	每当对象被放开时会触发
dragend	被拖动对象	在拖放过程,松开鼠标时触发

在定义元素时,可以指定拖放事件的处理函数。例如,在网页中定义一个可以拖放的图片,并指定其 dragstart 时间的处理函数为 drag(event)代码格式如下:

```
<img src="html5.jpg" draggable="true" ondragstart="drag(event)"/>
```

drag(event)函数的格式如下:

```
<img src="html5.jpg" draggable="true" ondragstart="drag(event)"/>
<script type="text/javascript">
function drag(ev)
{
//处理 dragstart 事件的代码
}
</script>
```

每个拖放事件的处理函数都有一个 event 对象作为参数。event 对象代表事件的状态,比如发生事件中的元素、键盘按键的状态、鼠标的位置、鼠标按钮的状态。关于 event 对象的具体情况在此不做赘述。

3. 传递拖曳数据

仅仅将网页中的元素设置为可拖放是不够的,在实际应用中还需要实现拖曳数据的传递,可以使用 dataTransfer 对象来实现此功能,dataTransfer 对象是 Event 对象的一个属性。

(1)dataTransfer 对象的属性

dataTransfer 对象的属性主要有 dropEffect 和 effectAllowed 等属性,其中 dropEffect 属性用于获取和设置拖放操作的类型以及光标的类型(形状),effectAllowed 属性用于获取和设置对被拖放的源对象允许执行何种数据传输操作,这两种属性的取值如表 11-12 所示。

表 11-12　dataTransfer 的属性

属性	属性值	具体描述
dropEffect	copy	显示 copy 光标
	Link	显示 link 光标
	move	显示 move 光标
	none	默认值,即没有指定光标
effectAllowed	copy	允许复制操作
	link	将源对象链接到目的地
	move	将源对象移动到目的地
	copyLink	可以是 copy 或 link,取决于目标对象的缺省值
	linkMove	可以是 copy 或 move,取决于目标对象的缺省值
	all	允许所有数据传输操作
	none	没有数据传输操作,即开放(drop)时不执行任何操作
	uninitialized	表明没有为 effectAllowed 属性设置值,执行缺省的拖放操作,默认值

(2)dataTransfer 对象的方法

dataTransfer 对象包含 getData()、setData()和 clearData()等方法。

- getData()方法:dataTransfer 对象中已制定的格式获取数据,代码结构如下:

sretrieveddata = object. getdata(sdataformat)

参数 sdataformat 是指定数据格式的字符串,可以是下面的值:

Text:以文本格式获取数据;

URL:以 URL 格式获取数据;

getData()方法的返回值是从 dataTransfer 对象中获取的数据。

- setData()方法:用于以指定的格式设置 dataTransfer 对象中的数据,代码结构如下:

bsuccess = object. setdata(sdataformat, sdata)

参数 sdataformat 是指定数据格式的字符串,可以是下面的值:

Text:以文本格式保存数据;

URL:以 URL 格式保存数据。

参数 sdata 是指定要设置的数据的字符串。

如果设置数据成功,则 setData()方法返回 True;否则返回 False。

- clearData()方法:用于从 dataTransfer 对象中删除数据,代码结构如下:

pret = object. cleardata([sdataformat])

参数 sdataformat 是指定要删除的数据格式的字符串,可以是下面的值:

Text:删除文本格式数据;

URL:删除 URL 格式数据;

File:删除文件格式数据;

HTML:删除 HTML 格式数据;

Image:删除图像格式数据。

如果不指定参数 sdataformat,则清空 dataTransfer 对象中的所有数据。

HTML5 拖放 img 元素实例

【例 11-27】HTML5 拖放 img 元素实例。

```
1   <head>
2   <style type="text/css">
3   #div1 {width:350px;height:70px;padding:10px;border:1px solid #aaaaaa;}
4   </style>
5   <script>
6   //当对象拖动到 div 元素时触发 dragover 事件,处理函数为 allowDrop()
7   function allowDrop(ev)
8   {
9     ev. preventDefault();
10  }
11  //当开始拖对象时,触发 ondragstart 事件,处理函数为 drag()
12  function drag(ev)
13  {
14    ev. dataTransfer. setData("Text",ev. target. id);
```

```
15      }
16    function drop(ev)
17      {
18        ev.preventDefault();
19        var data=ev.dataTransfer.getData("Text");
20        ev.target.appendChild(document.getElementById(data));
21      }
22    </script>
23    </head>
24    <body>
25    <p>拖动 HTML5 图片到矩形框中:</p>
26    //定义一个 div 元素,用于接收被拖动的 img 元素
27    <div id="div1" ondrop="drop(event)" ondragover="allowDrop(event)"></div>
28    <br>
29    //定义一个可拖放的图片
30    <img id="drag1" src="html5.jpg" draggable="true" ondragstart="drag(event)"
      width="336" height="69">
31    </body>
```

运行例 11-27,显示效果如图 11-28 所示。

图 11-28　拖动图片之前的网页

拖动图片后,显示效果如图 11-29 所示。

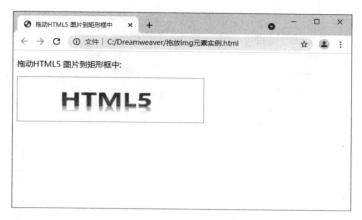

图 11-29　拖动图片之后的网页

（六）绘图功能

在 HTML5 之前的版本，页面中只能显示图像，不能绘制图像。要在网页中动态地生成图片，需要使用服务器端动态功能，或者使用 Flash 等第三方工具。HTML5 提供了 canvas 元素，可以在网页中定义一个画布，然后使用 Canvas API 在画布中画图。

1. canvas 元素

canvas 元素相当于一个矩形区域的空白画布，是要绘制图形的容器。canvas 元素本身并不绘制图形，必须使用 Javascript 脚本来完成实际的绘图任务。canvas 元素是绘图的起点，通过该元素的 DOM 对象来获取 CanvasRenderingContext2D 对象。常用属性如下：

- id：canvas 的标识 id；
- height：设置画布的高度，单位为像素；
- width：设置画布的宽度，单位为像素。

画布左上角是原点，向右是 x 轴，向下是 y 轴。

代码结构如下：

```
<canvas id = "…" height = "…" width = "…">
……
</canvas>
```

【例 11-28】在 HTML 文件中定义一个 Canvas 画布，id 为 myCanvas，高和宽各为 100 个像素，代码如下：

```
1  <body>
2  < canvas id = " myCanvas" height = " 200" width = " 300" style = " border：1px solid #
   c3c3c3；">
   您的浏览器不支持 canvas。
3  </canvas>
4  </body>
```

由于初始的画布是不可见的，这里使用了 CSS 样式，即<style>标记，<style>表示画布的样

401

式,在这里为画布设置了一个 1 像素的边框,颜色为 c3c3c3,如图 11-30 所示。如果浏览器不支持画布标记,会显示"您的浏览器不支持 canvas。"的提示。

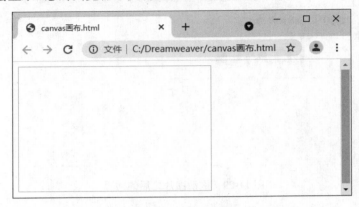

图 11-30　canvas 画布显示

2. 使用 JavaScript 获取网页中 canvas 对象

使用 canvas 结合 JavaScript 绘制图形步骤如下:

(1)JavaScript 使用 id 来寻找 canvas 元素,即可获取当前画布对象

```
var c = document. getElementById( "myCanvas" );
```

(2)创建 context 对象

```
var cxt = c. getContext( "2d" );
```

getContext( )方法返回一个指定 contextId 的上下文对象,如果指定的 id 不被支持,则返回 null,当前唯一被强迫必须支持的是 2d。注意指定的 id 是区分大小写的。对象 cxt 建立之后,就可以拥有多种绘制路径、矩形、圆形、字符及添加图像的方法。

(3)绘制图形

```
cxt. fillStyle = "#FF0000";
cxt. fillRect( 0,0,150,75 );
```

fillStyle 方法将其染成红色,fillRect 方法规定了形状、位置和尺寸,这两行代码将绘制一个红色矩形。

综上,绘制矩形代码如例 11-29 所示。

【例 11-29】绘制矩形。

```
1  <body>
2  < canvas  id = " myCanvas "  height = " 200 "  width = " 300 "  style = " border:1px  solid #
   c3c3c3;">
3  您的浏览器不支持 canvas。
4  </canvas>
5  <script  type = "text/javascript" >
6  var c = document. getElementById( "myCanvas" );
7  var cxt = c. getContext( "2d" );
8  cxt. fillStyle = "#FF0000";
```

```
9    cxt.fillRect(0,0,150,75);
10   </script>
11   </body>
```

运行例 11-29,显示效果如图 11-31 所示。

图 11-31　绘制矩形

3. CanvasRenderingContext2D 对象

CanvasRenderingContext2D 对象通过 Canvas 对象的 getContext("2d")方法获取,只能传递唯一的字符串参数"2d",但是 CanvasRenderingContext2D 对象提供了丰富的函数和属性,用户图形绘制和控制绘图风格(见表 11-13 和表 11-14)。

表 11-13　CanvasRenderingContext2D 对象的主要方法

方法	功能描述
arc()	用一个中心点和半径,为一个画布的当前子路径添加一条弧线
arcTo()	使用目标点和一个半径,为当前的子路径添加一条弧线
beginPath()	开始一个画布中的一条新路径(或者子路径的一个集合)
beziercurveTo()	为当前的子路径添加一个三次贝塞尔曲线
clearRect()	在一个画布的一个矩形区域中清除掉像素
clip()	使用当前路径作为连续绘制操作的剪切区域
closePath()	如果当前子路径是打开的,就关闭它
createLinearGradient()	返回代表线性颜色渐变的一个 CanvasGradient 对象
createPattern()	返回代表贴图图像的一个 CanvasPattern 对象
createRadialGradient()	返回代表放射颜色渐变的一个 CanvasGradient 对象
drawImage()	绘制一幅图像
fill()	使用指定颜色、渐变或模式来绘制或填充当前路径的内部
fillRect()	绘制或填充一个矩形
lineTo()	为当前的子路径添加一条直线线段
moveTo()	设置当前位置并开始一条新的子路径

续表

方法	功能描述
quadraticCurveTo( )	为当前路径添加一条贝塞尔曲线
rect( )	为当前路径添加一条矩形子路径
restore( )	将画布重置为最近保存的图像状态
rotate( )	旋转画布
save( )	保存 CanvasRenderingContext2D 对象的属性、剪切区域和变换矩阵
scale( )	标注画布的用户坐标系统
stroke( )	沿着当前路径绘制或画一条直线
strokeRect( )	绘制(但不填充)一个矩形
translate( )	转换画布的用户坐标系统

表 11-14 CanvasRenderingContext2D 对象的主要属性

属性	说明
fillStyle	设置或返回用于填充绘画的颜色、渐变或模式。支持 3 种类型:一个是符合颜色格式的字符串值,表示使用纯色填充;或者一个 CanvasGradient 对象;或者一个 CanvasPattern 对象
font	设置或返回文本内容的当前字体属性
globalAlpha	设置或返回绘图的当前 alpha 或透明值
globalCompositeOperation	设置或返回新图像如何绘制到已有的图像上
imageSmoothingEnabled	设置图片是否平滑的属性,true 平滑(默认值),false 不平滑
lineCap	设置或返回线条的结束端点样式,合法值是" butt"" round"" square"。默认值是" butt"
lineDashOffset	设置虚线偏移量
lineJoin	设置或返回两条线相交时,所创建的拐角类型,合法值是" round"" bevel"" miter"。默认值是" miter"
lineWidth	设置或返回当前线条的宽度
miterLimit	设置或返回最大斜接长度
shadowColor	设置或返回用于阴影的颜色
shadowBlur	设置或返回用于阴影的模糊级别
shadowOffsetX	设置或返回阴影距形状的水平距离
shadowOffsetY	设置或返回阴影距形状的垂直距离
textAlign	设置或返回文本内容的当前对齐方式
textBaseline	设置或返回在绘制文本时使用的当前文本基线

CanvasRenderingContext2D 对象提供的函数和属性较多,为方便理解记忆,可以分为以下几类:

- 绘制矩形:strokeRect( )、fillRect( )、clearRect( )方法;
- 绘制图像:drawImage( )方法;

- 创建和渲染路径：beginPath( )、closePath( )、moveTo( )、stroke( )、fill( )方法；
- 颜色、渐变模式：createLinearGradient( )、createRadialGradient( )、createPattern( )方法；
- 线条宽度、线帽和线条连接：lineWidth、lineCap、lineJoin 属性；
- 坐标空间和转换：translate( )、scale( )、rotate( )方法；
- 组合：globalCompositeOperation 属性；
- 阴影：shadowColor、shadowOffsetX、shadowOffsetY、shadowBlur 属性；
- 保存图形状态：save( )、restore( )方法。

利用 CanvasRenderingContext2D 的方法和属性，就可以在<canvas>画布上绘制各种各样的图形了。

（七）其他新增功能

除了以上功能，HTML5 还提供了其他一些新增功能，如：

1. 获取地理位置信息

越来越多的 Web 应用需要获取地理位置信息，例如在显示地图时标注自己的当前位置。在 HTML4 中，获取用户的地理位置信息需要借助第三方地址数据库或专业的开发包（例如，GoogleGears API）。HTML5 新增了 Geolocation API 规范，可以通过浏览器获取用户的地理位置，这无疑给有相关需求的用户提供了很大的方便。

2. Web 通信新技术

在 HTML5 出现之前，出于安全考虑，一般不允许一个浏览器的不同框架、不同标记页、不同窗口之间的应用程序互相通信，以防止恶意攻击。如果要实现跨域通信只能通过 Web 服务器作为中介，但 HTML5 提供了这种跨域通信的消息机制。

3. 本地存储技术

HTML5 扩充了文件存储的能力，可以存储多达 5MB 的数据，而且还支持 WebSQL 和 IndexedDB 等轻量级数据库，大大增强了数据存储和数据检索能力。

4. 支持多线程

传统的 Web 应用程序都是单线程的，完成一件事后才能做其他事情，因此效率不高。HTML5 新增了 Web Workers 对象，使用 Web Workers 对象可以在后台运行 JavaScript 程序，也就是支持多线程，从而提高了加载网页的效率。

5. 支持离线的 Web 应用程序

使用 HTML5 可以开发支持离线的 Web 应用程序，在连接不上 Web 服务器时，可以切换到离线模式；等到可以链接 Web 服务器时，再进行数据同步，把离线模式下完成的工作提交到 Web 服务器。

单元小结

本章首先介绍了 HTML5 的发展历史、发展优势及浏览器支持情况；然后重点讲解了 HTML5 的新增常用元素及属性，如 article、section、nav、aside 等，新增的表单元素及属性，如 output、datalist 等;新增的媒体播放元素及属性,如 audio 和 video,新增的拖放 API 以及绘图元素 canvas 及属性。当然,HTML5 新增的功能不仅仅是增加了一些元素和属性,更重要的是对页面脚本编程能力的支持。只有通过 JavaScript 脚本程序才能体现和发挥出 HTML5 的强大功能。

通过本章的学习,读者应可以掌握 HTML5 常见的元素及属性,并能够较好应用到 Web 页面制作中。

第12章

JavaScript特效应用实例

　　通过本章学习，学生应能够综合运用 JavaScript 或 jQuery、HTML、CSS 实现网页的特效，如 JavaScript 的内置对象、BOM、DOM、事件以及 jQuery 等知识点，结合所学知识点进行实战操作，同时也围绕基础知识进行拓展，汇总每个案例的关键技术点，同时对于案例的实现，提出其他方案和思路，并适当加入当前流行技术，如 iconfont 网络字体，增强静态网页的人机动态交互。

- JavaScript 内置对象
- 事件
- DOM 对象和方法
- BOM 对象和方法
- jQuery 技术

一、单元概述

本章节的主要内容是结合前 11 章知识点,综合运用 JavaScript、jQuery 等知识点实现网页特效,让学生能够结合所学知识对前端开发技术有更深入的理解,同时掌握常见网页特效的实现与扩展。

随着网络技术的发展与大数据的爆发,网站开发更加注重用户的体验、观感等因素。由于静态网页看起来呆板、单调,因此大部分网站都会在网页中使用一些特效,让网页看起来更加灵活、生动、有趣,活跃网页的气氛,同时吸引用户的眼球,提升用户对网站内容的点击探索欲。同时,特效设计可以描述当前情境,更清晰地体现内容元素之间的逻辑和层级关系,帮助用户理解上下文等,也可以引导用户的操作浏览,促进用户的情感体验。因此,对于一名优秀的前端开发工程师来说,学好前端语言并掌握特效的实现至关重要。

本章节属于知识综合性的应用,其主要内容是结合前面所学的知识和技术,重点通过案例教学、启发式教学等方法,介绍一些使用 JavaScript 或 jQuery 实现的常见特效案例,旨在提高读者的实践操作能力,让学生将所学知识应用到实际开发中。

二、教学重点与难点

重点:
理解网页特效的含义和作用,掌握网页特效的实现,深入探究特效实现的其他更好方式。
难点:
掌握网页特效的基本实现和拓展知识。
解决方案:
在介绍特效实现的过程中,以案例教学为主、启发式教学为辅,带领学生进行综合案例的实现与剖析,培养学生分析问题、解决问题的能力。

【本章知识】

本章作为 JavaScript 特效应用实例,旨在结合 JavaScript、jQuery、HTML、CSS 等技术,综合运用设计并实现网页常见特效,从中体会设计网页特效的内涵和作用,大部分案例后,有对应技术点的分析与拓展,提供其他实现思路,在这个过程中适当拓展网页特效实现相关知识和技术,激发学生的学习兴趣。重点案例完全以读者的思路进行呈现,即遇到问题、分析问题并解决问题。

(一)图片展示类

本节将介绍两个使用 JavaScript 设计实现的图片展示类案例,分别为旅游网站手风琴效果和购物网站首页轮播图。

1. 旅游网站手风琴效果

随着 Web 网站的不断发展,目前大多数网站越来越追求网页效果的美观与酷炫,其中手风琴效果经常被应用,它能增强页面的动画效果,提升用户的视觉效果。虽然在实际开发中,有很多优秀的第三方库或现成的手风琴插件,但在前端领域,能够熟练应用 JavaScript 是非常重要的,JavaScript 是学习其他主流前端语言的基石。本节内容以旅游网站为例,将介绍综合使用 HTML、CSS3 和 JavaScript 实现旅游网站的手风琴效果案例。

该案例以 5 张不同城市的地标建筑图片为主背景,在 Google Chrome 浏览器下,默认的初始化状态如图 12-1 所示,每张图片呈现的是缩略图。

图 12-1　旅游网站手风琴初始效果图

当鼠标悬浮在其中一张图片上时,该图片放大,并在图片居中位置,显示对应的城市名称和地标建筑简介,同时其他图片背景变暗,在 Google Chrome 浏览器下,效果如图 12-2 所示。

图 12-2　鼠标悬浮图片效果图

网页的整体框架结构,即 HTML 代码如下所示:

```
1    <div id="imageMenu" class="wrapper">
2     <ul>
3      <li>
4       <a href="#link1">
5         <img src="img/1.jpg"/>
6         <div class="info">
7           <h3 style="color:#f62368">北京</h3>
8           <p>故宫位于北京市中心,也称"紫禁城"。这里曾居住过 24 个皇帝,是明
     清两代(公元 1368~1912 年)的皇宫,现辟为"故宫博物院"。</p>
9         </div>
```

```
10              <i class="line"></i>
11              <i class="mask"></i>
12          </a>
13      </li>
14      <li>
15          <a href="#link1">
16              <img src="img/2.jpg"/>
17              <div class="info">
18                  <h3 style="color:#f62368">上海</h3>
19                  <p>东方明珠广播电视塔,坐落在中国上海浦东新区陆家嘴,毗邻黄浦
江,与外滩隔江相望,是上海国际新闻中心所在地。</p>
20              </div>
21              <i class="line"></i>
22              <i class="mask"></i>
23          </a>
24      </li>
25      <li>
26          <a href="#link1">
27              <img src="img/3.jpg"/>
28              <div class="info">
29                  <h3 style="color:#f62368">广州</h3>
30                  <p>广州塔位于广州市中心,城市新中轴线与珠江景观轴交汇处,与海心沙
岛和广州市21世纪CBD区珠江新城隔江相望。是中国第一高塔,世界第三高塔。
</p>
31              </div>
32              <i class="line"></i>
33              <i class="mask"></i>
34          </a>
35      </li>
36      <li>
37          <a href="#link1">
38              <img src="img/4.jpg"/>
39              <div class="info">
40                  <h3 style="color:#f62368">深圳</h3>
41                  <p>地王大厦,正式名称为信兴广场。建成时曾是亚洲第一高楼,也是全
国第一个钢结构高层建筑。主题性观光项目"深港之窗",就坐落在巍峨挺拔的地
王大厦顶层。</p>
42              </div>
43              <i class="line"></i>
```

```
44            <i class="mask"></i>
45          </a>
46        </li>
47        <li>
48          <a href="#link1">
49            <img src="img/5.jpg"/>
50            <div class="info">
51              <h3 style="color:#f62368">香港</h3>
52              <p>香港国际金融中心是香港作为世界级金融中心的著名地标,位于香
      港岛中环金融街8号,面向维多利亚港。国际金融中心是世界少数采用双层电梯
      的大厦之一。</p>
53            </div>
54            <i class="mask"></i>
55          </a>
56        </li>
57      </ul>
58    </div>
```

如上代码所示,是旅游网站手风琴效果的框架结构,其中最外层用<div>包裹,5 张城市地标建筑图片使用无序列表<ul>标签实现,每个列表项<li>中采用<a>包含四部分内容:第一部分<img>标签实现图片的摆放;第二部分图片上的信息整体使用<div>包裹,其中包含两个元素,<h3>实现显示城市名称,<p>实现显示地标建筑介绍的信息;第三部分<i class="line"></i>实现每张图片之间的间隔线;第四部分<i class="mask"></i>标签实现每张图片的遮罩层,该遮罩层是通过背景色透明度控制的,具体实现将在 CSS 部分和 JavaScript 部分详细介绍。

其中 CSS 部分代码如下所示:

```
1  <style>
2    body,ul,li,p,h3{
3      margin:0;
4      padding:0;
5    }
6    ul,ol{
7      list-style:none;
8    }
9    .wrapper{
10      width:1908px;
11      height:100%;
12      border:1px solid #d3d3d3;
13    }
14    .wrapper li{
```

```
15        width:300px;
16        height:429px;
17        float:left;
18        overflow:hidden;
19    }
20    .wrapper li a{
21        display:block;
22        height:100%;
23        width:100%;
24        position:relative;
25        overflow:hidden;
26        text-decoration:none;/*去掉文字的下划线*/
27    }
28    .wrapper img{
29        position:absolute;
30        height:100%;
31        width:100%;
32    }
33    .wrapper .line{
34        position:absolute;
35        right:0;
36        width:0;
37        height:429px;
38        border:1px dashed #cacaca;
39        top: 0;
40    }
41    .wrapper .mask{
42        position:absolute;
43        top:0;
44        left:0;
45        height:429px;
46        width:300px;
47        opacity:0;
48        background:#000;
49    }
50    .wrapper li.big,li.big a{
51        width:700px;
52    }
53    .wrapper li.big img{
```

```
54        width: 100%;
55        height: 100%;
56      }
57    . wrapper li. big . info{
58        background: rgba(255,255,255,.6);
59        width: 460px;
60        height:268px;
61        margin: 12% 15.5%;
62        display: block;
63        position: absolute;
64        padding:4px 10px;
65      }
66    . wrapper li. big h3{
67        font-size: 36px;
68        margin-top: 8%;
69        margin-bottom: 5%;
70        text-align: center;
71      }
72    . wrapper li. big p{
73        font-size:17px;
74        line-height: 35px;
75        color: dimgray;
76        text-indent: 34px;
77      }
78    . wrapper:hover . mask{/*明暗度是根据控制遮罩层的阴影呈现的*/
79        opacity:0.2;
80      }
81    . wrapper li. big a:hover . mask{
82        opacity:0;/* CSS 中权重越高优先级越高,此处通过优先级将透明度 0 覆盖
   0.15 的效果*/
83      }
84    . wrapper ul * {/* CSS3 过渡效果平滑*/
85        transition:all linear 0.1s;
86      }
87  </style>
```

在这个案例的 CSS 样式中,默认所有列表项的地标图片都是缩小的状态,即没有鼠标悬浮的放大效果,此时默认所有图片都不添加属性 class = "big",鼠标悬浮后放大地标图片这一效果将通过 JavaScript 代码动态控制,即动态地为图片添加属性 class = "big"。在这部分样式

中,主要使用了浮动定位让图片列表显示在同一行,代码如下所示:

```
. wrapper li{ width:300px; height:429px; float:left; overflow:hidden; }
```

其次使用遮罩层控制明暗度的显示,即鼠标悬浮在图片上时,图片的明暗度发生改变,其中明暗度使用的是 opacity 属性,代码如下所示:

```
. wrapper:hover . mask{ opacity:0. 2; }
```

使用鼠标悬停时阴影的控制使用 CSS 伪类 hover 实现,结合 CSS 中权重越高优先级越高的特点,通过透明度 opacity 属性达到阴影改变的效果,代码如下所示:

```
. wrapper li. big a:hover . mask{ opacity:0; }
```

在切换图片时采用了 CSS3 中的过渡平滑的动画,即 transition 属性,代码如下所示:

```
. wrapper ul * { transition:all linear 0. 1s; }
```

JavaScript 部分代码如下所示,注意 script 标签写在 body 标签内,位于所有 HTML 之后:

```
1    <script type = "text/javascript" >
2      var outer = document. getElementById('imageMenu');//取得外部 ul 元素
3      var list = outer. getElementsByTagName('li');//取得每个列表项
4      function initList( ) {
5        for( var i =0; i < list. length; i++) {
6          list[i]. onmouseover = function( ) {    //对每个列表项绑定鼠标悬停事件的监听
7            var target = this;
8            for( var j=0;j<list. length;j++) {    //删除所有 li 的 class big
9              list[j]. className = list[j]. className. replace("big","");
10           }
11           while( target. tagName. toLowerCase( ) ! = "li" &&target. tagName. toLowerCase
         ( ) ! = "body") {
12             target = target. parentNode;
13           }
14           target. className = "big";
15         }
16       }
17     }
18     initList( );    //执行初始化函数
19   </script>
```

在 JavaScript 这部分代码中,主要实现了当鼠标悬浮在列表项的图片时,改变当前图片和其他图片的样式,主要通过鼠标悬浮事件 onmouseover 和 class 属性来控制样式的改变,动态地为鼠标悬浮的图片<li>添加上 class = "big"时,该图片放大且背景出现城市名称和地标建筑简介。

具体实现思路为:当某个列表项触发了鼠标悬浮事件 onmouseover 时,代码参见第 6 行,首先用循环将每个列表项<li>的类名 big 清除,代码如第 7~9 行所示,然后根据事件的冒泡原理,找到需要改变 class 值的 li 元素,代码参见 11~13 行,并把其 class 值设置为 big,代码如 14 行,从而实现当鼠标悬浮在某张图片上时,动态地改变该图片的样式。

注意:通过元素的 tagName 属性获取的标签名是全部大写字母,故使用了字符串对象的 toLowerCase 方法,将获取到的标签名全部变为小写,再去和字符串"li"和"body"比较,代码如 11 行所示。

2. 购物网站首页轮播图

目前,很多电商、知识付费、运动类产品的首页位置都会通过轮播图的方式,来展示重点推荐的内容,商城等借助这些轮播图能够有效地引导消费路径,让 C 位产品更加突出,方便用户最快触达信息,对产品的销售数据增长起到重要作用。

因此本案例依靠时代背景,将使用 JavaScript、HTML、CSS 等来实现一个应用广泛的轮播图。

在 Google Chrome 浏览器下,默认的初始化状态如图 12-3 所示。

图 12-3 轮播图初始化效果

网页的整体框架结构,即 HTML 代码如下所示:

```
1   <h1 class="title">购物网站首页轮播图</h1>
2   <div id="wrap">
3       <img src="img/1.jpg" width="100%" height="100%" id="pic">
4       <span class='iconfont iconLeft- now-left' id="left"></span>
5       <span class='iconfont iconRight- now-right' id="right"></span>
6       <ol id="list">
7           <li class="on">1</li>
8           <li>2</li>
9           <li>3</li>
10          <li>4</li>
11          <li>5</li>
```

```
12      </ol>
13    </div>
```

在页面整体的 HTML 代码中，主要分为标题和网页的轮播图两部分。

第一部分标题，采用<h1>标签作为一级标题，标题文字的居中效果，使用 CSS 控制，在 HTML4.01 之前也可以使用<center>元素，将网页中的文本进行水平居中处理，但在 HTML4.01 中<center>元素已经废弃，HTML5 不支持<center>标签，需要用 CSS 来代替。

第二部分网页的轮播图，轮播图整体使用<div>作为父级元素，其中包含：

- 轮播图的图片显示<img>元素；
- 图片左侧的箭头，使用 id 为 left 的<span>元素实现；
- 图片右侧的箭头，使用 id 为 right 的<span>元素实现；
- id 为 list 的<ol>有序列表，其中包含五张轮播图片。

其中 CSS 部分代码如下所示：

```
1    <style>
2    * {
3            margin：0；
4            padding：0；
5            list-style-type：none；
6            text-decoration：none；
7    }
8    .title {
9       line-height：260%；
10   }
11   #wrap {
12           width：60%；
13           height：500px；
14           margin：0 auto；
15           position：relative；
16      }
17   .now-left {
18           position：absolute；
19           top：45%；
20   font-size：50px；
21   color：#959490；
22   left：0%；
23   font-weight：bold；
24      }
25   .now-right {
26           position：absolute；
```

```
27          top：45%；
28          right：0px；
29      font-size：50px；
30      color：#959490；
31      font-weight：bold；
32      }
33      . ul_number{
34          position：absolute；
35          top：90%；
36          left：38%；
37      }
38      . ul_number li{
39          float：left；
40      font-size：30px；
41      margin：0 3px；
42      font-weight：bold；
43      color：white；
44      }
45      #wrap ol {
46      position：absolute；
47      right：5px；
48      bottom：10px；
49      }
50      #wrap ol li {
51      height：20px；
52      width：20px；
53      background：#ddd；
54      border：1px solid #969591；
55      border-radius：50%；
56      margin-left：5px；
57      color：#959490；
58      float：left；
59      text-align：center；
60      cursor：pointer；
61      }
62      #wrap ol . on {
63      background：#8F9E9E；
64      color：#fff；
```

```
65        }
66    </style>
```

在这个案例的 CSS 样式中,第一部分对于所有标签 margin：0；padding：0；list-style-type：none；text-decoration：none；表示清除所有标签的默认样式。因为每个浏览器都有一些自带的或者共有的默认样式,或造成一些布局上的困扰,重置这些默认样式,使样式表现一致,避免对我们的布局产生干扰。为了让页面获得浏览器跨浏览器的兼容性,需要用重置文件 css 代码覆盖浏览器默认的样式来统一样式。企业项目中也往往在前端首页通过 style 标签引入一个 reset. css 来重置样式。

下面我们来看看 JavaScript 部分,代码如下所示,注意 script 标签写在 body 标签内,位于所有 HTML 之后：

```
1     <script >
2         var wrap = document. getElementById( " wrap" ) ;
3         var pic = document. getElementById( " pic" ) ;
4         var left = document. getElementById( " left" ) ;
5         var right = document. getElementById( " right" ) ;
6         var arrow = document. getElementById( " arrow" ) ;
7         var index = 0;//图片下标
8         var timerId = null;
9         //1. 自动换图
10        function changeImgToRight( ) {
11            index++;
12            if( index = = 5) {
13                index = 0;
14            }
15            changeImg( index) ;
16        }
17        timerId = setInterval( changeImgToRight ,3000) ;
18        //2. 遍历所有数字导航实现划过切换至对应的图片
19        var list = document. getElementById( ´list´) . getElementsByTagName( ´li´) ;
20        for( var i = 0 ;i<list. length ;i++) {
21            list[ i] . id = i;
22            list[ i] . onmouseover = function( ) {
23                changeImg( this. id) ;
24            }
25        }
26        //定义图片切换函数
27        function changeImg( curIndex) {
28            for ( var j = 0; j < list. length; j++) {
```

```
29              list[j].className = "";
30          }
31          list[curIndex].className = "on";// 改变当前显示索引
32          index = curIndex;
33          var num = parseInt(index)+1;
34          pic.src = "img/"+num+".jpg";
35      }
36      //3. 鼠标划过或离开整个容器时停止自动播放
37      wrap.onmouseover = function() {
38          clearInterval(timerId);
39      }
40      wrap.onmouseout = function() {
41          timerId = setInterval(changeImgToRight, 3000);
42      }
43      //4. 点击左箭头换图
44      function changeImgToLeft() {
45          index--;
46          if(index == -1) {
47              index = 4;
48          }
49          changeImg(index);
50      }
51      left.onclick = changeImgToLeft;
52      right.onclick = changeImgToRight;
53  </script>
```

在 JavaScript 这部分代码中,主要做了如下几件事:

(1)自动换图

图片自动更换,当切换到最后一张时,需要再切换到第一张,所以在自动换图的方法 changeImgToRight 中,当表示换到第几张图片的 index 达到 5 时,重新设置为 1,从第一张图片开始显示。该自动换图方法实际是调用了 changeImg 方法。changeImg 方法主要做两件事:

- 将所有激活的序号状态清空,当前换到哪张图片就将哪个序号激活。激活是给序号标签添加一个 class,使激活的序号背景色变为灰色,达到突出的目的。
- 更改加载图片的 img 标签 src 属性,去加载不同的图片。

JavaScript 一旦被浏览器加载,就开启一个定时器,该定时器负责每 3 s 执行一次 change-ImgToRight,实现循环自动换图。

(2)鼠标滑过右下角页码,切换到对应页码的图片

当鼠标滑过右下角某个页码时,通过遍历所有页码所在的<li>元素,针对某个触发了鼠标滑过事件的<li>元素调用 changeImg 方法,即图片切换函数,主要实现了清空其他<li>元素的显示选中样式、改变当前<li>元素显示样式、更改<img>元素显示的图片,从而达到页码背景色

改变且图片也切换的目的。

(3)鼠标滑过整个容器时停止自动换图,离开继续切换

当鼠标经过容器时,往往是用户希望仔细看看图片的内容,所以我们不该再每3 s切换图片了,否则势必会降低用户体验。因此在鼠标指针移入时,停止切换,通过清除定时器来完成,即当触发 onmouseover 事件时,通过 clearInterval 清除定时器,停止自动切换功能。

当鼠标离开容器时,往往是用户已经浏览图片内容完毕,此时再继续轮播,即重新调用 se-tInterval 打开定时,让图片每隔3 s切换一次。

(4)点击左箭头或右箭头换图

当用户自己想看看其他图片时,也提供了手动切换图片的方法,即 changeImgToLeft 方法切换到前一张图,changeImgToRight 切换到后一张图。

在本案例中,切换图片的方式是根据更改 img 元素中的 src 属性,设置加载不同的图片来完成的。当然还有其他的切换方式,例如可以通过 css 的 transform 属性实现,或者将图片 position 属性设置为 absolute,依靠绝对定位的 left 或者 right 值,通过定时器不断改变需要切走的图片的位置,来达到图片水平位移的目的。

下面介绍一个不同的切换方式,即要切走的图片逐渐减淡,逐渐露出底下的图片,这种逐渐浮出和逐渐消失的切换方式俗称呼吸灯。JavaScript 代码如下:

```
1    <script>
2    function prevImg ( e ) {
3          this. fadeout( this. imgDomList[ this. currentImgIndex ] )
4          if ( --this. currentImgIndex = = = -1 ) {
5            this. currentImgIndex = this. imgDomList. length - 1
6          }
7          this. fadein( this. imgDomList[ this. currentImgIndex ] )
8          e. preventDefault( )
9          e. stopPropagation( )
10        }
11   function nextImg ( e ) {
12         this. fadeout( this. imgDomList[ this. currentImgIndex ] )
13         if ( ++this. currentImgIndex = = = this. imgDomList. length ) {
14           this. currentImgIndex = 0
15         }
16         this. fadein( this. imgDomList[ this. currentImgIndex ] )
17         e. preventDefault( )
18         e. stopPropagation( )
19        }
20    function fadein ( ele, speed = 1000, opacity = 100 ) {
21         if ( ele ) {
22           let v = ele. style. filter. replace( ´alpha( opacity = ´, ´´). replace( ´)´, ´´) || ele.
             style. opacity
```

```
23              if ( v = = = ″) {
24                v = 100
25              } else {
26                v <= 1 && ( v = v * 100)
27              }
28              let count = speed/ 100
29              let avg = count < 2 ? ( opacity/ count) : ( opacity/ count − 1)
30              let timer = null
31              timer = setInterval( ( ) = > {
32                if ( v + avg <= opacity) {
33                  v += avg
34                  this. setOpacity( ele, v)
35                } else {
36                  if ( v ! = = 100) {
37                    this. setOpacity( ele, 100)
38                  }
39                  clearInterval( timer)
40                }
41              }, 100)
42            }
43          }
44      function fadeout ( ele, speed = 1000, opacity = 0) {
45          if ( ele) {
46              let v = ele. style. filter. replace( ′alpha( opacity =′, ″). replace( ′)′, ″) || ele.
        style. opacity || 100
47              v <= 1 && ( v = v * 100)
48              let count = speed/ 100
49              let avg = ( 100 − opacity)/ count
50              let timer = null
51              timer = setInterval( ( ) = > {
52                if ( v − avg >= opacity) {
53                  v −= avg
54                  this. setOpacity( ele, v)
55                } else {
56                  if ( v ! = = 0) {
57                    this. setOpacity( ele, 0)
58                  }
59                  clearInterval( timer)
60                }
```

```
61                }, 100)
62           }
63       }
64       function setOpacity (ele, opacity) {
65         if (ele.style.opacity ! == undefined) {   // 兼容 FireFox、Chrome、新版本 IE
66             ele.style.opacity = opacity/ 100
67         } else {   // 兼容老版本 IE
68             ele.style.filter = ´alpha( opacity =´ + opacity + ´)´
69         }
70       }
71   </script>
```

HTML 部分代码略,主要包括多张图片,每张图片都设置了 position:absolute;top:0;left:0 样式,可以看出所有图片重叠在一起,JavaScript 主要做了以下几件事:

- 声明一个 setOpacity 方法,该方法用来设置图片透明度,只需传入设置透明度的 DOM 和透明度百分比的值即可。
- 切换前一张和后一张图片按钮,分别采用 prevImg 方法和 nextImg 方法实现。当切换时,前一张透明度不断降低,后一张透明度不断升高,这样后一张图片就逐渐浮出水面了。

其实还有很多轮播图切换的方式,后续大家可以多多尝试,为我们的轮播图添加更多功能。

(二)浮动特效

本节将介绍使用 JavaScript 设计实现的浮动类的特效,分别为在线客服的浮动碰撞效果和验证码拼图效果。

1. 在线客服咨询浮动效果

在电商销售网站或教育类等网站中,人们对在线客服的需求也越来越多,因此本案例介绍一种在线客服效果的实现,旨在说明前端展示的方案,聊天内容的保存、聊天内容的显示同步等将不做介绍。

该案例包括一个可以在网站中不断移动的在线客服入口,其展现形式是一个可点击的在线客服咨询图片。当该图片移动到浏览器窗口边缘时,就改变移动方向,确保始终在浏览器窗口内移动。案例中不包含聊天窗口,通过打开一个新的弹窗,弹窗内打开百度搜索网站,来代替真实的聊天窗口。

在 Google Chrome 浏览器下,默认的初始化状态如图 12-4 所示。

图 12-4　在线客服初始化效果

网页的整体框架结构,即 HTML 代码如下所示:

```
1   <div id="picture">
2       <img src="img/consult.jpg">
3   </div>
```

如上代码所示,是漂浮在线客服的 HTML 框架结构,其中最外层用<body>作为父元素,第二层只有一个 className 为 picture 的<div>。<div>内通过<img>标签显示一张在线客服咨询标签,<img>加载的是本地 img 文件夹的 consult.jpg 图片。

其中 CSS 部分代码如下所示:

```
1   </style>
1   #picture{
2       position:absolute;
3   }
4   img{
5       width:280px;
6       height:100px;
7   }
8   </style>
```

在这个案例的 CSS 样式中,img 元素作为图片给出长和宽属性值。图片设置为 position：absolute,生成绝对定位的元素,相对于 static 定位以外的第一个父元素进行定位。元素的位置通过 "left"、"top"、"right" 以及"bottom"属性进行规定。图片独立于文档流,方便我们去改变"left" "top"来实时改变图片的位置。

下面我们来看看 JavaScript 部分,代码如下所示,注意 script 标签写在 body 标签内,位于所有 HTML 之后:

```
1   <script type="text/javascript">
2       var x = 50,y = 60;//起始点坐标
3       var xIndex = true, yIndex = true;
4       var xSpeed = 1,ySpeed = 2;
```

```
5      var time = 30;
6      var obj = document. getElementById("picture");
7      function floatPicture() {
8          var width = document. body. clientWidth-obj. offsetWidth;
9      var height = document. body. clientHeight-obj. offsetHeight;
10         //获取当前元素到定位父节点的 top\eft 方向的距离
11     obj. style. left = x + document. body. scrollLeft;
12     obj. style. top = y + document. body. scrollTop;
13     x = x + xSpeed * (xIndex? 1:-1);
14     if (x < 0) {
15         xIndex = true;
16         x = 0;
17     }
18     if (x > width) {
19         console. log("x:"+x+",width:"+width);
20         xIndex = false;
21         x = width;
22     }
23     y = y + ySpeed * (yIndex? 1:-1);
24     if (y < 0) {
25         yIndex = true;
26         y = 0;
27     }
28     if (y > height) {
29         console. log("y:"+y+",height:"+height);
30         yIndex = false;
31         y = height;
32     }
33     }
34     var timerId = setInterval("floatPicture()", time);
35     obj. onmouseover = function() {
36         clearInterval(timerId);
37     }
38     obj. onmouseout = function() {
39     timerId = setInterval("floatPicture()", time);
40     }
41     obj. onclick = function() {
42         var url = "http://www. baidu. com";
43     window. open(url,"_blank","width=1000,height=800");
```

```
44        }
45   </script>
```

在 JavaScript 这部分代码中,主要做了如下几件事:

(1)碰撞判定

假定浏览器窗口是个空间直角坐标系,浏览器窗口左上角为坐标系原点,我们的一切操作发生在 x 轴和 y 轴所夹的区域内。

在线客服悬浮窗在坐标系中有唯一一个坐标与其位置对应,我们定义为(x,y)。x 为悬浮窗左上角距离浏览器窗口左侧移动的距离,y 为悬浮窗左上角距离浏览器上侧移动的距离。

在线客服悬浮窗首先从浏览器$(50,60)$开始移动,每次 x 移动 1 px,y 移动 2 px,每次移动间隔 30 ms。移动间隔以及循环是由 setInterval 定时器完成的。

可以看出悬浮窗是向 x、y 都增大的方向移动,所以在浏览器上观察,悬浮窗是向着浏览器右下方移动。因为浏览器窗口的大小是有限的,所以悬浮窗不可能在这个方向无限移动下去,需要在某个时机转弯,这才有了碰撞转弯。

那么,如果判断悬浮窗已经与浏览器发生碰撞了呢? 如图 12-5 所示,为碰撞条件判定效果图。$h1$ 是悬浮窗高度,$w1$ 是悬浮窗宽度,$h2$ 是浏览器高度,$w2$ 是浏览器宽度。当悬浮窗向右下方移动,第一次到达的边界应该是浏览器下边界。此时可以发现悬浮窗如果还是按同方向移动,移动后的 y 加上 $h1$ 一定大于 $h2$,此时不应该向 y 增大的方向移动,这样悬浮窗就出去了,而是应该向 y 减小的方向移动,此时经过碰撞后,悬浮窗移动方向如箭头 a2 所示继续移动。假设浏览器窗口很窄,更快地接近了浏览器的右侧,那么悬浮窗第二次到达边界应该是浏览器的右边界。此时,会发现如果再按同方向移动,移动后的 x 加上 $w1$ 一定大于 $w2$,悬浮窗一定会从浏览器窗口右侧出去,所以应该向 x 减小的方向移动。

另外,悬浮窗的移动还要考虑浏览器滚动条发生滚动后,悬浮窗处于浏览器可视窗口内。因此,移动的 x、y 要加上浏览器滚动的距离。通过 document. body. scrollLeft 取得浏览器滚动条向右滚动的距离,通过 document. body. scrollTop 取得浏览器滚动条向下滚动的距离。

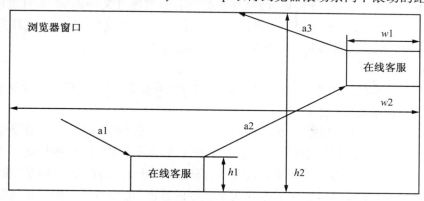

图 12-5   碰撞条件判定

(2)添加事件

当鼠标指针在悬浮窗上时,悬浮窗应该停止移动,而悬浮窗口移动是通过定时器控制的,因此,当触发 mouseover 事件时,应调用 clearInterval,将定时器清除。

当鼠标指针离开悬浮窗时,悬浮窗应该重新开始移动,因此,当触发 mouseout 事件时,应调用 setInterval,将定时器重新启动。

当点击在线客服悬浮窗时,打开一个浏览器窗口,去模拟打开聊天窗口的功能,因此,当触发 click 事件时,通过内置库 window 的 open 方法打开一个新的浏览器窗口或查找一个已命名的窗口。

后续关于本案例,大家可以将弹出新窗口改为弹出聊天室,或者简单一些,弹出一个咨询信息录入页面,让用户填写他想问什么,或想了解什么,提交一个工单,客服人员可以在线或通过邮件、电话等方式回复,从而完善本案例。

2. 验证码拼图效果

验证码是一种区分用户是计算机还是人的公共全自动程序。简单来说,验证码就是为了验证某个操作是人为还是机器行为。当然,区别人为和机器行为有很多方案,但在实际生产中,考虑到实现成本、安全性、可用性等因素,验证码就是最优方案了,所以被广泛使用。

那么为什么要区别是机器行为还是人为行为呢?

比如,可以防止登录时对密码进行暴力破解。如果登录密码过于简单,没有验证码,就可以通过一段简单的爬虫代码,通过不断遍历密码所有的排列组合的可能性,找到真实的密码只是时间问题,用户数据的安全性无法得到有效的保护。

再比如,防止黑客恶意攻击从而导致服务器压力太大而崩溃。如论坛灌水、刷页、刷票等,有些论坛回复需要输入验证码就是出于这个目的。

由此我们可以看出验证码对于维护互联网安全稳定的环境在前端领域中有着举足轻重的地位,所以掌握验证码如何编写对于一名合格的前端开发人员至关重要。

网上的验证码种类繁多,其中最为普遍的验证码有以下几种:

(1)字母验证码

通过用户辨识验证码图片上的字母来手动输入验证码,后台去甄别输入的验证码与图片字母是否一致。

这类验证码应用广泛,实现简单,但是容易被黑客通过图片文字识别,如百度的 ocr 识别进行破解,有时人为地在字母中增加干扰线,对字母进行一定程度的变形,也往往只能轻微地影响 ocr 识别的准确率。这类验证码存在一定程度的隐患。

(2)算术验证码

通过用户计算验证码图片上的算术题,输入答案作为验证码提交,后台甄别输入的答案是否正确来判别是否是人为操作。

这类验证码在各大网站也能看到它的影子。相比于一般的字母验证码,数字验证码提高了安全性,通过增加需要计算的难度来一定程度地规避被图片文字识别的可能。并且数字验证码相比于字母验证码减少了用户输入的烦琐,降低了字母验证码肉眼辨别的难度,有时人为地增加干扰线,变形字母不但提高了图片文字识别的难度,也提高了人肉眼识别的难度。但是,很遗憾,随着现在图片文字识别功能越来越丰富,准确度越来越高,已经有可以成功识别算术验证码的图片文字识别,所以算术验证码同样存在安全的隐患。

(3)用户操作验证码

这类验证码的获取往往需要通过让用户完成某些比较复杂的通过看图识字就能完成的输入操作,比如,拖动某块拼图完成整张拼图,点击一张图片某几个特定区域,旋转一张图片某个特定的角度,等等。

　　这类验证码虽然也可以通过图片文字识别获取某些信息,但是往往准确度很低,难度极大,而且在操作的过程中,可以判断拖动的速率是否是匀速,或者鼠标移动的轨迹,进而进一步甄别是否是人为操作。

　　下面要介绍的案例就是这样一款拼图验证码。通过拖动一块随机摆放位置的拼图到整张拼图空缺处,完成拼图,来甄别是否是人为操作。

　　该案例每次随机从图库中展示一张图片,其中有一处空缺,和空缺对应的随机摆放的拼图,在 Google Chrome 浏览器下,默认的初始化状态如图 12-6 所示。

图 12-6　拼图验证码初始效果图

　　当鼠标按住滑块向右拖动,拼图跟着向右移动,当鼠标松开拼图停止,开始进行位置匹配。如果拼图位置错误,提示栏提示“验证码验证失败请重试”,并刷新图片,重新在不同的位置放置拼图,在整张拼图的不同位置抠出空缺,防止黑客通过代码循环尝试进行暴力破解,提高安全性。在 Google Chrome 浏览器下,效果如图 12-7 所示。

图 12-7　拼图验证码验证失败效果图

　　如果拼图位置正确,提示栏提示”验证码验证成功”,之后可以进行下一步操作,诸如登录、发送邮件短信等。在 Google Chrome 浏览器下,效果如图 12-8 所示。

图 12-8　拼图验证码验证成功效果图

网页的整体框架结构,即 HTML 代码如下所示:

```
1   <div class = "captcha">
2     <div class = "imgArea">
3       <canvas class = "piece"></canvas>
4       <canvas class = "missPiece"></canvas>
5     </div>
6     <div class = "slider">
7         <div class = "track">
8         拖动左边滑块完成上方拼图
9         </div>
10        <div class = "button" onmousedown = "drag(event)"></div>
11    </div>
12  </div>
```

以上代码是拼图验证码的框架结构,其中最外层用<div>作为父元素,第二层包括 2 组 div,包括背景图区域 imgArea,滑块区域 slider。背景图区域用来显示整张拼图以及拼图块,分别通过 canvas 绘制。滑块区域 slider 包括一个提示栏 track,一个滑动按钮 button。提示栏用来显示验证成功或者失败。滑动按钮用来拖动拼图块进行拼图。

其中 CSS 部分代码如下所示:

```
1   <style>
2   . captcha {
3     padding: 0;
4     width: 300px;
5     border-radius: 8px;
6   }
7   . captcha {
8     width: 320px;
9     padding: 7px 7px 0 7px;
```

```
10      background：#ffffff；
11      border-radius：8px；
12    }
13    . captcha . imgArea {
14      overflow：hidden；
15      z-index：1；
16      position：relative；
17      width：100%；
18      height：163px；
19    }
20    . captcha . missPiece,
21    . captcha . piece {
22      width：inherit；
23      height：inherit；
24      border-radius：8px；
25    }
26    . captcha . piece {
27      position：absolute；
28    }
29    . slider {
30      width：100%；
31      height：65px；
32      display：flex；
33      align-items：center；
34      justify-content：flex-start；
35      position：relative；
36    }
37    . slider . track {
38      margin-left：7px；
39      width：286px；
40      height：38px；
41      background：#ffde00；
42      border-radius：25px；
43      font-size：14px；
44      line-height：38px；
45      padding-right：15px；
46      padding-left：70px；
47    }
48    . slider . track. pintuTrue {
```

```
49        background：#67c23a；
50        color：#ffffff；
51      }
52      . slider . track. pintuFalse {
53        background：#fc6c4d；
54        color：#ffffff；
55      }
56      . slider . button {
57        position：absolute；
58        width：50px；
59        height：50px；
60        line-height：48px；
61        background：#ffffff；
62        box-shadow：#b9bdc8 0 0 3px；
63        border-radius：50%；
64        left：7px；
65        text-align：center；
66        font-size：28px；
67        color：#3e5d8b；
68        top：8px；
69        cursor：pointer；
70      }
71      . slider . button:hover {
72        color：#2181bd；
73      }
74      . operation {
75        width：100%；
76        height：40px；
77      }
78      . operation span {
79        color：#9fa3ac；
80        display：inline-block；
81        width：40px；
82        font-size：25px；
83        line-height：40px；
84        text-align：center；
85      }
86      . operation span:hover {
87        background：#e2e8f5；
```

```
88      }
89    </style>
```

在这个案例的 CSS 样式中,背景图区域 imgArea 和滑块区域 slider 都设置了 position:relative,表示相对定位。而内部的拼图块和滑块按钮都定义了 position:absolute,拼图块相对于背景图区域定位,滑块按钮相对于滑块区域定位。

JavaScript 部分代码如下所示,注意 script 标签写在 body 标签内,所有 HTML 之后:

```
1   <script type = "text/javascript" >
2       let domain = ´captcha/´
3       let tips = "拖动左边滑块完成上方拼图"
4       let puzzle = 0   //拼图是否正确 0 未拖动 1 成功 2 失败
5       let slider = {   //滑块 x 轴数据
6           mx: 0,
7           bx: 0
8       }
9    //绘制拼图
10    function drawBlock (ctx, xy = { x: 254, y: 109, r: 9 }, type) {
11        let x = xy. x,
12            y = xy. y,
13            r = xy. r,
14            w = 40;
15        let PI = Math. PI;
16        ctx. beginPath( );   //绘制
17        //left
18        ctx. moveTo(x, y);
19        //top
20        ctx. arc(x + (w + 5)/ 2, y, r, -PI, 0, true);
21        ctx. lineTo(x + w + 5, y);
22        //right
23        ctx. arc(x + w + 5, y + w/ 2, r, 1.5 * PI, 0.5 * PI, false);
24        ctx. lineTo(x + w + 5, y + w);
25        //bottom
26        ctx. arc(x + (w + 5)/ 2, y + w, r, 0, PI, false);
27        ctx. lineTo(x, y + w);
28        ctx. arc(x, y + w/ 2, r, 0.5 * PI, 1.5 * PI, true);
29        ctx. lineTo(x, y);
30        ctx. lineWidth = 1;   //修饰,没有会看不出效果
31        ctx. fillStyle = "rgba(255, 255, 255)";
32        ctx. strokeStyle = "rgba(255, 255, 255)";
```

```
33        ctx. stroke ( ) ;
34        ctx [ type ] ( ) ;
35        ctx. globalCompositeOperation = "xor" ;
36      }
37    function random ( min , max ) {
38        return Math. floor( Math. random ( )  *  ( max − min + 1 ) + min ) ;
39      }
40    function draw ( mx = 200 , bx = 20 , y = 50 ) {
41        let mainDom = document. querySelector ( ". missPiece" ) ;
42        let bg = mainDom. getContext ( "2d" ) ;
43        let width = mainDom. width ;
44        let height = mainDom. height ;
45        let blockDom = document. querySelector ( ". piece" ) ;
46        let block = blockDom. getContext ( "2d" ) ;
47        //重新赋值,让 canvas 进行重新绘制
48        blockDom. height = height ;
49        mainDom. height = height ;
50        let imgsrc = `${ domain } ${ random ( 1 , 3 ) }. jpg`
51        let img = document. createElement ( "img" ) ;
52        img. style. objectFit = "scale−down" ;
53        img. src = imgsrc ;
54        img. onload = function ( ) {
55          bg. drawImage ( img , 0 , 0 , width , height ) ;
56          block. drawImage ( img , 0 , 0 , width , height ) ;
57        } ;
58        let mainxy = { x: mx , y: y , r: 9 } ;
59        drawBlock ( bg , mainxy , "fill" ) ;
60        drawBlock ( block , mainxy , "clip" ) ;
61        blockDom. style. left = bx − mx + ´px´
62      }
63    //拼图验证码初始化
64    function canvasInit ( ) {
65        let mx = random ( 127 , 244 ) ,
66          bx = random ( 10 , 128 ) ,
67          y = random ( 10 , 99 ) ;
68          slider = { mx , bx } ;
69        draw ( mx , bx , y ) ;
70      }
```

```
71      function addClass (dom, name) {
72        let classNameStr = dom. className || "
73        let classNameArray = classNameStr. split('')
74     if (classNameArray. indexOf(name) < 0) {
75       classNameArray. push(name)
76     }
77      dom. className = classNameArray. join('')
78     }
79    function removeClass (dom, name) {
80        let classNameStr = dom. className || "
81        let classNameArray = classNameStr. split('')
82     if (classNameArray. indexOf(name) >= 0) {
83        classNameArray = classNameArray. filter(function(n) {
84        return name ! == n
85        })
86     }
87      dom. className = classNameArray. join('')
88    }
89    //鼠标按下
90    function drag (e) {
91       let dom = e. target
92       let piece = document. querySelector(". piece");
93       const downCoordinate = { x: e. x, y: e. y };
94       let checkx = Number(slider. mx) − Number(slider. bx);
95       let x = 0;
96       const move = moveEV => {
97          x = moveEV. x − downCoordinate. x;
98          if (x >= 251 || x <= 0) return false;
99          dom. style. left = x + "px";
100          piece. style. left = x − checkx + "px";
101       };
102        const up = () => {
103          document. removeEventListener("mousemove", move);
104          document. removeEventListener("mouseup", up);
105          dom. style. left = "";
106          let trackDom = document. querySelector('. track');
107          let max = checkx + 10;
108          let min = checkx − 10;
109          if (max >= x && x >= min) {
```

```
110        addClass(trackDom，'pintuTrue');
111        removeClass(trackDom，'pintuFalse');
112        trackDom. innerText = "验证成功";
113        setTimeout(( ) => {
114            // 成功之后完成一些操作，例如发送短信、发送邮件、登录等等。
115                refreshCaptha( );
116            }, 1000);
117          } else {
118        addClass(trackDom，'pintuFalse');
119        removeClass(trackDom，'pintuTrue');
120        trackDom. innerText = "验证失败，请重试";
121            canvasInit( );
122          }
123        };
124      document. addEventListener("mousemove"，move);
125      document. addEventListener("mouseup"，up);
126     e. preventDefault( );
127    }
128  function refreshCaptha ( ) {
129    let trackDom = document. querySelector('. track')
130   removeClass(trackDom，'pintuFalse');
131   removeClass(trackDom，'pintuTrue');
132   trackDom. innerText = "拖动左边滑块完成上方拼图";
133   canvasInit( );
134   }
135  canvasInit( );
136  </script>
```

在 JavaScript 这部分代码中，主要做了如下几件事：

（1）初始化拼图

在 JavaScript 代码最后调用 canvasInit 方法。在 canvasInit 方法中，首先通过随机方法 random，随机生成整张拼图的空缺位置，用来画出拼图空缺。然后生成一个随机的拼图块摆放位置，用来摆放拼图块。再根据随机位置，调用 draw 方法绘制拼图。draw 方法从本地 captcha 文件夹中每次随机获取一张背景图。在背景图的某一个区域抠出拼图块形状的空洞，最后在背景图上的某一个随机区域画出拼图块。至此初始化完成。

（2）声明鼠标按下事件

当鼠标按下滑动按钮时，通过为全局 document 添加鼠标移动事件，根据鼠标移动的实时位置，来改变拼图块的 left 值。由于拼图块定义了 position：absolute，背景图区域定义了 position：relative，所以拼图块在肉眼观察下实际是随着鼠标向右滑动的。当鼠标抬起，移除鼠标移动事件，拼图块不再移动。

同时鼠标抬起时,比较拼图块的位置,如果拼图块位置到达空缺处附近,就判断为验证成功,并给出相应提示。没有到达附近,给出验证不通过提示。在我们的代码中设置的这个附近是 10px,也就是允许一定的误差。避免用户需要拖动很多次后,才能分毫不差地到达我们的预期位置,提高用户体验。

（3）刷新验证码

每次判断验证不成功时,都要调用 refreshCaptcha 事件,用来避免暴力破解。由于随机摆放拼图的位置只能在图片宽度中随机,假设没有刷新,完全可以用一段代码去试验空缺位置,即从图片左上角开始,一行行不断去遍历背景图每一个位置去匹配,总有一个位置可以匹配得上。而这样的遍历甚至不需要太多次,毕竟背景图大小是有限的,从而大大降低了验证码的安全性。因此,我们需要在每次验证失败时,都刷新一次验证码。

通过以上的案例,可以了解一个简单的拼图验证码如何编写,希望读者在今后的验证码编写中,多多尝试,做好网站第一道门户,为用户数据的安全添砖加瓦。

（三）省市区三级联动

本节将介绍使用 JavaScript 设计实现的省市区三级联动案例。

对于任何网站,如何保证数据录入的精准高效,提高数据从用户客户端产出的质量以及速度,是一个网站是否专业的衡量标准之一。数据录入时,假设需要填写收货地址,如果使用文本框输入,则无法保证用户填写的准确性,若用户填写了一堆乱码,那么该地址没有意义。所以可以通过下拉框设定好可选的选项（省、市、区）,以规范用户的录入。

该案例针对地址,设置了三个下拉框,分别代表省、市、区,并且可以三级联动,即选择了省,则只展示该省下的市,选择了市,则只展示该市下的区。从而保证用户输入的准确性。

在 Google Chrome 浏览器下,该案例默认的初始化状态如图 12-9 所示。

图 12-9　省市区三级联动初始化效果图

当选择了某个省后,例如选择辽宁省,则市联动为辽宁省下的市名称,当选择了大连市后,区则联动为大连市的区名称,联动效果如图 12-10 所示。

图 12-10　省市区三级联动效果图

网页的整体框架结构,即 HTML 代码如下所示:

```
1    <p>
2        <span class="iconfont iconcity"></span>
3        <select id="province" onchange="provinceChange(this.value);">
4            <option>请选择省份</option>
5        </select>
6    </p>
7    <p>
8        <span class="iconfont iconbuilding"></span>
9        <select id="city" onchange="cityChange(this.value);">
10           <option>请选择地市</option>
11       </select>
12   </p>
13   <p>
14       <span class="iconfont iconmap-pin-line"></span>
15       <select id="county">
16           <option>请选择地区</option>
17       </select>
18   </p>
```

以上代码是 HTML 框架结构,其中最外层用<body>包裹,第二层为三组 p 标签包裹的下拉框,每个下拉框都包含一个选项。

其中 CSS 部分代码如下所示:

```
1    <style>
2        .iconfont{
3          font-size:50px;
4        }
5        p{
6          float:left;
7          margin:0 0 0 50px;
8        }
9        select{
10           font-size: medium;
11       }
12   </style>
```

在这个案例的 CSS 样式中,由于 p 标签是块级元素,p 自动换行无法使三个下拉框在一行显示,可以添加 float:left 浮动来完成,同时通过 margin 来控制间距。

本案例省市区下拉框前的图片使用了 iconfont 网络字体,它有如下好处:

- 网络字体为网站页面效果表达带来丰富的字体效果。
- 网络字体不是图片,而是真正的文本,可以像文本一样复制、粘贴。

- 可以有效优化搜索引擎排名。虽然图片也可以呈现中文字体,但是 Google、百度等搜索引擎无法辨认出图片的文字内容,无法搜索到网站的相关内容。使用网络字体,HT-ML 中加载的其实是文字,方便引擎蜘蛛爬取相关信息。
- 网络字体体积更小,有利于优化缩减前台项目整体大小。相比于传统的瀑布图加载更快。
- 网络字体可以像一般文字那样通过添加 CSS 样式,被修改大小、颜色,方便维护。
- 图片在放大和缩小的过程中会产生变形或马赛克,网络字体(web font)采用的是矢量字体,支持无级缩放,不管放多大或缩再小都不会产生变形或模糊,给用户一致的体验。

下面我们来看看 JavaScript 部分,代码如下所示,注意 script 标签写在 body 标签内,所有 HTML 之后:

```
1  <script type="text/javascript">
2    var region = {
3    辽宁:{
4    "大连市":["西岗区","中山区","沙河口区","甘井子区","旅顺口区"],
5    "沈阳市":["沈河区","皇姑区"," 和平区","大东区","铁西区"],
6    "丹东市":["振兴区","元宝区","振安区","东港市","凤城市"],
7    "锦州市":["太和区","古塔区","凌河区","凌海市","黑山县"]
8    },
9    广东:{
10   "广州":["越秀区","荔湾区","海珠区","天河区","白云区"],
11   "珠海":["香洲区","斗门区","金湾区","其他"],
12   "深圳":["福田区","罗湖区","南山区","宝安区","龙岗区"]
13   },
14   江苏:{
15   "南京":["玄武区","白下区","秦淮区","建邺区","鼓楼区"],
16   "苏州":["金阊区","平江区","沧浪区","虎丘区","吴中区"]
17   }
18   };
19     var province = document.getElementById("province");
20     var city = document.getElementById("city");
21     var county = document.getElementById("county");
22     //二级联动不用定义你选的省份,直接用省份(key)来决定下面的市(value)值
23     var provinceName = null;
24     for(ele in region){
25       var op = new Option(ele,ele,false,false);
26       province.options.add(op);
27     }
```

```
28        var provinceChange = function(provice){
29          city. innerHTML = "";
30          if(provice === ´请选择省份´){
31            var op = new Option(´请选择地市´, ´请选择地市´, false , false);
32            city. options[0] = op;
33          }else{
34            for (index in region[provice]){
35              var op = new Option(index , index , false , false);
36              city. options. add(op);
37            }
38          }
39          provinceName=provice;//记住选择省份的值
40          cityChange(city. value)
41        }
42        var cityChange = function(city){
43          county. innerHTML = "";
44          if(city === ´请选择地市´){
45            var op = new Option(´请选择县城´,´请选择县城´, false , false);
46            county. options[0] = op;
47          }else{
48            for (index in region[provinceName][city]){
49              var op = new Option(region[provinceName][city][index] ,
50                            region[provinceName][city][index] , false , false);
51              county. options. add(op);
52            }
53          }
54        }
55  </script>
```

在 JavaScript 这部分代码中,主要做了如下几件事:

(1)定义下拉框数据

下拉框的数据采用 JSON 格式定义,原因如下:

- JSON 相比于其他类型的数据,体积很小;
- JSON 有更快的加载速度、传输速度;
- JSON 定义单条、多条数据,及任意类型的数据都很方便。

而下拉框包含了省市区三级,嵌套层级别较深,因此采取 JSON 格式。

(2)定义联动事件

①当改变第一级下拉框省份的值时,会触发 select 标签的 change 事件,同时调用 provinceChange 方法,用该方法去改变城市下拉框的选项。如果第一级省份选择了"请选择省份",那么第二级城市下拉框添加一个选项"请选择市"。否则遍历 JSON 数据,找到该省份下的所

有城市,放入城市下拉框的选项中。

创建选项的方式是通过 HTML DOM 的 Option 创建的。Option 代表 HTML 表单中下拉列表中的一个选项。new Option 方法第一个参数表示设置或返回某个选项的纯文本值,用来做前端显示。第二个参数表示设置或返回被送往服务器的值。

②当改变第二级下拉框城市的值时,会触发 select 标签的 change 事件,同时调用 cityChange 方法。该方法根据选择的城市名称,去更新第三级区下拉框的选项。同样地,从 JSON 中根据已经选择的省市通过 JSON [省的名字][市的名字],取到相应区的值。

注意:添加下拉框选项通过下拉框 DOM 的 options. add 添加。

本案例提供了一个高效的表单录入控件,即省市区三级联动。不仅仅是地区选择,任何涉及类别选择的场景,都会涉及三级联动。例如常见场景还包括:在下拉框下方分为三栏,第一栏点击或者鼠标经过触发第二栏的更新,第二栏点击或者鼠标经过触发第三栏的更新,三级联动示意图如图 12-11 所示。

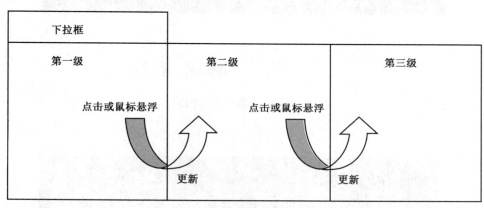

图 12-11 一个下拉框下的三级联动

(四) jQuery 弹幕特效

弹幕是视频分享网站的一种分支,和普通的视频分享网站不同的是,观看者能在观看视频的过程中发表自己的评论,并即时地以滑动而过的字幕显示出来,从而增加了观看者之间的互动性。下面介绍一款使用 JavaScript+jQuery 编写的简单弹幕案例。

该案例以一个视频播放窗口为背景,支持从视频下方输入弹幕和发送。弹幕从视频窗口的右方进入,左方退出。发送多条弹幕时,每一条弹幕颜色随机,出现位置随机,共同展示在屏幕上。另外还有一个清空弹幕按钮,类似于视频网站的关闭弹幕,点击后所有已经出现在屏幕上的弹幕全部消失。在 Google Chrome 浏览器下,默认的初始化状态如图 12-12 所示。

当输入"我是弹幕",点击发送时,输入框被清空,同时视频上出现从右向左移动的"我是弹幕",在 Google Chrome 浏览器下,效果如图 12-13 所示。

不断点击发送弹幕按钮,发送多条弹幕,在 Google Chrome 浏览器下,效果如图 12-14 所示。

如果不想观看弹幕了,点击关闭弹幕,将清空所有视频上的弹幕,在 Google Chrome 浏览器下,效果如图 12-15 所示。

网页的整体框架结构,即 HTML 代码如下所示:

图 12-12　弹幕初始效果图

图 12-13　点击发送弹幕效果图

图 12-14　发送多条弹幕效果图

图 12-15　清空弹幕效果图

```
1    <div class="container">
2        <video class="video" preload="auto"
3                    src=" https://api. dogecloud. com/player/get. mp4? vcode=
             5ac682e6f8231991&userId=17&ext=. mp4"
4            loop="loop" controls="controls">
5        </video>
6    </div>
7    <div class="buttonArea">
8        <input type="text" placeholder="弹幕内容" class="danmukuInput"/>
9        <span class="btn" onclick="sendDanmuku( )">发送弹幕</span>
10       <span class="btn clearDanmu">关闭弹幕</span>
11   </div>
```

以上代码是弹幕的框架结构,其中最外层用<body>作为父元素,第二层包括 2 组 div,包括视频区域 container,按钮区域 buttonArea。需要注意的是,container 是一个 className,用来在 JavaScript 中通过 jQuery 获取 DOM,放置弹幕使用。

视频区域用来显示视频,播放一段网上的视频作为背景,采用 video 标签。按钮区域包括一个输入框 input,用来输入弹幕,两个按钮 button 分别用来发送弹幕,清空视频上的弹幕。

其中 CSS 部分代码如下所示:

```
1    <style>
2    . danmukuInput{
3      height: 33px;
4      line-height: 33px;
5      width: 300px;
6      border-radius:3px;
7    }
8    . container{
9      width: 970px;
10     margin: 100px auto;
11     background: #e8e8e8;
12     height: auto;
13     border-radius: 5px;
14     border: 1px solid #ddd;
15     position: relative;
16     overflow: hidden;
17     text-align: center;
18   }
19   . buttonArea{
20     width: 1000px;
```

```
21      margin：0px auto；
22      text-align：center；
23    }
24    .btn{
25      padding：8px 20px；
26      display：inline-block；
27      border-radius：3px；
28      border：1px solid #e0e0e0；
29      margin：15px；
30      background：#37a；
31      color：#fff；
32      cursor：pointer；
33    }
34    .danmuku{
35      position：absolute；
36      fontSize：20px，
37      display：block，
38      whiteSpace：nowrap，
39      right：0
40    }
41  </style>
```

在这个案例的 CSS 样式中，为了高度整齐，调整输入框和点击按钮高度一致，通过 margin 调整按钮与输入框间距。

buttonArea 水平居中。buttonArea 水平居中主要依靠设置定宽 1000px 以及 margin：0 auto，两者缺一不可，即只设置宽度，没设置 margin：0 auto，不能水平居中；如果只设置 margin：0 auto，而不设置宽度，那么 buttonArea 也不可能水平居中。

下面我们来看看 JavaScript 部分，代码如下所示，注意 script 标签写在 body 标签内，位于所有 HTML 之后：

```
1   <script type="text/javascript">
2       let timers=[]；  //定时数组
3     function random(min，max){
4         return Math.floor(Math.random() * (max - min + 1) + min)；
5     }
6     function getRandomColor(){
7       var r = random(100，255)；
8           var g = random(100，255)；
9           var b = random(100，255)；
10        return "rgb(" + r + "," + g + "," + b + ")"；
11    }
```

```
12        function add( odiv, container) {
13            odiv. css( {
14                  color: getRandomColor( ),
15                  top: ( Math. floor( Math. random( ) * ( container. height( ) − 70))) + "px",
16            } );
17            container. append( odiv) ;
18            move( odiv, container) ;
19        }
20    function move( odiv, container) {
21        var i = 0;
22          var timer = setInterval( function( ) {
23            odiv. css( {
24                  right: ( i += 1) + "px"
25            } );
26              if ( ( odiv. offset( ). left + odiv. width( )) < container. offset( ). left) {
27                  odiv. remove( )
28                      clearInterval( timer)
29                  }
30          }, 10) ;
31        timers. push( timer) ;
32      }
33      function clear( container) {
34            for ( var i = 0; i < timers. length; i++) {
35              clearInterval( timers[ i])
36            }
37            container. find( ". danmuku"). remove( ) ;
38      }
39    function sendDanmuku( ) {
40    if ( $ ( ". danmukuInput"). val( )) {
41    add( $ ( "<p class="danmuku">" + $ ( ". danmukuInput"). val( ) + "</p>"),
      $ ( ". container")) ;
42        $ ( ". danmukuInput"). val(″)
43      return
44    }
45    alert( "请输入弹幕内容")
46  }
47  function clearDanmuku( ) {
48    clear( $ ( ". container")) ;
49      }
```

```
50        (".clearDanmu").click(function(){
51          clear($(".container"));
52        });
53  </script>
```

script 标签写在 body 标签内,保证了 JavaScript 和 jQuery 在页面加载完毕后执行,确保正确获取 DOM。在 JavaScript 这部分代码中,主要做了如下几件事:

(1)定义定时器

定时器的作用是保证弹幕从右往左移动时,能够让文字每隔一段时间向左移动一定距离,采用 JavaScript 的 setInterval 方法实现。由于弹幕可以是多个,因此定义了一个 timers 数组,用来存放各个弹幕的定时器 ID,当清除弹幕后,ID 被清除,弹幕也就停止了。

在 move 方法中,通过对添加的弹幕添加定时器,让弹幕每次间隔时间为 10 ms,即每隔 10 ms,通过调用 odiv(它是一个添加弹幕的 jQuery object)的 offset 方法获取弹幕的实时位置。如果已经超出视频最左端,就将弹幕移除。这样就可以让弹幕从右边向左移动起来,并且到了最左端及时消失。

(2)弹幕颜色随机

通过声明 random 方法随机生成 r、g 和 b 三色值。正常颜色从 0 到 255,由于我们的视频整体颜色偏暗色,故三色值从 100 开始取,提高整体颜色亮度。

(3)位置随机

在添加弹幕的 add 方法中,通过 Math.floor(Math.random() * container.height())-70 算出随机位置,该值即为 top,表示弹幕在右侧出现时距离视频顶部的位置。减去 70 是为了不遮挡进度条还有字幕,类似于字幕保护的功能。(其中 container 是一个 jQuery object,通过调用其 height 方法,获取视频的高度。)

(4)关闭弹幕事件

通过 jQuery 选择器为 className 为 clearDanmu 的按钮添加了一个点击事件,当点击"关闭弹幕"时,调用 clear 方法,该方法通过遍历 timers 数组,调用 jQuery 的 find 方法,找到所有视频上的弹幕,并通过 remove 方法移除,从而清空所有弹幕定时器。

通过以上的案例,读者了解了一个简单的弹幕网站应该如何编写。后续的功能可以在此基础上加以补充。比如增加一个数据库,将已发送的弹幕内容、发送时间等保存起来。这样其他人在其他时间段观看该视频时,也可以看到已经发送的弹幕。也可以为 VIP 客户增加弹幕霸屏功能,当弹幕移动到视频中央时,可以设置一段时间,该段时间定时器不再移动弹幕,达到霸屏效果,或者 VIP 客户可以使用大字号的弹幕等。

单元小结

本章讲述了有关网页特效的实现案例,包括图片展示类的手风琴和轮播图效果、浮动特效中的在线客服咨询和验证码拼图效果、省市区三级联动菜单,同时也包含了 jQuery 制作的特效,如弹幕效果,这些特效均是各大网页中的常见特效,具有一定的实践意义。本章的学习旨在让学生能够综合运用 JavaScript、jQuery、HTML、CSS 等技术,为以后进一步的深入学习提供便利条件,并为将来成为一名合格的前端开发工程师奠定基础。

参考文献

［1］岳学军. JavaScript 前端开发实用技术教程. 北京:人民邮电出版社,2019.

［2］明日科技. JavaScript 从入门到精通. 3 版. 北京:清华大学出版社,2019.

［3］李玉臣,臧金梅. JavaScript 前端开发程序设计教程. 微课版. 北京:人民邮电出版社,2018.

［4］黑马程序员. JavaScript 前端开发案例教程. 北京:人民邮电出版社,2018.

［5］车云月. jQuery 开发指南. 北京:清华大学出版社,2018.

［6］张泽娜. JavaScript 实战:JavaScript、jQuery、HTML5、Node. js 实例大全. 2 版. 北京:清华大学出版社,2018.

［7］张继军,董卫,王婷婷. JavaWeb 应用开发技术与案例教程. 2 版. 北京:机械工业出版社,2019.

［8］刘瑞新. HTML+CSS+JavaScript 网页制作. 2 版. 北京:机械工业出版社,2019.

［9］谭丽娜. Web 前端开发技术:jQuery+Ajax. 慕课版. 北京:人民邮电出版社,2019.

［10］唐彩虹,张琳霞,曾浩. Web 前端技术项目式教程. 北京:人民邮电出版社,2020.